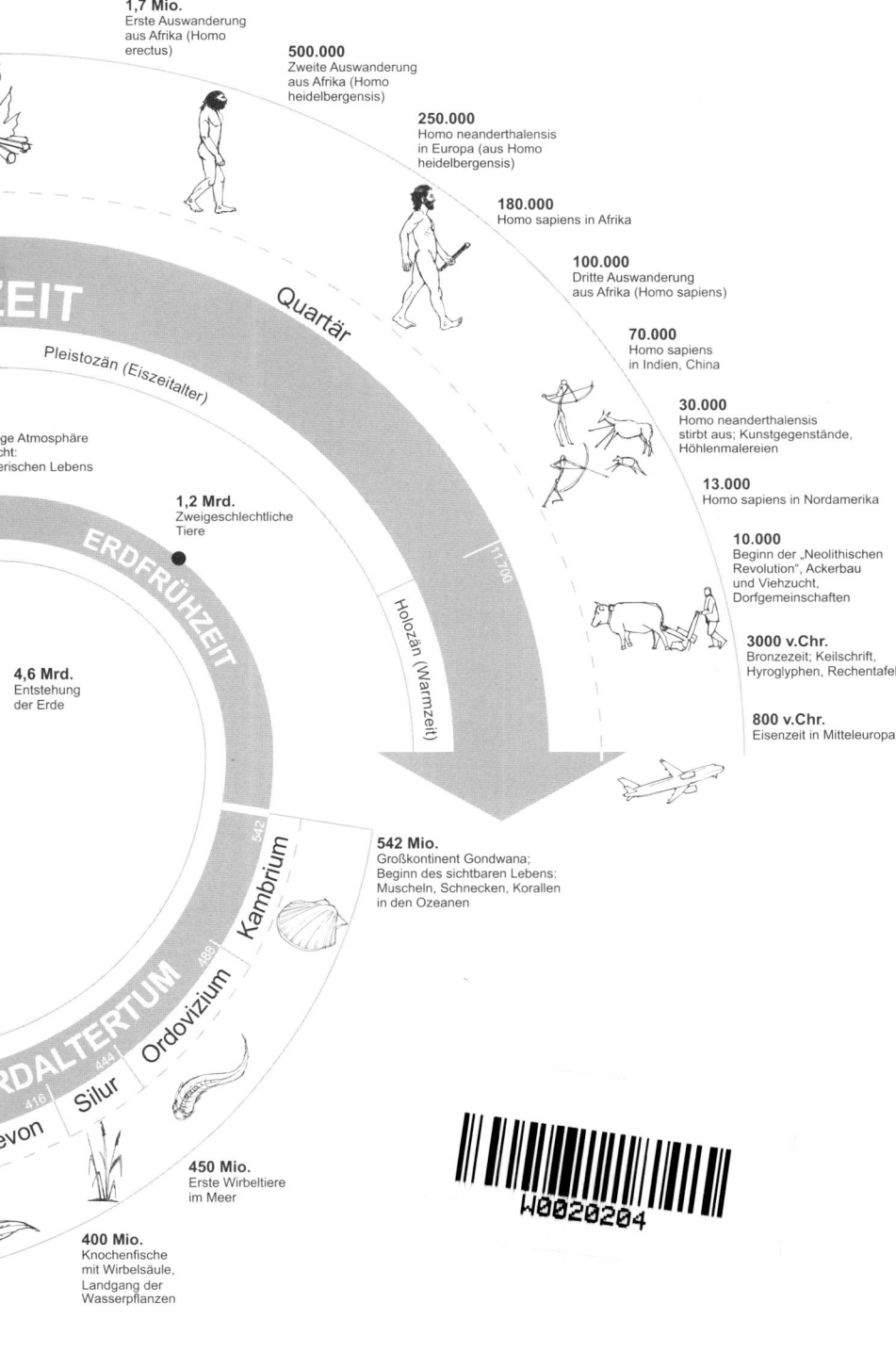

1,7 Mio.
Erste Auswanderung
aus Afrika (Homo
erectus)

500.000
Zweite Auswanderung
aus Afrika (Homo
heidelbergensis)

250.000
Homo neanderthalensis
in Europa (aus Homo
heidelbergensis)

180.000
Homo sapiens in Afrika

100.000
Dritte Auswanderung
aus Afrika (Homo sapiens)

70.000
Homo sapiens
in Indien, China

30.000
Homo neanderthalensis
stirbt aus; Kunstgegenstände,
Höhlenmalereien

13.000
Homo sapiens in Nordamerika

10.000
Beginn der „Neolithischen
Revolution", Ackerbau
und Viehzucht,
Dorfgemeinschaften

3000 v.Chr.
Bronzezeit; Keilschrift,
Hyroglyphen, Rechentafel

800 v.Chr.
Eisenzeit in Mitteleuropa

ZEIT

Quartär

Pleistozän (Eiszeitalter)

...tige Atmosphäre
...icht:
...ierischen Lebens

1,2 Mrd.
Zweigeschlechtliche
Tiere

ERDFRÜHZEIT

11.700

Holozän (Warmzeit)

4,6 Mrd.
Entstehung
der Erde

542 Mio.
Großkontinent Gondwana;
Beginn des sichtbaren Lebens:
Muscheln, Schnecken, Korallen
in den Ozeanen

542

Kambrium

488

RDALTERTUM

Ordovizium

444

Silur

416

...evon

450 Mio.
Erste Wirbeltiere
im Meer

400 Mio.
Knochenfische
mit Wirbelsäule,
Landgang der
Wasserpflanzen

Detlev Ganten | Thilo Spahl | Thomas Deichmann
Die Steinzeit steckt uns in den Knochen

Detlev Ganten | Thilo Spahl | Thomas Deichmann

Die Steinzeit steckt uns in den Knochen

Gesundheit als Erbe der Evolution

Piper München Zürich

Mehr über unsere Autoren und Bücher:
www.piper.de

Für Ursula, Sabine und Petra.

Mix
Produktgruppe aus vorbildlich bewirtschafteten
Wäldern und anderen kontrollierten Herkünften
www.fsc.org Zert.-Nr. GFA-COC-001262
© 1996 Forest Stewardship Council

ISBN 978-3-492-05271-9
2. Auflage 2009
© Piper Verlag GmbH, München 2009
Illustrationen und Vorsatzgrafik: Richard Stadler,
Viergestalten, München
Satz: Kösel, Krugzell
Druck und Bindung: Pustet, Regensburg
Printed in Germany

Inhalt

Gesundheit als Erbe der Evolution

Den menschlichen Körper kennen wir ziemlich gut. Er ist bis in kleinste Details beschrieben. Sein Genom ist Buchstabe für Buchstabe gelesen. Seinem Wohl und Wehe ist eine ganze Wissenschaft gewidmet: die Medizin. Aber dennoch ist eine wichtige Frage noch nicht umfassend beantwortet: Warum ist unser Körper so, wie er ist?

Unser Körper ist ganz und gar das Produkt seiner Entstehungsgeschichte, seiner Evolution. Und diese Geschichte ist die des Lebens. Sie reicht fast vier Milliarden Jahre zurück. Wir tragen das Erbe unserer Vorfahren mit unseren Erbanlagen in uns.

Stellen Sie sich zwei Situationen vor. Die erste: Sie sind auf Safari in Kenia, plötzlich springt ein Löwe aus dem Busch auf Ihr offenes Auto zu. Die zweite: Auf dem Parkplatz sehen Sie einen faulenden Tierkadaver. Wie ist Ihr Gesichtsausdruck? Im ersten Fall öffnen Sie die Augen weit und wahrscheinlich ebenso Mund und Nasenlöcher. Im zweiten Fall rümpfen Sie sehr wahrscheinlich die Nase, ziehen die Augenbrauen zusammen und wenden den Blick mit zusammengekniffenen Augen ab. Stimmt's? Bei fast allen Menschen ist es so. Der beschriebene Gesichtsausdruck ist universell. Haben Sie sich schon mal gefragt, warum? Es ist kein Zufall. Es ist ein Ergebnis der Evolution. Ihr Gesichtsausdruck hilft Ihnen beim Überleben.

Ein verwesendes Tier ruft Ekel hervor. Der damit verbundene Gesichtsausdruck ist nicht beliebig. Wir schließen Mund und Nase und wenden uns ab, weil wir damit

»Augen auf! Ohren auf!«
Gute Reflexe schützen uns: Wer erschrickt, sieht und hört mehr.

das Risiko verringern, Krankheitserreger aufzunehmen. Anders beim Anblick des Löwen. Der entsprechende Gesichtsausdruck ermöglicht erhöhte Aufmerksamkeit, verbesserte Informationsaufnahme und schnellere Reaktion. Charles Darwin, der sich sehr intensiv mit Gesichtsausdrücken beschäftigte, schrieb: »Furcht geht oft Überraschung voraus und ist ihr insofern ähnlich, als beide dazu führen, dass der Gesichtssinn sowie das Gehör augenblicklich verstärkt werden. In beiden Fällen sind Augen und Mund weit geöffnet und die Augenbrauen hochgezogen.«[1] Durch die aufgerissenen Augen sehen wir mehr, insbesondere am Rande des Gesichtsfelds, und wir können die Pupillen schneller bewegen. Durch die geöffnete Nase können wir mehr Geruchsmoleküle aufnehmen. Der geöffnete Mund lässt uns Geräusche besser im Raum verorten. All das ist nützlich.[2] Denn wir wollen uns retten und der Gefahr erwehren.

Nicht nur Gesichtsausdrücke, sondern alles, was unser Körper tut, lässt sich im Lichte der Evolution besser verstehen. Das ist der Grundgedanke, dieses Buches. Warum schmecken und lieben wir Süßes? Weil seit Urzeiten Zucker der Stoff ist, aus dem Tiere ihre Energie beziehen.

8

Wesen, die nicht auf Zucker standen, wurden von ihren Genen schon vor mehr als einer Milliarde Jahre in eine Sackgasse gefahren.

Jedem von uns liegt die eigene Gesundheit am Herzen. Tipps, Informationen, Rezepte, auch Ermahnungen, für ein gesundes Leben sind allgegenwärtig. Wir werden damit geradezu überschüttet. Aber es prasseln dabei auch viele Halbwahrheiten, Irrtümer und vor allem Widersprüche auf uns herab. Es fehlt der feste Rahmen, in dem der Unsinn aussortiert und die einzelnen Puzzleteile zu einem Bild geordnet werden.

Warum werden wir krank? Wie können wir gesund bleiben? Wir finden Antworten, indem wir die Naturgeschichte des menschlichen Körpers genauer betrachten. Unser Körper ist das Ergebnis einer natürlichen Auslese. Alle Lebewesen, die heute leben, sind vorläufige Endpunkte einer langen, ununterbrochenen Reihe von Anpassungen an die jeweilige Umwelt. So auch wir. Wenn wir verstehen wollen, wie unser Körper funktioniert, wofür er gemacht oder nicht gemacht ist, müssen wir immer wieder in die Vergangenheit zurückgehen. Manchmal nur Jahrhunderte, manchmal Hunderte Millionen Jahre.

> Warum schmecken und lieben wir Süßes? Weil seit Urzeiten Zucker der Stoff ist, aus dem Tiere ihre Energie beziehen. Wesen, die nicht auf Zucker standen, wurden von ihren Genen schon vor mehr als einer Milliarde Jahre in eine Sackgasse gefahren.

Im Zentrum steht das Gen

Warum ist unser Körper so, wie er ist? Die einfache Antwort lautet: Weil unser Erbgut so ist, wie es ist. Das Genom enthält bekanntlich die Bauanleitung. Und es ist auch so etwas wie der Hauptprozessor unseres Körpers. In ständigem und unauflöslichem Zusammenspiel mit der Umwelt sorgt es dafür, dass unser Körper im Laufe des

Lebens bestimmte Merkmale entwickelt – und gegebenenfalls wieder verliert: Geschicklichkeit, ein verführerisches Lächeln, Heuschnupfen, Bluthochdruck, Freude am Sport, Magengeschwüre, eine Blinddarmentzündung, Sommersprossen.

Unser Genom besteht aus 20 000 bis 25 000 Genen. Wir haben sie von unseren Eltern. Die haben sie von ihren – und so weiter. Sie sind uralt. Und alle Menschen haben grundsätzlich die gleichen Gene. Man kann sich nicht irgendwo neue besorgen. Jeder Mensch unterscheidet sich von einem anderen durch rund drei Millionen Punktmutationen, bei denen jeweils nur ein Buchstabe des über 3,2 Milliarden Buchstaben umfassenden genomischen »Textes« ausgetauscht ist. Solche Mutationen entstehen, weil sich beim Kopieren der Gene Fehler einschleichen. Selbst eineiige Zwillinge sind einander zwar sehr ähnlich, aber in ihren Genen nicht absolut identisch. Im Verlauf der Evolution kommt es aber auch zu größeren Veränderungen, wenn etwa ganze Teile des Genoms dupliziert oder vervielfacht werden oder gar verloren gehen. Zudem werden jeweils zwei Sätze des Genoms, nämlich der Satz des Vaters und der der Mutter, bei jeder Verschmelzung von Ei und Samenzelle neu zusammengewürfelt. Die neu entstandene Mischung bildet dann die einzigartige genetische Ausstattung eines neuen Erdenbürgers. Wie man an eineiigen Zwillingen sieht, ist damit die äußere Erscheinung schon ziemlich genau festgelegt.

Viele Merkmale des Körpers und der Körpervorgänge hängen jedoch auch noch davon ab, wie sich im Verlauf des Lebens die Genaktivität in den verschiedenen Organen in Abhängigkeit von Umwelteinflüssen verändert. Dass wir Menschen trotz des ständigen Auftauchens neuer Genvarianten auch sehr viele Gemeinsamkeiten haben, liegt daran, dass aufgrund natürlicher Auslese permanent bestimmte Genvarianten auch wieder verschwinden, meist weil sich diese als nachteilig für Überleben und Fortpflanzung erwiesen haben.

Die Genvarianten sorgen nicht nur dafür, dass jeder von uns ein unverwechselbares Individuum ist. Sie bewirken auch, dass sich äußere Gestalt und ebenso das Innenleben einer Spezies über lange Zeiträume verändern. Stellen Sie sich vor, Sie hielten Ihre Mutter an der Hand, diese wieder ihre eigene Mutter und so weiter. Es würde sich eine lange Menschenkette ergeben. Doch schon nach weniger als zehn Kilometern würde die Reihe in Menschen übergehen, die nicht mehr zu unserer Art, dem *Homo sapiens*, gehören, nach hundert Kilometern würden Vorfahren auftauchen, die nicht mehr zur Gattung Mensch (*Homo*) zählen, und nach 300 bis 400 Kilometern würde die Kette in die Baumwipfel führen, und es wären dann eindeutig Affen, die sich an der Hand hielten. Das wäre aber noch lange nicht das Ende der Kette. Einige Tausend Kilometer weiter würden die Hände verschwinden, würden Klauen und Flossen ihren Platz einnehmen. Irgendwann führte alles ins Meer, würde schrumpfen und schrumpeln, bis nur noch Einzeller blieben.

Stellen Sie sich vor, Sie hielten Ihre Mutter an der Hand, diese wieder ihre eigene Mutter und so weiter. Nach 300 bis 400 Kilometern würde diese Kette in die Baumwipfel führen und irgendwann ins Meer, bis nur noch Einzeller blieben.

Es sind also die Gene, die, von den Eltern an die Kinder weitergegeben, das Rohmaterial der Evolution darstellen. Sie verändern sich, und mit ihnen verändern sich ihre Träger. Das heißt keineswegs, dass auch für die Medizin die Gene im Zentrum stehen müssen. Unsere Kenntnis der Erbanlagen hilft uns enorm, die Evolution besser zu verstehen. Sie sind aber nicht alles. Um die Vorgänge im Körper zu begreifen und Krankheiten zu heilen, müssen wir ein komplexes Wechselspiel mit vielen Akteuren durchschauen. Die Proteine, die Stoffwechselprodukte, die Zellen, das Zusammenwirken der Körperorgane und die Einflüsse von außen hängen eng miteinander zusammen, und sie sind so kompliziert, dass wir heute noch weit davon entfernt sind, ein komplettes Verständnis davon zu haben. Die Zahl der untersuchten Mosaiksteinchen, die zu diesem Bild beitragen, ist jedoch in den letzten beiden Jahrzehnten so schnell gewachsen, dass es sich lohnt, darüber zu berichten und nachzudenken.

Die feinen Unterschiede

Es sind sowohl die kleinen Beschädigungen und Kopier-fehler als auch ganze Verdopplungen des Genoms, die diesen Wandel vom Einzeller zum Menschen bewirkt haben. Sie sind es aber nicht allein. Nicht der bloße Zufall hat den Weg von der Amöbe zum Mensch gebahnt. Der entscheidende Mechanismus der Evolution ist die sogenannte natürliche Auslese. Dabei geschieht Folgen-des: Eine Genvariante schafft es – wie auch immer – die Körper, zu deren Entstehen und Funktionieren sie bei-trägt, einen Tick besser zu machen. Besser heißt hier: erfolgreicher als die der anderen Individuen derselben Art bei der Fortpflanzung in der jeweiligen Umwelt. Dann wird die Genvariante im Vergleich zu anderen Vari-anten des gleichen Gens einen Tick häufiger vererbt. Wenn zum Beispiel 100 Individuen, die Träger von Gen-variante A sind, insgesamt 250 Nachkommen hervorbrin-gen, während 100 andere, die Variante B haben, nur 220 Kinder bekommen, dann führt das über viele Genera-tionen wie beim Zinseszins dazu, dass die Genvariante A im Vergleich zur Variante B erheblich häufiger vor-kommt. Weshalb sich die Träger von Variante A besser vermehren, kann viele Gründe haben – weil sie schneller sind oder stärker, oder ein bisschen besser hören können, oder sich besser tarnen, oder schlauer sind, oder attrak-tiver für das andere Geschlecht, oder, oder, oder. Von allen Varianten eines Gens überleben die erfolgreichsten, während andere, weniger günstige selten werden oder sogar aussterben.[3] Dabei genügt schon ein Nachteil von 0,1 Prozent, damit eine unvorteilhafte Mutation wieder aus dem Genpool verschwindet.[4]

Ändern sich die Umweltbedingungen, kann eine Variante, die lange einen Reproduktionsvorteil brachte, zum Nachteil werden. Geschieht dies, gerät sie auf den absteigenden Ast und wird von Generation zu Generation allmählich wieder seltener.[5] Allerdings greift dieses Prinzip nur dann, wenn ein Nachteil wirklich zu weniger Nachwuchs führt. So haben wir beispielsweise im Verlauf der Menschwerdung das Fell verloren, die Weisheitszähne blieben uns dagegen leider erhalten. Die waren früher sehr nützlich, denn faserige Pflanzenknollen und zähes, rohes Fleisch erforderten ein sehr viel intensiveres Kauen als unsere heutige Nahrung. Doch zwei Entwicklungen machten sie zum Auslaufmodell: Erstens wuchs unser Gehirn und beanspruchte immer mehr Platz. Dies konnte unter anderem geschehen, nachdem vor etwa 2,4 Millionen Jahren beim Übergang zur Gattung *Homo* ein Gen deaktiviert wurde, das für einen kräftigen Kauapparat verantwortlich ist.[6] Der Mundraum wurde kleiner und bietet daher heute bei vielen nicht mehr genug Platz, um die Weisheitszähne unterzubringen. Und zweitens lernten unsere Vorfahren, ihr Essen zu kochen, sodass es schön weich wurde. So wurden die Weisheitszähne überflüssig. Überflüssig und mitunter störend zu sein, reicht jedoch nicht, damit ein Merkmal verschwindet. Es muss auch Nachteile im Hinblick auf Überleben und Fortpflanzung bringen, damit ein Selektionsdruck entsteht. Der war bei den Weisheitszähnen offenbar nicht stark genug. Deshalb müssen wir uns weiter mit ihnen herumärgern.

Bewährtes setzt sich durch

Wie wir sehen, ergibt das bekannte *Survival of the Fittest*, das Überleben der Erfolgreichsten beziehungsweise der am besten an die Umwelt Angepassten (und das sind nicht unbedingt die Stärksten!), am meisten Sinn, wenn wir es nicht auf Tiere oder Menschen, sondern auf Genvarianten beziehen. Vollkommen falsch ist die Annahme, es gebe einen evolutionären Kampf ums Überleben zwischen verschiedenen Arten – denn die Selektion setzt immer zuerst und stärker bei Individuen an als bei Arten. Insofern können wir davon ausgehen, dass wir Genvarianten geerbt haben, die sich über lange Zeit als vorteilhaft erwiesen haben. Andere waren lange Zeit sehr vorteilhaft, sind es aber seit Kurzem nicht mehr. Denken Sie zum Beispiel an solche, die dafür sorgen, dass wir möglichst viel essen und Fettreserven anlegen – Vorsorge für magere Zeiten. Diese und ähnliche Varianten tragen heute, wo nur noch wenige Menschen regelmäßig Hungersnöten ausgesetzt sind, erheblich dazu bei, dass wir Zivilisationskrankheiten wie Übergewicht oder Bluthochdruck entwickeln. Gute Futterverwerter haben früher besser überlebt und mehr Kinder bekommen, heute laufen sie Gefahr, dick und zuckerkrank zu werden. Ursache dafür sind Genvarianten, die den Trend verschlafen haben.

Gute Futterverwerter haben früher besser überlebt und mehr Kinder bekommen, heute laufen sie Gefahr, dick und zuckerkrank zu werden. Ursache dafür sind Genvarianten, die den Trend verschlafen haben.

Der Entdecker der Struktur der DNA, James Watson, sagte einmal provokant, unser Schicksal liege nicht in den Sternen, sondern in den Genen. Mit anderen Worten: Ein Gentest kann uns mehr über unsere Zukunft sagen als ein Horoskop. Das mag stimmen. Doch uns interessiert hier vor allem die Tatsache, dass auch unsere Vergangenheit in den Genen liegt.

Der Wettlauf

Jeder heute lebende Mensch ist das bisher letzte (wenn er Kinder hat, das vorletzte, wenn er Enkel hat, das vorvorletzte) Glied einer seit Entstehung des Lebens vor etwa vier Milliarden Jahren ununterbrochenen Reihe von Eltern und Kindern. Keiner unserer Ahnen und Urahnen, keiner unserer tierischen Vorfahren und keiner von deren einzelligen Vorfahren ist je gestorben, bevor er, sie oder es Nachkommen hervorgebracht hat. Das Gleiche gilt für die Gazelle in der afrikanischen Savanne, den Laternenfisch in der Tiefsee oder das Moos auf dem Stein. All ihre Vorfahren waren zu 100 Prozent erfolgreich bei der einen, bei der entscheidenden Sache: der Fortpflanzung.

Was macht den Erfolg aus? Schritt eins: Ein Tier muss so lange ausreichend Nahrung finden, Krankheiten widerstehen, Räubern entwischen und geschickt genug sein, nicht vom Baum zu fallen, bis es geschlechtsreif ist. Schritt zwei: Ein Tier muss dann erfolgreich bei der Brautwerbung sein – bei manchen eine eher schlichte, bei manchen eine höchst aufwendige Angelegenheit.[7]

Die meisten aller je existierenden Lebewesen sind ausgestorben. Was die Evolution angeht, gilt: Die Zeit heilt keine Wunden. Wer heute lebt, ist Nachkomme der jeweils Jahrgangsbesten. Naturgeschichtlich betrachtet sind wir alle Elite. Dennoch ist unser Körper alles andere als perfekt. Denn wir alle, wir Menschen und alle anderen Lebewesen, befinden uns in einem permanenten Wettlauf. Unsere Umwelt ist größtenteils höchst lebendig. Die entscheidenden »Umweltfaktoren« sind zum einen die vielen anderen Individuen unserer eigenen Art, mit denen wir konkurrieren, und zum anderen die Lebewesen, die uns krank machen, fressen oder verschiedener Ressourcen berauben wollen. Es ist nicht nur ein Wettlauf, es ist ein Mehrkampf. Nein, auch das klingt noch zu geordnet. Es ist ein Wirrwarr von Wettläufen, in dem jeder von uns – und auch jedes Einzelne unserer Gene – sich befindet. Diese Wettläufe kennen kein Ende. Kaum hat man sich einen Vorteil erkämpft, schon zieht die Konkurrenz nach. Werden Gazellen von Generation zu Generation schneller, weil nur die schnellsten überleben, so werden auch die Geparde von Generation zu Generation schneller, weil nur die schnellsten genügend Gazellen erlegen. Resultat: Der Gepard ist das schnellste, die Gazelle das zweitschnellste Säugetier der Welt. Erfinden Menschen ein Antibiotikum, um sich vor Krankheitserregern zu schützen, so tauchen wenige Jahre nach Einführung des Medikaments die ersten resistenten Bakterien auf, denen es nichts mehr anhaben kann. Man muss immer besser werden, um nicht zurückzufallen. Kein Lebewesen kann seiner sich wandelnden Umwelt davonlaufen. Keines gelangt ans Ziel. Evolutionsbiologen haben zur Beschreibung dieser elementaren Tatsache des Lebens ein Bild aus dem Buch *Alice hinter den Spiegeln* von Lewis Carroll entliehen. Alice trifft auf die Rote Königin, und diese rennt beständig – aber die Landschaft, in der sie sich befinden, bewegt sich mit.[8] Als Alice nach dem Grund für das ganze Gerenne fragt, erklärt die Königin: »Hierzulande musst du so schnell rennen, wie du kannst, wenn du am gleichen Fleck bleiben willst.«[9]

Die Evolution kennt kein Ziel. In Abwandlung des Sprichworts könnten wir sagen: Der Wettlauf ist das Ziel. Ständige Veränderung ist Mittel zum Zweck. Es kommt darauf an, nicht auf der Strecke zu bleiben. Die stärkste Triebfeder ist nicht das Wettrüsten zwischen den Arten, sondern das zwischen den Individuen einer Art. Es ist wie in dem Witz von den zwei Männern und dem Löwen: Zwei Männer sehen einen Löwen und rennen davon. Der eine hält an, um seine Turnschuhe anzuziehen. Sagt der andere: »Damit bist du auch nicht schneller als der Löwe.« Antwortet der Erste: »Aber schneller als du!« In der

Evolution gewinnen nicht die Störche gegen die Frösche, sondern die vorsichtigen Frösche gegen die unvorsichtigen.

Sex als Rettung

So wie der Wettlauf mit Leoparden, Löwen und Hyänen unsere äußere Erscheinung geformt hat, hat das Wettrüsten mit Mikroorganismen unser Immunsystem geprägt. Krankheitserreger haben uns gegenüber einen enormen Vorteil: Ihre rasante Generationenfolge ermöglicht ihnen eine sehr schnelle Anpassung. Nie wäre unser Immunsystem so komplex geworden, hätten wir es nicht immer schon mit Feinden zu tun gehabt, die außerordentlich wandlungsfähig sind, die sich innerhalb von Tagen, Wochen und Jahren genetisch erheblich verändern können, während wir dafür Jahrtausende benötigen. Unsere Rettung war die geschlechtliche Vermehrung.

Sex ist vor über einer Milliarde Jahren entstanden und hat sich als evolutionäres Erfolgsmodell erwiesen, weil es den Tieren nur durch Sex möglich war, sich in einer Welt voller Mikroben behaupten und überleben zu können. Bei jedem Zeugungsakt wird das Erbgut des Vaters mit dem der Mutter kombiniert. So entsteht jedes Mal ein einzigartiges neues Lebewesen. Ein Tier, das mit vielen anderen genetisch identisch ist, ist ein gefundenes Fressen für Bakterien, Viren und Parasiten. Hat der Erreger eine entscheidende Schwachstelle erkannt, kann er nicht nur ein Individuum befallen, sondern gleich die ganze Population dahinraffen. Sich sexuell fortpflanzende Arten bilden dagegen genetisch sehr unterschiedliche Populationen und Individuen mit ständig wechselnder genetischer Ausstattung. Wie bei einem Boxer gilt auch hier die Devise »Immer in Bewegung bleiben«. Wer einen Moment stillsteht, wird ausgeknockt. Stellten wir – oder eine andere Tierart – die Fortpflanzung auf Klonen um, würde die genetische Vielfalt sich stark verringern, und die Krankheitserreger hätten leichtes Spiel.[10] So aber können wir kraft unserer Vielfalt mithalten und überleben. Diese Theorie wird von Beobachtungen an Arten bestätigt, die beide Varianten beherrschen. So pflanzen sich bestimmte Wasserschnecken bevorzugt asexuell durch Klonen fort. Taucht in ihrem Teich jedoch der parasitische Wurm Microphallus auf, stellen sie schnurstracks auf Sex um. Vielleicht sollten wir uns also bei garstigen Schmarotzern dafür bedanken, dass wir in einer Welt voller Individualität, Vielfalt, Flexibilität – und Sex leben dürfen.

Meisterwerke der Natur – und ihre Grenzen

Denken wir über den menschlichen Körper nach, lernen wir seine Fähigkeiten zu begreifen, reagieren wir oft mit Bewunderung. Vier Milliarden Jahre fortwährenden Aussortierens der jeweils an ihre Umwelt nicht so gut angepassten Exemplare jeder Art haben dazu geführt, dass unsere Körper ziemlich gut sind. Sie sind Meisterwerke der Natur. Und sie sind so gemacht, dass wir im Idealfall ohne größere Einschränkungen ein Alter von über 100 Jahren erreichen können. Aber: *No body is perfect.* Die Evolution hat Grenzen, sie kann sich immer nur auf der Basis des Bestehenden weiterentwickeln. Wir stoßen auch auf Flickwerk, auf Schwachstellen, die uns murmeln lassen: »Muss das denn sein?«

Es muss. Das wird klar, wenn wir uns den Mechanismus der natürlichen Auslese genauer anschauen. Aus vier Gründen ist es überhaupt nicht erstaunlich, dass unser Körper eine Vielzahl von Schwachstellen aufweist: Erstens konnten im Verlauf der Evolution nie komplett neue

Lösungen eingeführt werden – die Natur hat ja immer nur die bestehenden Körperteile, Organe und Systeme zur Verfügung und kann diese durch Variation und Selektion weiterentwickeln, vergleichbar einem Schiff, das beständig auf hoher See umgebaut werden muss. Aus den Flossen der Fische, die das Meer verließen, entstanden nicht nur unsere Hände, sondern auch die Flügel der Vögel und die Hufe der Pferde. Denn am Grundbauplan der Wirbeltiere war nichts mehr zu ändern. Jeder kleine Zwischenschritt hin zum Flügel oder zur Hand stellte zudem einen Spagat dar – er musste immer einen Vorteil gegenüber der Vorläuferversion bieten, ohne an anderer Stelle zu Nachteilen zu führen. So gab es, zumindest vor der Erfindung des Kaiserschnitts, eine klare Grenze für das vorgeburtliche Gehirnwachstum. Zu den großen Errungenschaften des Menschen zählen der aufrechte Gang und das große Gehirn. Beides ist aber nur begrenzt vereinbar. Wäre der Kopf noch größer geworden, wäre die beim Menschen ohnehin sehr schwere, gefährliche Geburt vollends unmöglich geworden. Der Geburtskanal konnte nicht beliebig breit werden, wir hätten sonst zur Fortbewegung auf vier Beinen zurückkehren müssen.

Zweitens findet ein Wettrüsten mit anderen Lebewesen, insbesondere mit Krankheitserregern statt, das wir wegen der gleichfalls vorhandenen Anpassungsfähigkeit der Gegenseite nie ganz gewinnen können.

Drittens bringt die Evolution manchmal Lösungen hervor, die unerwünschte Nebenwirkungen haben. So können Genvarianten, die uns in der Jugend zu Vorteilen verhelfen, sich im Alter nachteilig auswirken. Weiter unten werden wir das an einigen Beispielen veranschaulichen.

Und viertens ist unsere kulturelle Entwicklung sehr rasant verlaufen. Unsere Umwelt hat sich (durch unser Wirken) in den letzten 10 000 Jahren enorm verändert. Obwohl sich in diesem Zeitraum die Evolution des Men-

Aus evolutionsbiologischer Sicht sind wir eher an ein Leben als Jäger und Sammler angepasst als an das eines Schichtarbeiters, einer Finanzbeamtin oder eines Imbissbudenbesitzers.

schen sogar beschleunigt hat, war er für unsere Körper zu kurz, um sich darauf umfassend einzustellen. Aus evolutionsbiologischer Sicht sind wir deshalb im Großen und Ganzen eher an ein Leben als Jäger und Sammler angepasst als an das eines Schichtarbeiters, einer Finanzbeamtin oder eines Imbissbudenbesitzers.

Wurzeln von Krankheit

Die evolutionäre Sichtweise bietet einen neuen Blick auf Krankheiten. Wir fragen nicht nur danach, was in unserem Körper passiert, wenn wir krank werden. Wir fragen, warum wir überhaupt diese oder jene Krankheit bekommen. Wir fahnden nach den naturgeschichtlichen Wurzeln von Krankheit.

Beim Menschen gibt es eine Vielzahl historisch bedingter Schwächen. Zu den offenkundigsten dieser Designfehler zählt die Kreuzung von Luft- und Speiseröhre in unserer Kehle. Dieser »Missgriff« der Evolution, den schon unzählige Menschen mit dem Erstickungstod bezahlt haben, ereignete sich bereits vor rund 500 Millionen Jahren, als die ersten Wirbeltiere entstanden. Entsprechend viele Tiere von Forelle bis Rotkehlchen müssen heute damit leben. Und sie tun es ganz gut, weil sie Wege gefunden haben, das Verkehrsproblem von Speise und Luft zu lösen. Besonders schlimm hat es aber uns Menschen erwischt, weil wir die Sprache entwickelten und dazu den Mundraum ein wenig umgestalten mussten. Daher verlieren wir, wenn wir als Babys anfangen zu brabbeln, die Fähigkeit, gleichzeitig zu trinken und zu atmen, und fangen stattdessen an, uns zu verschlucken. Da die Sprache jedoch die herausragende Eigenschaft des Menschen ist, nehmen wir das Problem des Verschluckens gerne hin.

Die Blinddarmentzündung ist ein weiterer Klassiker. Aus heutiger Sicht ist der Wurmfortsatz des Blinddarms ein Retrobestandteil unseres Körpers, der nichts anderes zu tun hat, als sich hie und da zu entzünden. Jahr für Jahr werden in Deutschland deswegen über 100 000 Menschen operiert. Warum haben wir dieses Körperteil, überflüssig wie ein Kropf? Der Blinddarm ist ein Überbleibsel aus einer Zeit, als unsere Vorfahren Pflanzenmaterial mit geringem Nährwert verdauen mussten. Einen großen Blinddarm findet man noch heute bei Pflanzenfressern wie Pferden oder Hasen. Bei uns muss er diese Verdauungsaufgaben nicht mehr übernehmen, er ist nur sehr klein und hat am Ende den besagten Wurmfortsatz, der nur 0,5 bis ein Zentimeter dick und fünf bis zehn Zentimeter lang ist.

Es gibt verschiedene Überlegungen, weshalb dieser nie ganz verschwunden ist. Wahrscheinlich verhielt es sich so: Der Wurmfortsatz bildete sich eine Zeit lang zurück, erreichte dann aber einen Punkt, an dem eine weitere Verkleinerung ein erhöhtes Entzündungsrisiko bedeutet hätte. Somit wurde der evolutionäre Prozess der Zurückbildung durch den Mechanismus der natürlichen Auslese gestoppt.[11] Nichts spricht dagegen, den Wurmfortsatz heute, bereitet er Probleme, zu entfernen. Er ist für uns häufig unnütz. Aber ist er das immer und überall? Nicht unbedingt. In Entwicklungsländern kann er einen Vorteil bieten. Bei einigen sehr verbreiteten Durchfallerkrankungen dient er als Reservoir für die Bakterien der Darmflora. Der Darm kann so nach einer überstandenen Infektion rasch vom Blinddarm aus wieder mit nützlichen Mikroorganismen besiedelt werden – wodurch schädliche Keime besser ferngehalten werden.[12]

Manche moderne Probleme haben uralte Wurzeln. Die Ursachen für Krebs reichen über eine Milliarde Jahre zurück – bis zum Übergang vom Einzeller zum Vielzeller. Einzeller vermehren sich unbegrenzt, indem sie sich teilen: Aus einer Zelle werden zwei, aus zwei vier, aus vier acht und so weiter. Und alle diese Zellen leben autonom und vermehren sich weiter, wenn sie nicht sterben. Die Körper von höheren Lebewesen bestehen aber aus einer Vielzahl von spezialisierten Zelltypen, deren Vermehrung strikt kontrolliert werden muss. Der Mensch hat zum Beispiel über 200 Arten von verschiedenen sehr spezialisierten Zellen im Herzen, im Gehirn, in der Leber, in den Muskeln, Knochen und so weiter. Fallen bei uns einzelne Zellen in das uralte Verhalten zurück, sich unkontrolliert zu teilen, entsteht Krebs.

Die Ursachen für Krebs reichen über eine Milliarde Jahre zurück – bis zum Übergang vom Einzeller zum Vielzeller. Fallen einzelne unserer Zellen in das uralte Verhalten zurück, sich unkontrolliert zu teilen, entsteht Krebs.

Alle höheren Lebewesen mit ausdifferenzierten Zelltypen haben daher Mechanismen entwickelt, den Egoismus der Zellen in Schach zu halten.

Andererseits dürfen diese Mechanismen nicht zu strikt sein. Unsere Zellen müssen nach wie vor in der Lage sein, zu wachsen, sich zu vermehren und sich zu verändern, um ausgehend von der befruchteten Eizelle alle verschiedenen Zelltypen des Organismus zu bilden, immer wieder Millionen von roten und weißen Blutkörperchen nachzuliefern oder sich beispielsweise zu einem bestimmten Teil unseres Körpers zu bewegen, um dort Wunden zu schließen. Zellen müssen also über besondere Fähigkeiten verfügen, die es ermöglichen, dass sie zu Krebszellen werden, wenn die Kontrolle versagt.

Es gibt viele andere Mängel oder Schwachstellen, die sich irgendwo im Getriebe unseres Körpers verstecken. Sie aufzuspüren und sie vor dem Hintergrund ihrer Entstehung zu verstehen, erleichtert es uns, gezielt Prävention zu betreiben. Nicht aus jeder Schwachstelle muss ein Leiden resultieren.

Symptom und Ursache

Unsere Vorstellung von Krankheit war lange Zeit von äußeren Anzeichen geprägt. Wir sagen, wir haben Husten, Schnupfen, Kopfschmerzen, Fieber, Durchfall und so weiter. All das aber sind keine Krankheiten, es sind Symptome von Krankheiten.

Wollen wir Krankheiten verstehen, müssen wir zwischen Ursachen und Symptomen unterscheiden. Das ist vor allem für die Behandlung wichtig. Immer noch zu selten bekämpfen wir die Ursache einer Krankheit. Oft bekämpfen wir nur die Symptome – und überlassen unserem Körper, vor allem dem Immunsystem, den Rest. Genau in diesen Fällen aber sollten wir lieber zweimal überlegen, bevor wir zur Tat schreiten.

Was eigentlich ist ein Symptom? Krankheitssymptome gelten bisher meist als unerwünschte Wirkungen von Krankheiten, die es zu unterdrücken gilt. Gelegentlich werden sie auch als »natürliche« Reaktionen des Körpers angesehen und im Vertrauen darauf, dass die Natur es schon recht eingerichtet habe, akzeptiert und erduldet. Beiden Sichtweisen fehlt ein konkretes Verständnis der Mechanismen, die wir als Krankheitssymptome wahrnehmen. Aus evolutionärer Sicht spricht viel dafür, dass Symptome Anpassungen sind, also einen spezifischen Nutzen aufweisen. Doch es muss nicht immer so sein. Nehmen wir zum Beispiel die gewöhnliche Erkältung mit Niesen und Schnupfen. Auf den ersten Blick scheint es sich bei den Symptomen um Abwehrmechanismen zu handeln. Durch Niesen und laufende Nase werden Viren aus dem Körper herausbefördert. Das könnte im Interesse des Patienten geschehen. Es könnte aber noch mehr im Interesse des Virus geschehen. Denn das will nur eins: sich verbreiten und zu vielen neuen Wirten gelangen. In der Tat überwinden wir Erkältungen dadurch, dass unser Immunsystem die Viren erfolgreich bekämpft, und nicht dadurch, dass wir sie aus dem Körper werfen. Im Verlauf von Infektionskrankheiten spiegelt sich das evolutionäre Wettrüsten von Wirt und Erreger. Man muss also genau hinschauen, welches Krankheitsmerkmal welcher Partei nutzt. Niesen und Schniefen dürften eher dem Proliferationsarsenal des Virus als dem Abwehrarsenal des Körpers zuzurechnen sein. Oder doch nicht? Vielleicht profitieren auch beide. Es ist durchaus denkbar, dass die genannten Symptome den durch Virusinfektion geschwächten Körper davor bewahren, zusätzlichen Infektionen zum Opfer zu fallen.

Das Jucken eines Mückenstichs ist dagegen eindeutig eine Anpassung zugunsten des Opfers. Würden Stiche nicht jucken, würden wir nicht versuchen, uns davor zu schützen. Klare Hinweise auf das Überwiegen des Nutzens für den Patienten gibt es auch beim Fieber. Erhöhte Temperatur ist ein altbewährtes Hilfsmittel im Kampf gegen Krankheitserreger. Viele Bakterien können sich bei erhöhten Temperaturen nicht mehr so gut oder gar nicht mehr fortpflanzen. Deshalb schwimmen kranke Fische in wärmeres Wasser, Eidechsen legen sich in die Sonne – und Säugetiere entwickeln Fieber. Im Krankheitsfall ist eine Fiebersenkung nur manchmal geboten, die Krankheitsdauer wird, wie in Studien gezeigt wurde, dadurch oft verlängert. Meist wird Fieber von weiteren Symptomen wie Appetitlosigkeit, Mattigkeit und hohem Schlafbedürfnis begleitet. Auch diese haben ihren Sinn. Sie erlauben es dem Körper, all seine Reserven auf die Bekämpfung der Krankheit zu konzentrieren, wenig Wärme zu verlieren, und die Verfügbarkeit von Eisen, das für Bakterien und Pilze lebensnotwendig ist, zu reduzieren. Fieber bringt insgesamt sicher mehr Nutzen als Schaden, sonst wäre dieser Abwehrmechanismus längst ausgestorben.[13] Oft sind solche Mechanismen dennoch unnötig. Unser Immunsystem arbeitet nach dem Rauchmelderprinzip. Bei Anzeichen einer Infektion wird lieber vorsichtshalber Alarm geschlagen und die Temperatur hochgefahren, auch wenn gar keine Gefahr droht. Doch wir moderne Menschen unterliegen noch der Evolution und stecken mittendrin in den Anpassungswettläufen. Mancher Krankheitserreger hat sich lange schon evolutionär an Fieber angepasst. Andere haben sich so verändert, dass unser Körper auf ihr Eindringen gar nicht mit Fieber reagiert und sie daher ungestört bleiben. In solchen Fällen kann es medizinisch sinnvoll sein, künstlich Fieber hervorzurufen. Bestimmte Krankheitserreger haben durch natürliche Auslese die Eigenschaft erworben, unsere Reaktion zum eigenen Vorteil zu nutzen. So profitiert etwa der Malariaerreger davon, dass Kranke vom Fieber geschwächt werden. Wenn sie schwach und krank daliegen, haben Mücken größere Chancen, sie zu stechen, den Erreger aufzunehmen und weiterzuverbreiten.

Auch Schmerz ist eine Reaktion unseres Körpers, die zwar unangenehm, aber letztlich auch nützlich ist. Schmerz führt zu Vermeidung. Das kann oft das Leben retten.

Auch Schmerz ist eine Reaktion unseres Körpers, die zwar unangenehm, aber letztlich auch nützlich ist. Schmerz führt zu Vermeidung. Das kann oft das Leben retten. Sehr selten kommen Menschen mit einer Mutation zur Welt, die sie schmerzunempfindlich macht. Sie halten dann schon als Kinder die Hand ins Feuer oder brechen sich Knochen, ohne dass sie es merken. Meist sterben sie sehr jung – und entsprechend vererbt sich diese Eigenschaft kaum.

Die Medizin steht heute vor der Aufgabe, für möglichst viele Symptome zu klären, welche Funktion sie haben. Erst wenn man das weiß, kann man entscheiden, ob sie bekämpft werden sollten oder nicht. Bei manchen Symptomen ist es schwer zu sagen, ob sie Abwehrmaßnahmen des Kranken sind oder Manipulationen durch den Krankheitserreger. Durchfall kann entweder dem Patienten oder dem Erreger nutzen – oder beiden zugleich. Bei einer Infektion mit Shigellen ist Durchfall eine Abwehrmaßnahme, um die Erreger möglichst schnell aus dem Körper zu befördern. Gibt man hier Medikamente gegen Durchfall, dauert es länger, bis der Patient wieder gesund wird. Bei Cholera hingegen wird Durchfall durch einen Giftstoff des Bakteriums ausgelöst. Auf diese Weise wird die Ausbreitung des Erregers beschleunigt, und er kann sich in weiteren Opfern vermehren – gut für den auslösenden Keim, *Vibrio cholerae*, schlecht für seine Opfer, die Menschen. In diesem Fall dient die Bekämpfung des Durchfalls klar dem Patienten und schadet dem Erreger.

Manipulation durch Erreger

Aus dem Tierreich kennen wir viele Fälle, in denen Erreger das Verhalten von infizierten Tieren auf kuriose Weise zu ihrem eigenen Vorteil manipulieren. So sorgt etwa der Erreger der Toxoplasmose dafür, dass Mäuse dick und träge werden und vor allem dass sie ihre Angst vor Katzen verlieren. Warum? Weil die Maus, in deren Gehirn der Parasit sich festsetzt, nur ein Zwischenwirt ist. Fortpflanzen kann er sich nur in der Katze. Um dorthin zu gelangen, muss er dafür sorgen, dass die Maus von der Katze gefressen wird. Und genau das tut er auch.

Könnten auch Menschen von Krankheitserregern in ähnlicher Weise manipuliert werden? Nun, *Toxoplasma gondii* kann nicht nur Mäuse infizieren, sondern auch Menschen. Und es könnte sein, dass das Programm des Erregers, das im Gehirn der Maus die Angst vor Katzen zum Verschwinden bringt, bei manchen von uns etwas anderes auslöst. Tatsächlich sind Menschen, die an Schizophrenie leiden, überdurchschnittlich häufig mit *Toxoplasma gondii* infiziert.[14, 15] Und es wurde festgestellt, dass Medikamente, die gegen Schizophrenie wirken, die Vermehrung des Parasiten hemmen.[16] In klinischen Studien wird daher untersucht, ob Schizophrene umgekehrt auch von Antibiotika profitieren, die gegen Toxoplasmose helfen.[17]

Das sind interessante Hypothesen. Wir haben wohlgemerkt noch kein gesichertes Wissen über diese möglichen Zusammenhänge. Dass es Formen der – selbstverständlich nicht bewussten – Manipulation von Menschen durch Erreger gibt, ist allerdings aus evolutionstheoretischer Sicht kaum zu bezweifeln. In ganz neuen Untersuchungen konnte tatsächlich gezeigt werden, dass *Toxoplasma gondii* bestimmte Zellen im menschlichen Gehirn befällt und dort eine Vorstufe eines wichtigen Botenstoffs produziert. Demnach könnten nicht nur die Schizophrenie, sondern auch anderen Erkrankungen des Gehirns, etwa die Parkinson'sche Krankheit, durch die Infektion mit dem Erreger begünstigt werden, der über Katzenkot, rohes Gemüse und rohes Schweine-, Schaf- und Geflügelfleisch übertragen wird.[18]

Krankheit als evolutionäres Erbe

Krankheit vererbt sich schlecht, sollte man meinen. Das stimmt. Jede Krankheit schadet im Kampf um Ressourcen und gefährdet den Fortpflanzungserfolg. Deshalb verschwinden Genvarianten, die ernsthafte Krankheiten begünstigen, relativ schnell wieder aus der Gesamtheit der Gene einer Bevölkerungsgruppe, dem Genpool. Allerdings gibt es Ausnahmen. Manche Genvarianten bedeuten nämlich einen Vorteil, wenn man nur ein Exemplar davon erbt, führen aber zu schwerer Krankheit, wenn man zwei Exemplare hat.

Zu den bekannten Beispielen hierfür zählt die Sichelzellanämie. Die verantwortliche Mutation hat einen sehr guten Grund für ihre Existenz: Sie schützt vor der gefährlichen *Malaria tropica*. Wer nur vom Vater oder nur von der

Mutter das mutierte Gen erbt, hat einen Überlebensvorteil. Wer jedoch von beiden solch ein mutiertes Gen erbt, leidet unter einer schweren Anämie. Die Malaria sorgte dafür, dass die Anzahl der Menschen mit Sichelzellmutation zunahm, da diese Malariaepidemien eher überlebten.

Auch andere große Krankheitsepidemien der Vergangenheit haben ihre Spuren in den menschlichen Genen hinterlassen. Menschen, die sich aufgrund einer genetischen Besonderheit als widerstandsfähiger gegen Pest, Masern, Pocken, Typhus, Grippe oder Tuberkulose erwiesen, hatten eine größere Chance, zu überleben, und so auch eine größere Chance, Nachkommen zu zeugen und ihre spezifischen Genmutationen an diese weiterzugeben. Dies dürfte auch zur unterschiedlichen Verbreitung der Blutgruppen beigetragen haben. Blutgruppe A bot einen Vorteil bei der Pest, Blutgruppe null bei den Pocken. Mit jeder Epidemie stieg der Prozentsatz der Menschen mit spezifischen »Resistenzgenen« – genauso wie bei jeder Antibiotikabehandlung der Anteil der antibiotikaresistenten Bakterien ansteigt. Und häufig findet sich auch die Kehrseite in Gestalt einer spezifischen Erbkrankheit. Die nach der Hämochromatose zweithäufigste Erbkrankheit bei Weißen, die Mukoviszidose, ist vermutlich auf eine Genvariante zurückzuführen, die vor Typhus schützt. Auch hier ist es so, dass Menschen erkranken, die zwei Kopien der entsprechenden Genvariante geerbt haben.[19] Solche Erbleiden, die auf einzelne Gene zurückzuführen sind, gibt es viele. Sie treten aber vergleichsweise sehr selten auf.

Doch auch bei den großen Volkskrankheiten spielen die Gene eine Rolle. Hier ist es nicht ein Gen, sondern eine Vielzahl von genetischen und Umweltfaktoren, die letztlich zur Erkrankung führen. Nichtsdestotrotz sind auch sie ein Erbe der Evolution. Beteiligt sind vor allem solche Genvarianten, die nicht mehr im Einklang mit der heutigen Lebensweise stehen. Oder andersherum gesagt: Es sind Umweltfaktoren verantwortlich, die nicht im Einklang mit unseren Genen stehen. Ein typisches Beispiel sind Genvarianten, die zu Übergewicht beitragen. Früher war jedes zusätzliches Kilogramm auf den Rippen eine wertvolle Reserve für schlechte Zeiten. Heute ist das bekanntlich eher nicht mehr der Fall. Die meisten von uns haben ein Überangebot an Nahrung.

Seltene Krankheiten als Schlüssel zur Vergangenheit

Seltene Erbkrankheiten können nicht nur Hinweise auf vergangene Seuchen liefern, sondern auch wichtige Informationen zur Entwicklungsgeschichte des Menschen. Wissenschaftler untersuchten eine englische Familie, in der etwa die Hälfte der 30 Familienmitglieder erhebliche Probleme mit Grammatik, Satzbau und Wortschatz hatte. Die Untersuchung des Erbguts führte schließlich zur Entdeckung eines sehr wichtigen Gens, das heute die Bezeichnung FOXP2 trägt. Mutationen auf FOXP2, das für viele kognitive Funktionen und die Kommunikation eine wichtige Rolle spielt, etwa auch für den Gesang bei Vögeln oder die Echoortung bei der Fledermaus, waren wahrscheinlich eine wichtige Voraussetzung für die Sprachfähigkeit.

Zunächst wurde der Zeitraum, in dem diese Mutation sich verbreitete, auf vor etwa 100 000 bis 200 000 Jahren datiert. Das passte natürlich wunderbar, weil in dieser Zeit auch der *Homo sapiens* entstanden ist. Die menschliche FOXP2-Variante wurde so zu einer Art genetischem Emblem der Menschwerdung. Im Jahr 2007 gelang es jedoch, das FOXP2-Gen des Neandertalers zu sequenzieren. Und es zeigte sich, dass es mit dem des Menschen übereinstimmte.[20] Die damit möglicherweise verbundene wichtige Weichenstellung hin zu menschlicher Sprache und menschlichem Denken musste also schon erfolgt sein, bevor sich die Wege des späteren *Homo sapiens* und des Neandertalers vor 300 000 bis 400 000 Jahren trennten.

Jugend sticht Alter

Da die Fortpflanzung des Menschen (im Gegensatz zu der der meisten Tiere) vorwiegend in jungen Jahren – aus heutiger Sicht in der ersten Lebenshälfte – stattfindet, müssen wir uns über »Krankheitsgene«, die im Alter zum Tragen kommen, nicht wundern. Was sich erst nach Abschluss der reproduktiven Phase als schädlich erweist, befindet sich im toten Winkel der natürlichen Auslese. Entsprechende Genvarianten unterliegen dann nicht oder kaum der Selektion und können sich daher im Genom ansammeln. Erst recht sollte dies der Fall sein, wenn diese Genvarianten in der Jugend einen Vorteil bieten. Ein typisches Problem des Alters ist heute ein erhöhter Blutdruck. Der wirkt sich in der Jugend durchaus positiv auf die Leistungsfähigkeit aus. Eine entsprechende Veranlagung wird von der Evolution gefördert und war auch bis vor nicht allzu langer Zeit kein Problem, da das damit verbundene erhöhte Herzinfarktrisiko erst in einem Alter zum Tragen kommt, das ohnehin nur von wenigen Menschen erreicht wurde. Man bedenke, dass noch vor hundert Jahren die durchschnittliche Lebenserwartung bei zwischen 40 und 50 Jahren lag.

Ein weiteres Beispiel ist die Eisenspeicherkrankheit (Hämochromatose). Betroffene nehmen praktisch unbegrenzt Eisen aus der Nahrung auf, auch dann noch, wenn der Körper genug davon hat. Die verantwortliche Genvariante wurde 1996 identifiziert. Sie kommt bei Europäern sehr häufig vor (führt aber, da noch weitere Faktoren hinzukommen müssen, nur bei jedem 200. zur Erkrankung). Die Krankheit beginnt meist im dritten oder vierten Lebensjahrzehnt – dann, wenn sich so viel Eisen im Körper angesammelt hat, dass Leber und Bauchspeicheldrüse geschädigt werden.

In jungen Jahren zeigen sich dagegen Vorteile. Frauen sind aufgrund der Menstruation häufig von Eisenmangel betroffen – was das Gen verhindern kann. Ein weiterer Effekt dürfte stark zur Verbreitung dieser Genvariante beigetragen haben – denn Eisen ist eine durchaus zweischneidige Angelegenheit. Wir brauchen Eisen. Aber Krankheitserreger brauchen auch Eisen. Bei den Pestepidemien im Mittelalter hatten deshalb vermutlich Frauen und Ältere, die wenig Eisen im Körper hatten, bessere Überlebenschancen. Paradoxerweise waren aber auch die im Vorteil, bei denen das Hämochromatose-Gen für ein Überangebot an Eisen sorgte. Denn Besitzer dieses Gens speichern das Eisen nicht überall, sondern so, dass es für spezielle Zellen des Immunsystems, die Makrophagen, schwer zugänglich ist. Makrophagen sind Fresszellen, die sich Krankheitserreger einverleiben, um sie unschädlich zu machen. Einige Krankheitserreger können jedoch das üblicherweise üppig vorhandene Eisen in den Makrophagen nutzen und werden so gestärkt und gefährlich. Bei Hämochromatose gehen sie leer aus.

Auf diese Weise schützte die Eisenspeicherkrankheit wohl vor Pest und auch vor Tuberkulose und anderen Infektionskrankheiten. Heute können wir diese Krankheiten durch Medikamente bekämpfen und sind auf den genetischen Vorteil nicht mehr angewiesen. Geblieben ist die Gefahr, die von der Hämochromatose selbst ausgeht. Glücklicherweise gibt es inzwischen einen Gentest, der zeigt, ob man gefährdet ist. Und es gibt ein einfaches Gegenmittel, um der Krankheit zu entgehen: regelmäßiges Blutspenden.

Die ideale Nische

Wir Menschen sind biologische Wesen, Säugetiere. Aber wir sind auch Kulturwesen. Und diese unsere zweite Natur ist heute die dominierende. Wir sind in großem Maße die Schöpfer unserer Umwelt. Eine besondere Herausforderung ergibt sich daraus, dass wir uns in den letzten Jahrzehnten und Jahrhunderten eine Umwelt geschaffen haben, die sich in unzähligen Aspekten von der unterscheidet, an die unser Jäger- und Sammler-Körper und dessen noch ältere Vorläuferversionen angepasst wurden. Die Herausforderungen der Umwelt haben sich während unserer vier Milliarden Jahre währenden Naturgeschichte meist in einem Tempo verändert, das als langsam zu bezeichnen ist – wenn man es mit dem Tempo der Veränderungen in den letzten 10 000 oder gar den letzten 200 Jahren vergleicht.

Dieser Umstand ist im Hinblick auf unsere Gesundheit von großer Bedeutung. Wir haben unsere Umwelt so schnell verändert, dass wir uns nicht mehr mit den Methoden des evolutionären Wettrüstens daran anpassen können. Unser Körper ist einer Lebensweise ausgesetzt, für die er nicht geschaffen ist. Er ist in einer Art Schlaraffenland gelandet, in dem vielen die gebratenen Hühner in den Mund fliegen. Das gilt zumindest für die Privilegierten unter uns. Unser Körper ist aber auch neuen Belastungen ausgesetzt. Manch pessimistischer Mensch beklagt, die moderne Welt mache uns krank. Sagen wir lieber vorsichtig: Sie kann uns krank machen. Aber unausweichlich ist das ganz und gar nicht. Wenn wir wissen, woher wir kommen und warum unser Körper so ist,

Wir haben unsere Umwelt so schnell verändert, dass wir uns nicht mehr mit den Methoden des evolutionären Wettrüstens daran anpassen können. Unser Körper ist einer Lebensweise ausgesetzt, für die er nicht geschaffen ist. Er ist in einer Art Schlaraffenland gelandet, in dem ihm die gebratenen Hühner in den Mund fliegen.

wie er ist, können wir besser mit den Anpassungsfehlern umgehen, die entstehen, weil in unserem Genom noch Lösungen eingeschrieben sind, die uns für ein Leben in vergangenen Umwelten fit machen.

Bis vor sehr kurzer Zeit war unser Leben geprägt durch viel körperliche Betätigung und knappe Nahrung. Ohne Lebensmittelindustrie, ohne Landwirtschaft unterschied sich unsere Ernährung deutlich von der heutigen. Sie bestand aus Wild, kleinen Tieren, Wurzeln, Nüssen, Samen und Früchten. Es gab keine Heizung, kein warmes Wasser, kein Fernsehen, auch keine Bücher, kein künstliches Licht, keine Geburtenkontrolle, keine Autos, keine Sonnencreme, keine Zigaretten.

Ein Zurück kann es indes nicht geben. Und eine nostalgische Sicht auf das Leben unserer jagenden und sammelnden Vorfahren ist unangebracht. Wir wollen nicht im Alter von 25 Jahren von parasitischen Würmern oder Säbelzahntigern aufgefressen werden (die noch bis vor rund 30 000 Jahren auf dem Gebiet der heutigen Nordsee vorkamen, die damals trockenlag). Wir wollen die Errungenschaften des menschlichen Geistes genießen und ein modernes Leben führen – aber das auf eine Weise, die mit den Gegebenheiten unserer Biologie in Einklang steht. Wir sind auf der Suche nach der idealen Nische. Dazu müssen wir die Vergangenheit rekonstruieren und ermitteln, wie sie sich in unseren Genen widerspiegelt. Anschließend können wir geeignete Lebenswelten konstruieren, einen Lebensstil finden, der uns ein möglichst langes und gesundes Leben erlaubt. Wir müssen dazu wahrscheinlich auf intelligente Art und Weise Bedingungen imitieren, wie sie früher geherrscht haben und die im Einklang mit unserem geerbten Körper stehen.

Nicht alle Menschen sind für alle Krankheiten gleich anfällig. Welche Krankheiten uns drohen, hängt davon ab, wo und wie unsere jeweiligen Vorfahren gelebt haben –

wo und wie wir heute leben. Wer seine Schwächen kennt, kann gezielt vorbeugen. Der technologische Fortschritt im Bereich der Gendiagnostik ist enorm. Schon in ein paar Jahren wird es sehr preiswert sein, das komplette Erbgut einer Person auszulesen. Jeder von uns kann dann die Spuren seiner eigenen, einzigartigen, vier Milliarden Jahre umfassenden biologischen Vorgeschichte auf DVD im Regal stehen haben. Die personalisierte Medizin kann Realität werden. In einigen Jahrzehnten wird für jedes Medikament, wird für jede Therapie geprüft werden, ob sie zum individuellen Genom passt. Besser noch: Jeder von uns wird seine ganz persönlichen Schwachstellen so genau kennen, dass er seinen Lebenswandel darauf einstellen kann – wenn er das will. Auf diese Weise werden wir vielen Krankheiten vorbeugen können. Und nebenbei werden wir noch viel über die Vergangenheit unseres Körpers gelernt haben. Für die Medizin bedeutet dies, dass nicht mehr die Bekämpfung von Symptomen, sondern die Erhaltung von Gesundheit durch Prävention ihre Hauptaufgabe sein wird. Diese Entwicklung ist ein großer Fortschritt. Die evolutionäre Medizin kann hierzu einen bedeutenden Beitrag leisten.

Wie immer in der Medizin müssen wir dabei respektieren, dass ein Individuum oder eine ganze Gesellschaft nicht alles wissen und realisieren will, was möglich ist. Selbstbestimmung, ethisch-moralische Grenzen und demokratisch vereinbarte Normen und Gesetze einer informierten Gesellschaft werden in Zukunft wie heute das Terrain dessen abstecken, was gängige medizinische Praxis sein wird.

Auf dem Weg zu einer neuen, evolutionären Medizin

Für die wissenschaftliche Sicht auf den menschlichen Körper als Ergebnis der Evolution wurde der Begriff »evolutionäre Medizin« geprägt.

Es handelt sich um ein Konzept, das wichtige Aspekte früherer Formen der Medizin integriert. Wie in der klassischen Schulmedizin wird es immer wichtig und richtig bleiben, dass der Arzt den Patienten als Ganzen sieht, sein Erscheinungsbild beurteilt und seine Symptome und Sorgen, deretwegen er den Arzt aufsucht, erfährt. Auch die Familiengeschichte, die individuelle Krankengeschichte, das soziale und persönliche Umfeld verlieren bei einer verantwortungsvollen, ganzheitlichen Medizin nie an Wert. Sie genügen aber nicht. Der tiefere Blick über die Betrachtung des äußeren Erscheinungsbildes hinaus in den Patienten hinein erweitert die diagnostischen Möglichkeiten dieser klassischen ganzheitlichen Schulmedizin und verbessert Einsichten in die Entstehung und Behandlung der Krankheiten. Blut- und Gewebeanalysen im Labor oder mit dem Mikroskop sowie mit modernen Bildgebungsverfahren wie Sonografie und Magnetresonanztomografie machen dies möglich. Dabei gelingt es immer besser, die Vorgänge im Innern der Zellen zu untersuchen.

In den letzten Jahrzehnten hat sich eine molekulare Medizin entwickelt, die die Mechanismen der Krankheitsentstehung auf der Ebene der Gene und der Proteine analysiert und daraus neue Therapien entwickelt. Diese Forschung hat gezeigt, dass neben der ganzheitlichen Sicht von außen auf den Patienten und seine Symptome, die Sicht ins Innere der Zelle, auf die Erbanlagen, das Genom, zu entscheidenden neuen Einsichten führen kann. Auf diesen Erkenntnissen baut auch die evolutionäre Medizin auf. Sie erweitert die molekulargenetische Betrach-

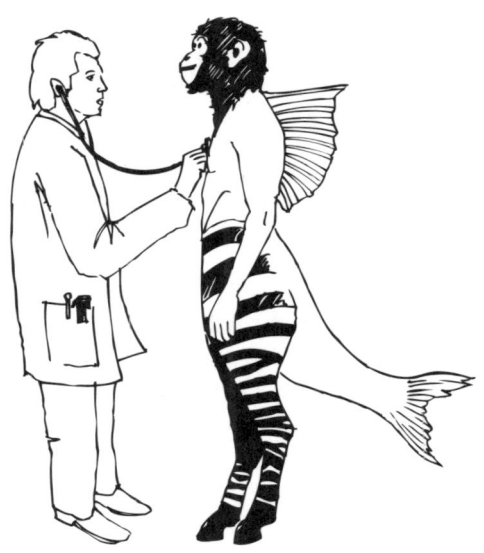

»Ah ja, Schluckauf! Das ist der Fisch in Ihnen.«
Wir tragen die Naturgeschichte in unserem Erbgut.

tung jedoch um die historische Dimension der Naturgeschichte. Unser Genom und damit unser Körper hat eine Geschichte wie die Erde und das Leben selbst. Wir können heute mit erstaunlicher Präzision an unseren Genen ablesen, wann sie entstanden sind und wann und wie sie sich verändert haben. Unsere biologischen Vorfahren sind uns als Mitbewohner der Erde vielfach erhalten geblieben: die Archaeen auf dem Meeresgrund und in alten Gesteinen, die Einzeller, einfachen Mehrzeller, Pflanzen, Fische, Amphibien bis hin zu den Primaten. Und diese Vorfahren leben auch weiter in unseren Genen. Darum sind wir so, wie wir sind. Darum können wir aus der Evolution so viel lernen. Und darum können wir aus der Struktur und Funktion der Gene von Mäusen, von Fliegen und von noch früheren und einfacheren Lebewesen wie Würmern oder sogar Hefepilzen viel über uns selbst erfahren. In der medizinischen Forschung spricht man von

Modellorganismen. Wir können an ihnen modellhaft das Funktionieren unseres eigenen Körpers erforschen.

Die Einbeziehung der Geschichte, der Dynamik und zum Teil der Dramatik unserer evolutionären Entstehung in die Betrachtung von Gesundheit und Krankheit ist das Neue an der evolutionären Medizin. Es ist eine enorme Erweiterung unseres Blickfeldes im ärztlichen ebenso wie im wissenschaftlichen Bereich. Die ganzheitliche Medizin, die Fürsorge für den ganzen Menschen wird dadurch erweitert. Sie wird nicht unwichtiger, sondern im Gegenteil noch umfassender. Wissenschaftlich eröffnet sich ein weites Feld mit vielen neuen Hypothesen, von denen wir Ihnen, lieber Leser, einige in diesem Buch näherbringen möchten.

Von Fischen und Menschen

Die Geschichte des Lebens auf der Erde ist auch die Vorgeschichte des Menschen. Wir tauchen allerdings sehr spät auf. Wäre die Erde statt 4,6 Milliarden Jahre nur ein Jahr alt, dann wäre der Mensch erst am Silvesterabend um 23.42 Uhr auf der Party erschienen. Um zu zeigen, was alles in ihm steckt, rekapitulieren wir die wichtigsten Stationen der Entwicklung des Lebens.

Der Viktoriasee in Ostafrika ist der zweitgrößte Süßwassersee der Erde, an seinen Ufern liegen die Staaten Uganda, Tansania und Kenia. Er ist ein hoch frequentiertes Arbeitsgebiet, ja geradezu ein Paradies für Evolutionsforscher, weil sich hier evolutionäre Entwicklungen gut nachzeichnen lassen. Nicht nur, dass im östlichen Afrika die Wurzeln unserer Vorfahren liegen. Der See ist mit etwa 750 000 Jahren erdgeschichtlich recht jung. Molekulargenetische Untersuchungen haben ergeben, dass die in ihm lebenden Buntbarsch-Arten einen gemeinsamen Vorfahren haben, der vor gar nicht so langer Zeit lebte. Nur einige Hunderttausend Jahre hat es gedauert, bis aus diesem »Mutterbarsch« Hunderte von verschiedenen Spezies hervorgegangen sind.

Die zunehmende Verzweigung im Stammbaum der Viktoriasee-Barsche steht modellhaft für die Evolution des Lebens und der Artenbildung auf der gesamten Erde. Seit sich erstes Leben auf der Erde herausbildete, sind grob geschätzt eine Milliarde verschiedener Arten entstanden, die fast alle auch wieder ausgestorben sind.[21] Derzeit gibt es schätzungsweise 20 Millionen Arten auf unserem

Planeten, wovon aber lediglich 1,5 Millionen bekannt und beschrieben sind.[22] Die Welt des Lebendigen ist bunt und vielfältig. Doch letztlich kann man überall die gleichen Grundmechanismen erkennen. Alle Organismen haben einen gemeinsamen Ursprung. Der Paläontologe Neil Shubin fasst es mit Blick auf den Menschen so zusammen: »Alle unsere ungewöhnlichen Fähigkeiten erwachsen aus Grundbestandteilen, die sich während der Evolution uralter Fische und anderer Lebewesen gebildet haben.«[23]

Das erste Leben

Die Erde entstand vor etwa 4,6 Milliarden Jahren.[24] Sie bildete sich aus einem Gas- und Staubnebel, der um die Sonne kreiste. Zunächst war es auf ihr extrem unwirtlich, es schlugen regelmäßig große Materiebrocken ein. Gigantische Vulkanlandschaften entstanden. Doch schon nach einigen Hundert Millionen Jahren, am Ende der formativen Phase, tauchten als Folge chemischer Reaktionen – man spricht auch von »chemischer Evolution« – die ersten Lebewesen auf.[25] Es war allerdings und blieb noch sehr lange unscheinbares Leben in Gestalt einfacher Einzeller. Deshalb werden die ersten drei Milliarden Jahre auch als »Zeitalter des verborgenen Lebens« bezeichnet.

Die ersten primitiven Lebensformen tummelten sich vor allem in dünnen schaumigen Matten auf dem Grund der Urozeane. Um die Kriterien für Leben zu erfüllen, mussten sie Erbgut enthalten und dieses an Nachkommen weitergeben. Sie verfügten also über die Fähigkeit zur Zellteilung, verbunden mit der Verdopplung des Erbguts, und einen Energie liefernden Stoffwechsel.

Zu den ältesten Lebewesen zählen die Cyanobakterien – früher Blaualgen genannt – und die Archaeen. Viele Archaeen sind extremophil, das heißt, sie können in extremer Umgebung leben: Man findet sie in der Nähe heißer Vulkane wie den »Schwarzen Rauchern« auf dem Meeresgrund ebenso wie in frostiger Kälte.

Einen entscheidenden Schritt in Richtung höhere Organismen ging das Leben vor rund 1,6 bis 1,8 Milliarden Jahren, als einige Einzeller begannen, ihr Erbgut, ihre DNA, besser zu schützen, indem sie es in eine Membran verpackten. So entstanden als dritte Domäne des Lebens die Eukaryoten, zu denen alle Tiere, Pflanzen und Pilze zählen. Eukaryoten unterscheiden sich von Prokaryoten (Bakterien und Archaeen) dadurch, dass sie über einen Zellkern verfügen.

Solche eukaryotischen Einzeller nahmen einfache bakterielle Zellen auf, die in diesen größeren Zellen eine Nische fanden, allmählich fester Bestandteil der großen Zelle wurden und als Zellorganellen spezialisierte Aufgaben für ihre Wirte übernahmen. Im Organismus entstanden erste Formen einer Arbeitsteilung. So wuchs im Laufe der Jahrmillionen die Palette der Fähigkeiten der Zellen und Organismen. Als besonders nützliche Untermieter erwiesen sich bestimmte Bakterien, die den für die damaligen Lebewesen generell giftigen Sauerstoff nutzen konnten. Sie leben noch heute in unzähligen unserer Körperzellen – die Rede ist von den Mitochondrien, den »Kraftwerken der Zelle«.

Aus den einzelligen Eukaryoten entstanden im Verlauf der nächsten Milliarde Jahre gemäß der Devise »Gemeinsam sind wir stark« Mehrzeller mit komplexeren Strukturen, und damit begann »die Trennung des Lebens in die drei großen Reiche, die das Stadium der einzeln lebenden Zellen überwunden hatten, in die grüne Welt der Pflanzen, in die bewegliche Welt der Tiere und die fahle Welt der zumeist zersetzenden Pilze«, wie der Zoologe Josef H. Reichholf schreibt.[26] Jede Zelle blieb dennoch ein in sich geschlossenes Gebilde. Jede einzelne enthielt einen vollständigen Datensatz mit den Bauanweisungen für den kompletten Organismus. Um gemeinsam zu funktionieren, mussten die Zellen allerdings kommunizieren. Sie nutzten dazu chemische Signale, die Vorläufer unserer heutigen Hormone.

Die »Erfindung« des Sexes

Eine Quelle für das Entstehen immer neuer Variationen im Erbgut von Pflanzen und Tieren blieben weiterhin Mutationen, die durch äußere Einwirkungen wie Strahlungen oder chemische Substanzen hervorgerufen wurden. Es kam jedoch ein weiterer entscheidender Mechanismus hinzu: die Rekombination von Genen durch sexuelle Fortpflanzung. Hierbei verändert sich die Mischung der Gene, indem das Erbmaterial von zwei Individuen, die sich paaren, kombiniert wird. Genetische Neuerungen und Neukombinationen werden an die Nachfahren weitergegeben und müssen im realen Überlebenskampf bestehen. Die Sexualität ermöglichte die ungeheure Artenvielfalt, die das Leben auf der Erde prägt.

Die ersten zweigeschlechtlichen Tiere erschienen vor etwa 1,2 Milliarden Jahren auf der Erde. Warum die Evolution die Sexualität hervorgebracht hat, zumal die einfache Zellteilung der Bakterien viel schneller geht und zahlreichere Nachkommen schafft? Wahrscheinlich lag es am Wettrüsten mit Krankheitserregern. Sexualität schafft Vielfalt, und Quantität ist nicht gleich Qualität. Ein Tier, das mit vielen anderen genetisch weitgehend identisch ist, ist eine leichte Beute für Bakterien, Viren und Parasiten, weil seine Schwachstellen bei diesen kleinen Feinden nach kurzer Zeit bekannt sind

Warum die Evolution die Sexualität hervorgebracht hat, zumal die einfache Zellteilung der Bakterien viel schneller geht und zahlreichere Nachkommen schafft? Wahrscheinlich lag es am Wettrüsten mit Krankheitserregern. Sexualität schafft Vielfalt, und Quantität ist nicht gleich Qualität.

und sich in der rasanten Evolution der Mikroorganismen Eigenschaften verbreiten, die diese Schwachstellen ausnutzen. Sich sexuell fortpflanzende Arten hingegen bilden genetisch unterschiedliche Populationen und Individuen. Ihre ständig rekombinierte genetische Ausstattung bietet einen wesentlich besseren Schutz vor Räubern und Parasiten. Die »Erfindung« des Sexes war damit für den weiteren Fortgang der Naturgeschichte äußerst bedeutsam.

Rückgrat und Extremitäten

Den Übergang vom Präkambrium zum Erdaltertum markiert die »kambrische Explosion« vor etwa 540 Millionen Jahren. Binnen rund 40 Millionen Jahren entstanden in einem einzigartigen Entwicklungsschub die Urfamilien vieler Tiere. Viele der Lebewesen gab es zwar schon zuvor, doch nun begannen sie Hartteile wie Panzer und erste Skelette zu bilden – und wurden so für die Nachwelt als Fossilien sichtbar. Vorausgegangen war die Entwicklung von Nerven und Sinnesorganen, die für den Erfolg als Tier, also aktives Lebewesen, entscheidend sind. Nerven können Signale gezielt an bestimmte Stellen leiten. Sie sind die Voraussetzung für den Gleichgewichtssinn, für Sinneswahrnehmung und koordinierte Bewegung.

Ursache für den sprunghaften Anstieg der Lebensvielfalt waren Umweltveränderungen, die auf das Aufbrechen des präkambrischen Superkontinents Megagäa, der alle Kontinente einschloss, zurückgeführt werden. Es kam zur Bildung von warmen Flachwassermeeren, in denen sich das Leben leichter als zuvor verzweigen konnte – ein buntes Sortiment an Muscheln, Schnecken, Kopffüßern, Korallen und Schwämmen entstand. Die Vielfalt wuchs, aber nach wie vor spielte sich alles im Meer ab.

Ein wichtiger Schritt während des Kambriums war die

Entstehung von Wirbeltieren. Sie verfügten über einen neuen Bauplan mit Kopf, Rumpf, Schwanz und Gliedmaßen und konnten sich im Wasser und später auch an Land behaupten. Alle Wirbeltiere waren ursprünglich Wasserbewohner. Sie traten vor etwa 450 Millionen Jahren erstmals in Erscheinung. Die Entwicklung begann mit Armfüßern und primitiven Wirbeltieren, die zwar schon wie Fische aussahen, aber kieferlos waren und ihre Nahrung nicht durch ein Maul, sondern über Filtersysteme aufnahmen.

Um ihre Körper zu stabilisieren, entwickelten einige neue Arten mit der Zeit eine versteifende Leiste längs des Rückens – es war zunächst kein Knochen, sondern eine Art Membran, die mit einer Flüssigkeit gefüllt war und unter Druck stand. Entlang dieser Leisten ordneten sich im Körperinneren Muskeln an. Indem sie sich wechselseitig zusammenzogen, kam es zu der typischen schlängelnden Schwimmbewegung. Fische wurden so zur auffälligsten Lebensform auf der Erde. Sie entwickelten Knochenpanzer und Knorpelskelette. Und es entstanden vor ungefähr 430 Millionen Jahren auch die ersten Knochenfische mit richtigen Skeletten und festen Wirbelsäulen.

Das einfache und noch recht instabile Dahinschlängeln genügte den Meeresbewohnern schon bald nicht mehr. Um die Wendigkeit und die Geschwindigkeit bei der Fortbewegung zu erhöhen, bildeten sie Flossen, aus denen viele Millionen Jahre später unsere Beine und Arme wurden. Die Flossen entstanden vermutlich, als sich Hautlappen, die sich zunächst längs der versteiften Mittellinie der kieferlosen Fische gebildet hatten, um das Gleichgewicht besser halten zu können, teilweise zurückbildeten. Es blieb nur noch je ein Hautlappenpaar vorn und hinten übrig. Diese Konstruktion eignete sich besser, um Beute zu machen, vor Fressfeinden zu fliehen und um exakter im Meer zu manövrieren. Aus diesem urtümlichen Grund haben wir heute je zwei Arme und Beine und nicht die doppelte oder dreifache Anzahl.

Man braucht nur das frühe Wachstum eines noch wenige Millimeter großen menschlichen Embryos zu beobachten, um die Verwandtschaft von Mensch und Fisch zu erkennen. Verfolgt man mit einem Ultraschallgerät seine Entwicklung, erkennt man, dass sich im Mutterleib unsere Beine und Arme aus halbrunden Gewebelappenpaaren zu bilden beginnen, wie sie für die ersten Knochenfische typisch waren. An der Embryogenese lassen sich noch zahlreiche andere Aspekte der Entwicklungsgeschichte des Menschen nachverfolgen. Die Erforschung der Entwicklung von der befruchteten Eizelle, der Zygote, bis zur Geburt ist deshalb ein Muss, wollen wir die stammesgeschichtliche Evolution des Menschen ganz und gar durchdringen.

Beißwerkzeuge und Immunsystem

Es gibt eine Vielzahl von Merkmalen, an denen sich die enge Verwandtschaft von Fisch und Mensch erkennen lässt.[27] Auch unsere Kiefer und Zähne waren schon in den ersten Knochenfischen angelegt. Die Kau- und Beißapparate entstanden vor 300 bis 400 Millionen Jahren, um größere und feste Nahrung aufnehmen zu können. Mit den Filtersystemen der Kieferlosen war dies nicht möglich. So formten sich die Knochenplatten am Kopf der Fische langsam um. Hinter dem Kopf verfügten die Fische über Kiemenspalten, die man heute noch sehr gut bei Haien erkennen kann. Dazwischen befanden sich knöcherne Kiemenbögen, die die Spalten in Reih und Glied hielten. Der erste Kiemenbogen wurde im Laufe der Evolution bei einigen Fischen stärker, und er legte sich langsam nach vorn um. So entstand eine Mundöffnung mit dem ersten primitiven Ober- und Unterkiefer.

Bezeichnenderweise sind im Frühstadium der Entwicklung eines menschlichen Embryos auch die vier Kiemenbögen der Urzeit noch deutlich sichtbar. Der Anblick unterscheidet sich nicht wesentlich von einem Hai-Embryo. Doch binnen weniger Wochen differenzieren sich die Anlagen sehr deutlich. Beim Menschen entstehen während der Embryogenese aus den Kiemenbögen Kiefer, Ohren, Kehlkopf und Rachen, und an ihrem Inneren entwickeln sich Schädelknochen, Muskeln, Nerven und Blutgefäße. Beim Hai wachsen die für ihn typischen Organe und Knochen. Daran sieht man, dass die biologischen Vorgänge, die unseren Körper geschaffen haben, nur Abwandlungen von Prinzipien aus der Urzeit sind. Im Zeitraffer wird im Mutterleib in wesentlichen Elementen nachvollzogen, was die Evolution in Millionen von Jahren hervorgebracht hat. Bei vielen Tierembryonen zeigt sich eine sehr ähnliche Grundarchitektur.[28]

> Die biologischen Vorgänge, die unseren Körper geschaffen haben, sind nur Abwandlungen von Prinzipien aus der Urzeit. Im Zeitraffer wird im Mutterleib in wesentlichen Elementen nachvollzogen, was die Evolution in Millionen von Jahren hervorgebracht hat.

Anhand von Fossilienfunden kann man ebenfalls gut nachvollziehen, wie sich beim Übergang von Fischen zu Amphibien und später von Reptilien zu Säugetieren aus den einstigen Kiemenbögen der Urfische unsere drei Mittelohrknochen gebildet haben.[29]

Doch bleiben wir noch eine Weile im Erdaltertum. Die durch den anhaltenden Selektionsdruck wachsende Herausforderung an die Knochenfische bestand nun darin, das neue Nahrungsangebot klein und in den Schlund zu kriegen. Zunächst waren die Kiefer der Urfische glatt. Es sollte sich aber bald als großer Überlebensvorteil herausstellen, wenn die Kanten rauer ausfielen. Man konnte besser zupacken und die Beute zermalmen. So entwickelten sich als Folge der natürlichen Selektion die ersten Zahnpartien bei den frühen Wasserbewohnern – und damit die Urformen unserer Zähne.

Eine weitere Innovation dieser Epoche war die langsame Ausdifferenzierung des körpereigenen Immunsystems.[30] Schon simple Einzeller aus den frühen Zeiten der Erdgeschichte verfügten über einfache Schutzmechanismen gegen potenzielle Schadorganismen. Seit Entstehung der Wirbeltiere wurde dieser angeborene Schutzmechanismus gegen Viren, Bakterien, Pilze, Parasiten oder Giftstoffe durch ein lernfähiges Abwehrsystem ergänzt, auf das wir später noch ausführlicher zu sprechen kommen.

Von der Flosse zu Arm und Bein

Parallel zur Entwicklung der Wirbeltiere begann erstes pflanzliches Leben die Kontinentalränder zu erobern. Vermutlich waren es Algen, die vor mehr als 400 Millionen Jahren erstmalig das Land begrünten. Dass Pflanzen den Tieren auf dem Weg an Land voraus waren, ist wenig verwunderlich. Denn sie schufen erst die Lebensgrundlage für nachfolgende Tiere, indem sie ihnen als Nahrung dienten. Wunderbare grüne Algenfelder, die die Sonnenenergie gespeichert hatten, bildeten die üppige Lebensgrundlage für die ersten Vegetarier an Land. Diese Entwicklung nahm vor etwa 380 Millionen Jahren ihren Lauf. Die ältesten an Land lebenden Wirbeltiere waren Amphibien – der Begriff kommt aus dem Griechischen und bedeutet »auf beiden Seiten lebend«. Gemeint ist, dass Amphibien, darunter Molche, Frösche, Lurche und Salamander, sowohl im Wasser als auch an Land leben. Als Antrieb für den Landgang wird vermutet, dass die Tiere sowohl Schutz vor Raubfischen als auch neue Nahrungsquellen suchten. Dabei »lernten« sie, dass es in den flachen Uferregionen nährstoffreiche Insekten und Gliederfüßer in Hülle und Fülle gab.

Der langsam vollzogene Landgang der Fische bedeutete evolutionäre Anpassungen ungeheuren Ausmaßes. Fischflossen wandelten sich zu Beinen und Füßen, was die Eroberung des neuen Lebensraums erst möglich machte. Der Körperbau veränderte sich gravierend. Ein Vorgänger der Amphibien, der erste vorsichtige Schritte aus der nassen Lebensumwelt wagte, war der Quastenflosser, von dem eine Abart bis heute vor der Küste Ostafrikas anzutreffen ist. Seine Flossen verfügten schon über ein starkes stützendes Skelett und ausgeprägte Muskeln, mit deren Hilfe sich seine Nachfahren später in flachen Gewässern nach vorn abdrücken und fortbewegen konnten. Bei seinen kieferlosen Vorgängern mit den primitiven Hautlappen befanden sich dagegen die Muskeln noch im Inneren des Fischrumpfs.

Außerdem hatten die urtümlichen Fleisch-, Muskel- oder Quastenflosser innere Nasengänge. Das erlaubte ihnen, Luft mit geschlossenem Maul aufzunehmen. Und sie verfügten wahrscheinlich bereits über Lungenbläschen und somit über das elementare Rüstzeug, um überhaupt den Weg an Land anzutreten. Denn nicht nur die Fortbewegung funktionierte dort völlig anders. Auch die Atmungsorgane mussten sich der neuen Umgebung anpassen. Das Gleiche galt für die Nahrungsaufnahme, die Ausscheidungsorgane und den Geburtsvorgang.

Atmen und Hören an Land

Die Entwicklung unseres Atemsystems mit Lunge und Luftröhre zu Mund und Nase begann vor etwa 370 Millionen Jahren. Hintergrund war wahrscheinlich die Wanderung der Fische in seichte Süßwasserreservoirs in der Nähe von Meeresküsten. Dort waren sie mit dem Problem konfrontiert, dass bei großer Hitze der Sauerstoffgehalt des Wassers drastisch abfallen konnte. Die Evolution wusste damit umzugehen. Einige Arten konnten mit einem System der Luftatmung über die dünne Fischhaut überleben. Sie brauchten nur an die Oberfläche zu gleiten, um Sauerstoff zu tanken – und dort zudem leichte Insektenbeute zu machen. Andere, wie der Wels der Art *Hoplosternum*, schnappten mit dem Maul nach Luft und pressten diese in den Darm, von wo aus der Sauerstoff in die Blutbahn gelangte.

Wahrscheinlich sind aus solchen Luftschnappmechanismen allmählich Atmungsorgane hervorgegangen, die wir als Lunge bezeichnen. Diese Vermutung wirft Licht auf die Frage, warum bei uns Menschen die Luft- und die Speiseröhre, die ja ganz unterschiedlichen Zwecken dienen, so dicht beieinanderliegen – was unangenehmes Verschlucken verursachen kann. Es liegt offenbar daran, dass wir von Fischen wie dem *Hoplosternum* abstammen, bei dem Luft und Nahrung durch einen gemeinsamen Kanal in den Körper gelangten. Erst später im Laufe der Evolution ergab sich eine Differenzierung in Atmungs- und Verdauungsorgane.

Parallel zur Landeroberung bildeten sich Geruchs- und Gehörsinn heraus. Im Wasser übertragen sich Schallwellen, die wir als Töne wahrnehmen, aufgrund der weitgehend gleichen Dichte von Fischkörper und Wasser viel direkter auf die Lebewesen. Fische spüren die Schallwellen als Vibrationen, einige entwickelten zur besseren Wahrnehmung bereits kleinere Innenohren. Die Landgänger waren jedoch zunächst so gut wie taub, was Nachteile mit sich brachte, wenn Gefahr drohte. So begann die Entwicklung von Hörorganen, die Schallwellen aus der Luft auffangen konnten. Daraus wurden später unsere Ohren mit Trommelfell, Hammer, Amboss und einem komplizierten, mit Wasser gefüllten Gangsystem, in dem feinste Sinneszellen die Schwingungen der Töne aufnehmen und an spezialisierte Hirnregionen weiterleiten.

Die Last des Eigengewichts

Es ist klar, dass sich durch den Landgang der Fische auch der Bewegungsapparat der neuen Amphibien grundlegend wandeln musste. Denn an Land zeigte sich ein schwerwiegendes Problem: das des Eigengewichts der Tiere, das nicht mehr durch den Wasserauftrieb reduziert wurde. Um sich fortbewegen zu können, mussten die Gliedmaßen – unsere späteren Arme und Beine – immer kräftiger werden und ihre Form nachhaltig ändern. An amphibischen Eidechsen erkennt man auch heute die von den Fischen stammende wellenförmige Fortbewegung, wenn beim Laufen die Gliedmaßen auf einer Körperseite erst zueinander- und dann voneinander weggerichtet werden. Zur Verbesserung der Stützwirkung wanderten bei den Landtieren die Extremitäten langsam, aber sicher unter die Körper. Schließlich waren sie senkrecht nach unten gerichtet, sodass der Körper Bodenfreiheit gewann und weniger Energie zur Fortbewegung verbrauchte. Gleichzeitig entwickelten sich die Gelenke an Händen und Füßen und die Vorläufer von Ellenbogen und Knien. Schon früh kam es zur Herausbildung von je fünf Fingern und Zehen als Grundausstattung der meisten Tiere. Um die Last des Körpers bei der Fortbewegung tragen zu können, wurde das Rückgrat immer stabiler.

Eine weitere Neuerung war die flexibler werdende Nackenpartie. Fischköpfe sind fest mit dem Rumpf verbunden. Wenn man sich vorstellt, dass die ersten amphibischen Landgänger noch große Mühe hatten, sich fortzubewegen, weil ihr Körper aufgrund der noch schwach ausgebildeten Gliedmaßen auf dem Boden schleifte oder

Das Eigengewicht der neuen Landgänger, das nun nicht mehr durch den Wasserauftrieb reduziert wurde, war ein Problem. Um sich fortbewegen zu können, mussten die Gliedmaßen – unsere späteren Arme und Beine – immer kräftiger werden und ihre Form nachhaltig ändern.

nur kurz angehoben werden konnte, sieht man, dass es gleichzeitig auch ein Problem bei der Nahrungsaufnahme gegeben haben musste. Denn ein Kiefer, der nur nach unten geöffnet werden kann, hilft bei reiner Bauchlage nicht weiter. Da ist es schon besser, wenn man den Kopf unabhängig vom Rest aufrichten und Nahrung aufnehmen kann. Beim Krokodil lassen sich diese frühen Innovationen deutlich erkennen.

Während die Amphibien ihre Anatomie der neuen Umgebung anpassten, vermehrten sich Spinnen, flügellose Insekten, Skorpione und andere Kleintiere. Pflanzen als neue Nahrungsgrundlage vieler unserer Vorgänger prägten den evolutionären Werdegang im gesamten Karbon, das vor etwa 359 Millionen Jahren begann. Riesige Wälder mit hohen Bäumen entstanden. Mit ihnen expandierte eine Vielzahl von bald auch fliegenden Insekten mit Flügelspannweiten von fast einem Meter. Große Amphibien wie die Panzerlurche wurden bis zu drei Metern lang.

Auf den Galápagosinseln vor der Küste Ecuadors gibt es beindruckende Zeugen des Landgangs von Meeresbewohnern und deren Weiterentwicklung. Für Charles Darwin war dies ein wichtiger Ort der Forschung, auf deren Grundlage er schließlich seine Theorie über die Entstehung der Arten formulierte.

Kriechende Landeroberung und das Ei

Vor etwa 290 Millionen Jahren begann der Prozess, bei dem Reptilien, Kriechtiere, den Amphibien den Rang streitig machten. Reptilien haben eine fast drüsenlose und mit Schuppen bedeckte Haut. Die macht sie widerstandsfähiger gegen Sonnenlicht und Trockenheit. Sie können, im Gegensatz zu den Amphibien, die im Wasser laichen, in allen Entwicklungsstadien ihres Lebens an Land gehen

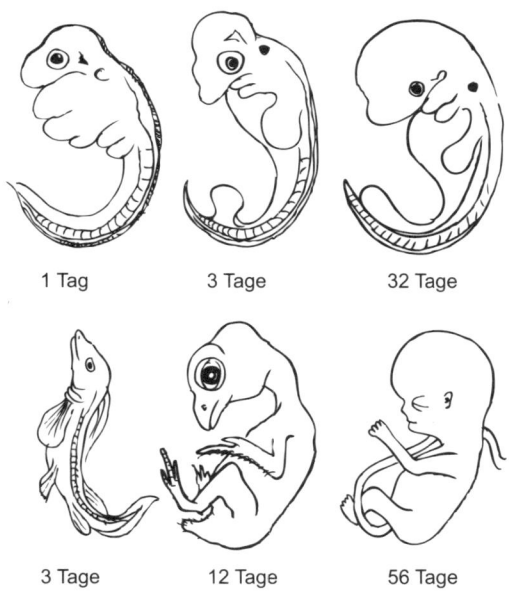

| 1 Tag | 3 Tage | 32 Tage |

| 3 Tage | 12 Tage | 56 Tage |

»Fisch oder Huhn oder Mensch?«
Anfangs ähneln sie sich sehr. Im Mutterleib kann man im Zeitraffer nachvollziehen,
was die Evolution in Millionen von Jahren hervorgebracht hat.

und dort auch ihren Nachwuchs zur Welt bringen. Die geniale Erfindung der Natur, die dies ermöglicht, sind Eierschalen. Der Embryo schwimmt im Ei zwar weiter in einem wasserähnlichen Milieu, aber er kann an Land abgelegt werden, weil er durch die Schale vor dem Austrocknen geschützt ist. Die Wasser- und die Landtiere gingen fortan zunehmend getrennte evolutionäre Wege.

Die Verfeinerung des Fortbewegungsapparats verlief bei den Reptilien rasant und näherte den Körperbau weiter an Formen und Strukturen an, die wir noch heute bei den Menschen finden. So diente es der größeren Beweglichkeit und Schnelligkeit, vor allem der Hinterpartien (unserer späteren Beine), dass die Rippen, die zunächst noch die ganze Wirbelsäule von vorn bis hinten säumten (ähnlich wie Fischgräten), sich im hinteren Bereich zurückzubilden begannen. Aus diesem Grund haben wir heute Rippen nur im Bereich des Brustkorbs.

Vor etwa 280 Millionen Jahren lebten die ersten Reptilien, die vollständig an das Leben an Land angepasst waren. Sie hatten statt Schuppen eine wasserdichte Haut und ein richtiges Trommelfell in den Ohren, das die Schallwellen aus der Luft aufnahm. Sie prägten während des gesamten Erdmittelalters über einen Zeitraum von fast 100 Millionen Jahren entscheidend die Wirbeltierevolution. Zu ihren bekanntesten Vertretern zählten die Dinosaurier,[31] die das irdische Leben bis zum Ende der Kreidezeit vor 65 Millionen Jahren beherrschten. Es gab sie in allen denkbaren Formen im Wasser und an Land mit Körpergrößen von bis zu 60 Metern Länge und 12 Metern Höhe und mit Lebendgewichten von bis zu 100 Tonnen.

Doch im weiteren Verlauf der Erdgeschichte kam es zu massiven Zäsuren. Beim Übergang vom Perm zur Trias vor rund 250 Millionen Jahren starben die allermeisten Amphibien und Reptilien sowie fast alle Meeresbewohner aus. Man vermutet, dass lang anhaltende Vulkanausbrüche sowie Klimaänderungen infolge der Vereinigung aller Erdkontinente zu einem riesigen Superkontinent namens Pangäa für das größte Artensterben aller Zeiten verantwortlich waren. Beim Übergang von der Kreidezeit zum Tertiär vor etwa 65 Millionen Jahren wurde das vielfältige Leben auf der Erde erneut aus der Bahn geworfen. Ein großer Asteroid schlug auf der mexikanischen Halbinsel Yucatán ein. Riesige Staubwolken verdunkelten den Himmel, die Photosynthese wurde erschwert, die Temperatur sank, und saurer Regen fiel auf die Erde. In der Folge verschwanden an die 90 Prozent der Meeresbewohner sowie etwa die Hälfte der landbewohnenden Arten. Das Zeitalter der Dinosaurier war vorüber, nur Knochenfunde zeugen heute noch von ihrer verschwundenen Pracht.

Siegeszug der Säugetiere

Nun übernahmen die Säugetiere die Vorherrschaft an Land. Sie besetzten die frei gewordenen Nischen und entwickelten sich auf vielfältige Weise. In einem milden, freundlichen Klima gedieh die Vegetation prächtig, und es entstanden Savannen und Steppen. Vorfahren der heutigen Schweine, Schafe, Katzen, Hunde, Bären, Hirsche, Flusspferde, Fledermäuse, Kamele, Biber, Pferde und Elefanten bevölkerten die Kontinente.

Insgesamt sind uns rund 30 Säugetierordnungen bekannt, von denen die meisten bis heute leben. Säugetiere legen (fast ausnahmslos) keine Eier, sondern bringen lebend geborene Nachkommen zur Welt.[32] Sie haben Brustdrüsen, mit denen der Nachwuchs mit Muttermilch versorgt wird. Schon frühe Arten verfügten zudem über einen feingliederigen Bewegungsapparat. Ihre Schulter- und Beckenpartie waren flexibel an die Wirbelsäure angehängt und in alle Richtungen drehbar, so wie wir es heute bei uns und den meisten anderen Tieren kennen.

Ein weiteres Kennzeichen der Säuger ist ihre Warmblütigkeit, die sich vor etwa 140 Millionen Jahren herauszubilden begann. Säugetiere sind aufgrund ihres Stoffwechsels in der Lage, die natürlichen Temperaturschwankungen auszugleichen und ihre eigene Körpertemperatur zu regulieren. So können sie auch nach Sonnenuntergang und über die kalten Wintermonate hinweg oder bei großer Hitze sehr aktiv sein. Typisch für die Säugetiere ist ihre Wärmeisolierung in Form von Fell oder Gefieder, mit der die körpereigene Temperaturkontrolle noch besser funktioniert. Hierbei handelt es sich allem

Säugetiere sind in der Lage, die natürlichen Temperaturschwankungen auszugleichen und ihre eigene Körpertemperatur zu regulieren. So können sie auch nach Sonnenuntergang und über die kalten Wintermonate hinweg oder bei großer Hitze sehr aktiv sein.

Anschein nach um Fortentwicklungen alter Fischschuppen.

Wie und warum sich die Warmblütigkeit entwickelte, ist bis heute umstritten. Zwar lässt es sich als evolutionären Vorteil deuten, dass zu jeder Zeit und Witterung gejagt und gefressen werden konnte. Deshalb ist man ursprünglich davon ausgegangen, dass fleischfressende Tiere aus der Warmblütigkeit einen entscheidenden Überlebensvorteil ziehen konnten. Aber die eigene Temperaturregelung brachte andererseits den Nachteil mit sich, dass gerade im kalten Winter sehr viel mehr Körperenergie verbraucht wurde. Diese musste in Form von Nahrung wieder zugeführt werden. Es gibt warmblütige Tiere, die an einem Tag 40-mal mehr Kalorien zu sich nehmen müssen als ungefähr gleich große kaltblütige Reptilien. Wäre der kaltblütige Energiesparmodus dann also nicht effizienter? Es musste eine andere Erklärung für die Warmblütigkeit geben – nämlich die, dass sie möglicherweise von den Pflanzenfressern ausging. Das leuchtet ein, weil die Natur damals vor Kraft strotzte und reichlich Nahrung bot. Doch das Grünfutter hatte seine Tücken. Es enthält reichlich Kohlenstoff, die Stickstoffversorgung lässt dagegen zu wünschen übrig. So ist es denkbar, dass Tiere ihre Tagesdosis an Grünzeug erhöhten, um mehr Stickstoff aufzunehmen. Der dadurch entstehende Überschuss an Kohlenstoff wurde in den Organen kurzerhand verbrannt. Durch diesen Verbrennungsprozess entstand Körperwärme, und am Ende dieser Anpassung gab es warmblütige Säugetiere.[33]

Erste aufrechte Schritte

Eine Säugetierordnung, die sich sehr vielfältig verzweigte, sind die Primaten – auch Herrentiere genannt –, zu denen die Menschenaffen (*Hominidae*) inklusive des Menschen

(*Homo sapiens*) zählen. Die ersten Primaten erschienen vor etwa 80 Millionen Jahren auf der Bildfläche. Bei später lebenden höheren Arten waren die Augen nicht mehr, wie bei den meisten anderen Tieren, schräg zur Seite gerichtet. Die Primaten konnten nun nach vorn blicken und entwickelten eine ungeheure Bewegungsvielfalt, die sie zu flinken Kletterkünstlern werden ließ. Das dreidimensionale Sehen entstand, und es bildeten sich Augenhöhlen zum besseren Schutz der immer wichtiger werdenden Sehapparate. Das Gebiss differenzierte sich in Schneide- und Backenzähne. Viele Primatenarten ernährten sich nicht mehr nur von Insekten, sondern mehr und mehr von Früchten. Ihr Gehirn vergrößerte sich, und sie lebten in Gruppen, in denen sie miteinander zu kommunizieren und Sozialhierarchien zu etablieren begannen.

Die Menschenaffen – hierzu zählen heute Orang-Utan, Gorilla, Schimpanse und Mensch – entwickelten sich zu den größten lebenden Primaten. Man geht davon aus, dass schon frühe Vertreter in der Lage waren, sich aufzurichten, um mit ihren Vorderextremitäten einfache »handwerkliche« Arbeiten wie die Nahrungszubereitung durchzuführen. Dafür sprechen zum Beispiel ihre stark ausgeprägten Lendenwirbel.

Die Menschen und ihre unmittelbaren Vorfahren bilden innerhalb der Familie der Menschaffen eine eigene Untergruppe (*Hominini*). Erste Vertreter erschienen vor etwa fünf bis sieben Millionen Jahren. Neuere Studien deuten sogar darauf hin, dass sich bereits vor zehn bis elf Millionen Jahren die in Richtung Mensch führenden Linien von anderen Menschaffenarten trennten.[34] Zu den entscheidenden evolutionären Errungenschaften der *Hominini* zählten der aufrechte Gang und damit verbunden die Entwicklung der Vorderextremitäten zu Armen und Händen. Außerdem kam es zu einer enormen Vergrößerung und Differenzierung des Gehirns.

Wahrscheinlich waren es veränderte Klima- und Umweltbedingungen, die die Entwicklung des aufrechten Ganges begünstigten. Tropische Regenwälder in Afrika wurden aufgrund einer klimatischen Abkühlung vor rund zehn Millionen Jahren zu Baumsavannen. Der Lebensraum von Primatenpopulationen, die sich noch allesamt auf vier Beinen fortbewegten, wandelte sich dadurch stark. Ihre Vorder- und Hinterbeine waren zwar noch in etwa gleich lang, und die vierfüßigen Tiere nächtigten auf Bäumen. Aber sie siedelten nun in Uferzonen am Rande der Regenwaldgebiete und begannen, in den flachen Ufergewässern neue Nahrungsquellen für sich zu erschließen.

Der Berliner Humanbiologe Carsten Niemitz hat zur Herausbildung des aufrechten Ganges in diesem neuen Lebensumfeld die »Ufer-Hypothese« formuliert.[35] Zunächst wateten demnach die Primaten (sie waren Nichtschwimmer) auf allen vieren durch Sand und Schlick und sammelten Muscheln, Weichtiere und Eier von Fischen und Meeresvögeln. Doch dann begann offenbar ein noch nicht abschließend geklärter Prozess, der die Vierbeiner zu Zweibeinern werden ließ. Auch wenn der aufrechte Gang uns Menschen heute als völlig normal erscheint, so brachte diese Entwicklung zunächst auch Selektionsnachteile mit sich. Die zweibeinigen Primaten waren langsamer als vierbeinige Affen, und außerdem mussten ihre Gelenke und ihr Blutkreislauf einen langen Anpassungsprozess durchlaufen. Niemitz geht davon aus, dass die afrikanischen Uferzonenhabitate dazu geeignet waren, diese Nachteile zu kompensieren.

Erstens wirkte das hüfthohe Waten im Wasser stabilisierend – die Tiere fielen nicht so schnell um und konnten das aufrechte Gehen gut üben. Durch den Wasserauftrieb wurde gleichzeitig das Körpergewicht abgefangen, was Hüfte, Knie sowie andere Gelenke schonte und ihre Anpassung an die neue Belastung begünstigte. Nicht minder wichtig erscheint zweitens, dass der Wasserdruck auf die Beine bei den frühen Gehversuchen wie ein »Stützstrumpf« wirkte. Richtet sich ein Primat auf, der es eigentlich gewohnt ist, sich auf allen vieren fortzubewegen, sackt das Blut in die Beine. Wir alle kennen das Problem als Schwindelgefühl, wenn wir morgens zu schnell aus dem Bett aufstehen. Älteren Menschen bereitet es Probleme, wenn die Pumpleistung des Herzens nachlässt und sich Flüssigkeit in den Füßen und Beinen einlagert – man spricht von Ödemen. Niemitz schreibt: »In hüfttiefem Wasser ist das Blutvolumen in den Beinen durch den Außendruck etwa halbiert. Eine teilweise watende Lebensweise bietet eine hervorragende Szenerie zum Erwerb von Anpassungen an aufrechte Hydrostatik, wie wir sie besitzen.«[36] Er geht also davon aus, dass die evolutionären Wurzeln unserer Begleitvenen in den Beinen sowie der Lymphpumpe, die beide wesentlich bessere Rückflussmöglichkeiten für das aufwärtsströmende Blut bieten, in der Flachwasserfischerei in afrikanischen Küstengebieten zu finden sind. Auch sieht er in dieser Lebensweise einen Grund dafür, dass sich nach und nach die Beine der Vormenschen verlängerten. Wenn man nämlich von weiter oben, also in steilerem Winkel, ins Wasser blickt, gibt es weniger Spiegelung, und Wassertiere lassen sich leichter erkennen und erbeuten.

Es kamen weitere Faktoren hinzu, die vor etwa zwei Millionen Jahren diese Entwicklung hin zur Langbeinigkeit beschleunigten. Als es darum ging, weite Steppen und Savannengebiete zu durchqueren und sich dort zu behaupten, bildete sich bei einigen unserer Vorgängerarten die Fähigkeit des Kletterns zurück, und der auf-

Für den aufrechten Gang mussten die zweibeinigen Primaten erst einen langen Anpassungsprozess durchlaufen. Im hüfthohen Wasser watend, fielen die Tiere nicht so schnell um und konnten das aufrechte Gehen gut üben. Zudem wirkte der Wasserdruck auf die Beine bei den frühen Gehversuchen wie ein Stützstrumpf.

rechte Gang auf langen Beinen wurde zum durchschlagenden evolutionären Vorteil und damit zur Dauereinrichtung.

Der geschickte Mensch

Zu den entscheidenden Neuerungen der Hominiden zählte die starke Vergrößerung und Differenzierung des Gehirns. Das Gehirn der 90 Zentimeter kleinen »Lucy« aus der Gattung *Australopithecus afarensis*, die vor gut drei Millionen Jahren lebte und als unsere prominenteste gemeinsame Vorfahrin gilt, erreichte nur ein Drittel unseres Gehirnvolumens. Das Hirnwachstum setzte wahrscheinlich vor etwa zwei Millionen Jahren ein. Genau aus diesem Grund ist an dieser evolutionären Schwelle der Beginn der Gattung *Homo* festgelegt worden. Als ältester Vertreter der Gattung gilt *Homo rudolfensis,* der vor etwa 2,5 Millionen Jahren auftauchte und schon einfache Werkzeuge nutzen konnte, beispielsweise um Tierkadaver zu zerkleinern. Fast zeitgleich breitete sich in Ostafrika der ihm an geistigen und handwerklichen Fähigkeiten deutlich überlegene *Homo habilis* aus – was übersetzt »geschickter Mensch« bedeutet. Typisch für alle *Homo*-Arten war ihr stark vergrößerter Schädel, der das wachsende Hirn schützte. Die Kaumuskeln, die Mundhöhle sowie die Kiefer wurden indes kleiner, was auf eine abwechslungsreiche Nahrungsmittelversorgung schließen lässt.

Das Wachstum des Gehirns bot vor allem deshalb Überlebensvorteile, weil damit die kognitiven Fähigkeiten reiften. Kontinuierlich verbesserten sich in dieser Zeit die Denk- und Kommunikationsfähigkeiten der Urmenschen parallel zum Wachstum ihrer Hirnmasse. Die Entwicklungen gingen Hand in Hand. Der aufrechte Gang kann sogar als eine Bedingung für Intelligenz betrachtet werden. Die für die Zweibeinigkeit nötige Ausdifferenzierung des Gleichgewichtssinns im Hirn zum Beispiel dürfte unmittelbar mit der Entwicklung der neuen motorischen Fähigkeiten einhergegangen sein. Außerdem wurden durch den aufrechten Gang die Arme und Hände frei und zu wichtigen Greifinstrumenten. Dem Gebrauch von Werkzeugen und Jagdinstrumenten wie Steinkeil, Axt oder Speer stand nichts mehr im Wege. Hand und Gehirn haben sich praktisch gegenseitig in ihrer Entwicklung angefeuert.

Homo – ein soziales Wesen

Beim *Homo habilis* erreichte das Hirnvolumen mit bis zu 800 Kubikzentimetern schon beachtliche Ausmaße – der erwachsene moderne Mensch kommt heute auf etwa 1500. Doch mit einem immer größeren Schädel wurde der Geburtsvorgang beschwerlicher, was wiederum dazu führte, dass die Kinder des *Homo habilis* in einem vergleichsweise frühen Stadium das Licht der Welt erblickten – wie es die Menschenkinder heute auch noch tun. Ein Nachteil, vielleicht aber auch ein ganz wichtiger Vorteil. Denn damals wie heute führte die Unreife bei der Ausbildung des Gehirns dazu, dass sich ein beträchtlicher Teil der Hirnentwicklung in direkter Interaktion mit der Umwelt vollzog. Das Lernen in und mit der Außenwelt begann also sehr früh. Andererseits machte die Hilflosigkeit der Neugeborenen eine Betreuung durch die Gemeinschaft und eine enge Eltern-Kind-Beziehung erforderlich. Hieraus ergaben sich intensive Lernprozesse im frühen Leben und die Grundlagen zum Erwerb eines ausgeprägten Sozialverhaltens. Und dies wiederum ermöglichte zuvor ungekannte Anpassungsleistungen an neue Lebensbedingungen wie Klimawandel und Veränderungen des natürlichen Nahrungsangebots.

Vor diesem Hintergrund scheint es plausibel, auch die Evolution des Sprachorgans parallel zum Wachstum des Gehirns anzunehmen. Die Entwicklung der Sprache war ein entscheidender Motor der Menschwerdung. Und er war ebenfalls das Ergebnis der biologischen Evolution. Das Sprachvermögen entstand nach den gleichen Prinzipien wie die Eroberung des Landes durch Amphibien und die Herausbildung des aufrechten Gangs. Wann das genau geschah, ist unklar. Einen Entwicklungsschub gab es wohl frühestens ab dem *Homo habilis* oder beim *Homo erectus*, dessen Erscheinen auf die Zeit vor 1,8 Millionen Jahren datiert ist. Aus ihm ging später in Europa der Neandertaler und unabhängig davon in Afrika der moderne Mensch hervor.

Vom Fleischesser zum wissenden Menschen

Wichtig für das Hirnwachstum war die Umstellung der Nahrung. Eiweißreiche Fisch- und Fleischkost lieferte die notwendigen Baustoffe für den immer komplexeren Organismus. Auch hieran lassen sich evolutionäre Wechselwirkungen deutlich nachzeichnen. *Homo* ging dazu über, Fisch und Fleisch zu essen, weil andere Nahrungsquellen nicht mehr genügten. Er war jedoch kein Raubtier und musste deshalb verstärkt sein Gehirn beanspruchen, um erfolgreich jagen zu können. *Homo erectus* war wohl der erste Erdenbewohner, der es schaffte, Feuer nutzbar zu machen. Damit konnte er sich vor wilden Tieren schützen, Nahrung zubereiten, vor allem auch entgiften und sich wärmen – dies war umso wichtiger, da er in einem »Zeitalter der Eiszeiten« lebte.

Vor etwa 1,8 Millionen Jahren verließ *Homo erectus* erstmals den afrikanischen Kontinent. Wahrscheinlich im afrikanischen Subsahara-Gebiet schaffte einer seiner Nachfahren vor etwa 180 000 Jahren den Sprung zum modernen Menschen, der sich vor etwa 70 000 Jahren erneut anschickte, entlang der Küstenlinien weitere Kontinente zu erobern. Der neue *Homo sapiens* – der » wissende Mensch« überlebte am Ende als Einziger der Gattung *Homo*. Sein Sozialverhalten war weit fortgeschritten, die globale Ausbreitung erfolgte sehr rasch. Er erreichte vor etwa 40 000 Jahren Asien und Eurasien, die damals größte Landmasse mit einer zum Zeitpunkt der Besiedlung klimatisch einigermaßen menschenfreundlichen Umgebung. Dadurch konnten die schnell wachsenden Gemeinschaften leichter miteinander in Kontakt treten und kulturelle und technologische Neuerungen tauschen.

Körperlich unterschied sich der moderne Mensch deutlich von seinen Ahnen und anderen Vertretern der Gattung *Homo* wie den Neandertalern. Er war schlanker und größer, weniger muskulös. Er hatte ein flacheres Gesicht, einen höheren Schädel, eine dünnere Gehirnschale, und es fehlten die vorstehenden Augenbrauenwülste. Die Ausbreitung des *Homo sapiens* ging mit einer rasanten Entwicklung der handwerklichen Fertigkeiten einher. Vor etwa 30 000 Jahren tauchten in Europa haufenweise Werkzeuge, Waffen, Schmuck und kunstvoll gefertigte Skulpturen sowie beeindruckende Felsbilder auf, die teilweise sogar schon Techniken wie die räumliche Perspektive zeigten.

Vor 10 000 Jahren wurde das mitteleuropäische Klima nach dem Abklingen der letzten Eiszeit wieder deutlich angenehmer. Die Gletscher hatten sich zurückgezogen, und *Homo sapiens* und andere Tiere sowie die Pflanzen konnten sich zuvor vereiste Lebensräume zurückerobern.

Kulturelle Evolution

Nun sind wir praktisch schon in der Gegenwart. Jetzt beginnt endgültig die Ära des Menschen. Er wird zur dominierenden Spezies. Er wird zum Kulturwesen und Begründer unserer modernen Zivilisation. Der Mensch vollendet seinen Siegeszug im Reich der Tiere und setzt nun die Evolution auf einer zweiten, der kulturellen Ebene fort. Das soziale Miteinander sowie die Entwicklung von Bräuchen, Sitten, Ritualen und der Handwerkskunst lassen den Kampf ums Überleben unserer Vorfahren – um Nahrungsmittel und Lebensraum und gegen allerlei Naturgewalten – in den Hintergrund treten. Die natürliche Selektion wird nun auch von Faktoren beeinflusst, die auf Intelligenz und Sozialverhalten beruhen. Genvarianten, die den Menschen nicht mehr nur schneller oder stärker machen, sondern Voraussetzungen für kulturelle Fähigkeiten bieten, gewinnen an Bedeutung.

Die kulturelle Evolution basiert nicht auf der biologischen Weitergabe der Erbinformationen an die individuellen Nachfahren. Vielmehr werden nun Wissen und Fertigkeiten auch als gemeinsame geistige Erfahrungen gesammelt und an die kommenden Generationen und andere Menschengruppen weitergegeben. Die Kommunikation mithilfe von Symbolen und Sprache und die Kunst reifen heran. Die kulturelle Evolution des Menschen ist dadurch ungleich schneller als die genetische. Die menschliche Kultur beruht auf der ständigen Interaktion der Menschen miteinander und der Reflexion des eigenen Handelns. Der Mensch ist sich seiner selbst bewusst und in ein System aktiven und lebenslangen Lernens und Lehrens eingebunden. Durch diese Fähigkeiten, die in der biologischen Evolution wurzeln, unterscheidet er sich von allen anderen Lebewesen. Er ist zwar immer noch Natur, aber nicht mehr nur biologische Natur. Der Geist hat sei-

nen Siegeszug in das Leben des Menschen angetreten –
und damit die Welt verändert.

Der moderne Mensch

Vor rund 10 000 Jahren werden Ackerbau und Viehzucht
erfunden und durch den anhaltenden Erkenntnisgewinn
mehrmals revolutioniert. 7000 Jahre später (evolutionär
gesehen also vor sehr kurzer Zeit) setzt eine dramatische
Dynamik kultureller Schöpfungen ein. Die Sumerer entwickeln die Keilschrift, die Ägypter die Hieroglyphen, und
die Babylonier erfinden die Rechentafel »Abakus«. Der
griechische Dichter Homer verfasst Ende des 8. Jahrhunderts v. Chr. die beiden Epen *Ilias* und *Odyssee*. Sie zählen
zu den ältesten Werken der abendländischen Literatur-
geschichte. Wenige Jahrzehnte später wird in Ninive am
Tigris die erste Bibliothek mit mehr als 25 000 Keilschrift-
tafeln aus Ton errichtet. Im 5. Jahrhundert v. Chr. formuliert der chinesische Philosoph Konfuzius seine einfluss-
reichen Schriften zu Moral und Ehre.

Als Platon im Jahr 387 v. Chr. in Athen die Akademie
gründet, erhält die Wissenschaft zum ersten Mal in der
Menschheitsgeschichte einen Ort der freien Selbstrefle-
xion. Etwa zeitgleich werden die Texte des Alten Testa-
ments zusammengestellt, und Aristoteles begründet die
auf Beobachtung fußende Naturforschung, die uns bis
heute leitet. Milet, Athen, Alexandria und später Rom werden zu den geistigen und kulturellen Mittelpunkten der
Welt. Europa wird zu einem Zentrum von Bildung und
Fortschritt. Auch in China und im Vorderen Orient schreiten die Entwicklung nach moderner Technologien und
die Naturforschung voran. Der im Jahr 980 n. Chr. geborene persische Arzt, Physiker und Philosoph Avicenna
wird zu einem der bedeutendsten medizinischen und phi-
losophischen Berater seiner Zeit. Ab dem 12. Jahrhundert

werden Universitäten gegründet. Bologna, Paris, Oxford, Perugia, Cambridge, Salamanca, Montpellier, Padua, Prag, Heidelberg werden wichtige Orte von Forschung und der Lehre. Der um 1400 in Mainz geborene Johannes Gutenberg erfindet den Buchdruck, was die Verbreitung des Wissens revolutioniert.

Im ausgehenden Mittelalter setzt die Wissenschaft zu ihrem zweiten und bislang ungebrochenen Siegeszug an. Von Europa aus starten die großen Abenteurer und Naturforscher wie Christoph Kolumbus und später Alexander von Humboldt und Charles Darwin. Von China aus begibt sich Zheng He im 15. Jahrhundert mit großen Flottenverbänden auf sieben Entdeckungsreisen in den Pazifik und den Indischen Ozean. »Wage zu wissen« lautet schließlich die mutige Aufforderung Immanuel Kants in der europäischen Aufklärung.

Nach knapp vier Milliarden eher beschaulichen Jahren der biologischen Evolution sind wir nach gut 30 000 Jahren kultureller Evolution heute in der parlamentarischen Demokratie und in der modernen Wissensgesellschaft angelangt. Doch eines ist klar: Weder biologisch noch kulturell ist die Entwicklung des Lebens auf der Erde damit abgeschlossen. Das zeigt nicht zuletzt die medizinische Forschung, die ein immer umfassenderes Verständnis von Krankheiten möglich macht. Und noch etwas: Unser Verhalten und unsere Lebensweise hat sich drastisch verändert. Unser Körper ist aber der Gleiche geblieben wie der vor 20 000 Jahren. Das hat Konsequenzen, mit denen wir uns in den restlichen Kapiteln dieses Buches beschäftigen.

Nach knapp vier Milliarden Jahren der biologischen Evolution sind wir nach gut 30 000 Jahren kultureller Evolution in der modernen Wissensgesellschaft angelangt. Doch die Entwicklung des Lebens auf der Erde ist damit nicht abgeschlossen.

Planet Mensch

Der Mensch ist eine bunte Lebensgemeinschaft. Ohne Billionen von Mitbewohnern könnten wir nicht existieren. Manche sind seit jeher bei uns, andere gesellten sich erst später im Laufe der Evolution dazu. Die Mikroorganismen, die unseren Körper besiedeln, sind so wichtig für uns, dass man sie als eine Art Organ betrachten kann. Sie bilden ein robustes Ökosystem mit einer riesigen Artenvielfalt. Auch hier gilt jedoch: Verändern sich die Umweltbedingungen stark, verschiebt sich die Zusammensetzung der Arten. Mitunter macht uns das krank.

Auf und in uns leben mindestens zehnmal mehr Lebewesen, als unser Körper Zellen besitzt. Viele Menschen finden diese Tatsache überraschend. Neu ist die Erkenntnis allerdings nicht. Schon der Erfinder des Mikroskops, Antoni van Leeuwenhoek, sagte im Jahr 1683: »All die Menschen, die in unseren Vereinigten Niederlanden leben, sind nicht so viele wie die lebenden Tiere, die ich hier und heute in meinem Mund beherberge.«[37] Dabei hat Leeuwenhoek die Zahl der Bewohner unseres Mundes noch drastisch unterschätzt – es sind weit mehr als zehn Milliarden.

Weil sie so klein sind, sind alle Mikroorganismen außerordentlich extrovertiert. Im Verhältnis zu ihrem Volumen oder Gewicht ist ihre Oberfläche extrem groß, dadurch ist ihr Kontakt zur Umwelt besonders ausgeprägt. Sowohl Stoffwechsel als auch Fortpflanzung gehen in hohem Tempo vor sich. Die Generationenfolge beträgt bei vielen Bakterien nur Minuten oder Stunden. Wer also einmal eine wahre Bevölkerungsexplosion sehen will, der sollte *Escherichia-coli*-Bakterien bei der Fortpflanzung zuschauen. Nach anderthalb Tagen wäre die gesamte Oberfläche unseres Planeten knapp zwei Meter hoch mit *Escherichia coli* bedeckt – wenn es nicht an Nahrung fehlen würde. Entsprechend schnell verläuft auch die Evolution. Wer, wie manche Bakterien, in einem Monat 72000 Generationen hervorbringt, kann sich schneller und besser den Umweltbedingungen anpassen als jemand, der wie wir dafür vier Millionen Jahre braucht.»Viren und Bakterien mögen sich der Perfektion nähern«, schreibt der Wissenschaftsautor Michael Le Page,»aber wir Menschen sind allenfalls ein sehr grober erster Entwurf.«[38]

> »Viren und Bakterien mögen sich der Perfektion nähern, aber wir Menschen sind allenfalls ein sehr grober erster Entwurf. Denn wer, wie manche Bakterien, in einem Monat 72000 Generationen hervorbringt, kann sich schneller und besser den Umweltbedingungen anpassen als jemand, der wie wir dafür vier Millionen Jahre braucht.

Gleichzeitig sind Mikroorganismen extrem vielfältig. Bakterien sind wahre Meister, geht es darum, Stoffe umzuwandeln. Sie können daher ihre Energie aus den unterschiedlichsten Quellen gewinnen. Diese Fähigkeit macht sie auch für uns Menschen so nützlich. Erstens können sie Teile unserer Nahrung verwerten, die wir ansonsten ungenutzt wieder ausscheiden müssten. Zweitens zählen wiederum zu ihren Ausscheidungen eine Reihe für uns wertvoller Stoffe, etwa Vitamin K und einige Vitamine aus der B-Gruppe, die in unserer Nahrung nur in geringen Mengen enthalten sind. Und nicht nur das. In einigen Gemüsen oder in Weißwein verwandeln bestimmte Bewohner unseres Mundes geschmacksneutrale Vorläufersubstanzen in Aromastoffe.[39] Sie helfen uns also auch beim Genießen.

Das Hintergrundrauschen

Die Entwicklung aller höheren Lebewesen hat sich in einem Meer von Mikroorganismen abgespielt. Sie bilden das biologische Hintergrundrauschen, vor dem sich alles andere Leben abspielt. Der Abzweig, der aus der Welt der Mikroorganismen heraus schließlich zur Evolution des Menschen führte, ereignete sich vermutlich, als sich vor nicht ganz zwei Milliarden Jahren einige Zellen die Fähigkeiten anderer einfacher Zellen zu eigen machten, indem sie kleinere Bakterien verspeisten, ohne diese zu verdauen. Die Verschluckten lebten als innere Organe (Organellen) in ihnen weiter und erledigen bis heute wichtige Jobs. Nach dieser sogenannten Endosymbiose-Hypothese waren etwa die Mitochondrien, die Kraftwerke unserer Zellen, ursprünglich Bakterien. Sie sind eine Symbiose mit unseren sehr frühen Vorfahren eingegangen und pflegen diese bis heute zum beiderseitigen Nutzen. Sie bekommen in unseren Zellen alles, was sie zum Leben brauchen, sowie Schutz vor ihren Feinden und liefern uns im Gegenzug Energie, ohne die wir nicht leben können. Jede Tier-, Pflanzen- und Pilzzelle enthält Mitochondrien, in denen aus Sauerstoff und Zucker (und teilweise Fetten) Energie gewonnen wird. Die Mitochondrien sehen unter dem Mikroskop nach wie vor wie Bakterien aus, sie haben ihr eigenes Erbgut und vermehren sich in unseren Zellen selbstständig.[40] Dennoch sind sie fester Bestandteil der Zelle, und wir müssen nicht fürchten, dass sie eigene Wege gehen.

Etwas weniger innig als das zu den Mitochondrien und damit störanfälliger ist unser Verhältnis zu all den Bewohnern, die erst später zu uns gekommen sind. Sie sind noch nicht so gut integriert und folgen noch stärker ihren Eigeninteressen. Die meisten von ihnen leben nicht im Inneren der Zellen, sondern auf unserer Oberfläche, wozu auch die Atemwege und der durch Mund und After mit der Außenwelt in Kontakt stehende Magen-Darm-Kanal zählen.

Schon seit 800 Millionen Jahren werden Tiere von Mikroorganismen bewohnt und unterliegen seitdem einer gemeinsamen Evolution.[41] Entsprechend existieren sehr viele Übereinstimmungen zwischen den Bewohnern des Menschen und denen anderer Säugetiere. In dieser langen Zeit haben sich innige und vielfach für beide Seiten vorteilhafte Beziehungen herausgebildet.

Ökosystem Mensch

Die Mikroorganismen, die uns besiedeln, bilden ein artenreiches Ökosystem. Dieses unterscheidet sich nicht prinzipiell von anderen Ökosystemen, die wir kennen: Auwälder, das Wattenmeer, Tannenforste oder Obstwiesen. Es ist stabil und zur Selbstregulation fähig. Es kann aber bei massiven Umweltveränderungen aus dem Gleichgewicht geraten. Wir bezeichnen dieses Ökosystem als die menschliche Mikroflora. Und da wir sehr eng mit unserer Mikroflora verbunden sind, kann man sie in gewisser Weise als Organ unseres Körpers sehen – ein Organ freilich, das im Gegensatz zu allen anderen nicht über ein in allen Zellen identisches und unveränderliches Genom verfügt. In uns arbeiten Billionen von Zellen, die nicht menschlich sind. Dennoch sind sie spezifisch für den Menschen. Unsere Bewohner haben sich an ihren Lebensraum angepasst und unterscheiden sich genetisch von verwandten Bakterien, die anderswo leben.[42]

Während sich unser Erbgut nur in Zeiträumen von Tausenden von Jahren verändert, können die Gene unserer Bewohner, die man in Analogie zum Genom eines einzelnen Lebewesens in ihrer Gesamtheit als Mikrobiom[43] bezeichnet, eine rasante Evolution durchlaufen und sich innerhalb von Tagen maßgeblich anpassen. Vor diesem

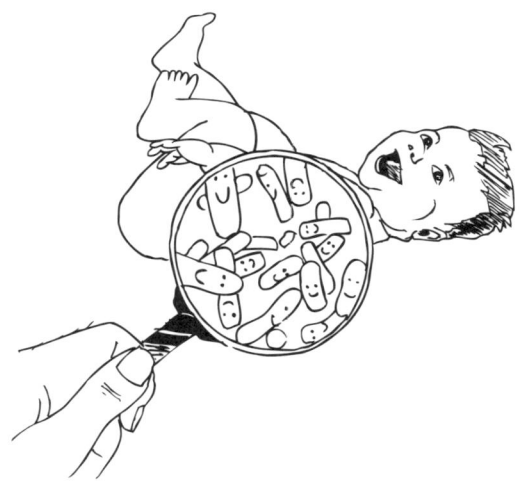

»Willkommen in der Welt der Bakterien!«
Der Fötus im Mutterleib ist keimfrei.
Doch schon einen Tag nach der Geburt beträgt die Einwohnerzahl auf Babys Haut
mehr als 1000 Mikroorganismen pro Quadratzentimeter. Und das ist gut so.

Hintergrund interessiert uns natürlich, was mit unseren Bewohnern geschieht, wenn wir durch unser Verhalten ihre Umwelt verändern. Wie reagieren sie, wenn wir unsere Ernährung variieren, Medikamente einnehmen, Körperpflege betreiben oder krank werden?

Die Erforschung, wie Mensch und Mikroorganismus zusammenwirken und sich zusammen entwickelt haben, hat gerade erst begonnen. »Das Mikrobiom zu verstehen bedeutet zu erkennen, dass wir in einem kooperativen Miteinander leben – in einer Art Waffenruhe – und dass die Mikroben uns keineswegs umbringen wollen«, sagt der Medizinnobelpreisträger Joshua Lederberg.[44] Das zeigt auch die Evolution. Als Menschen noch in kleinen Gruppen lebten, gab es für unsere Bewohner praktisch keine Überlebenschance, wenn »ihre« Gruppe von Menschen nicht überlebte. Sie taten also gut daran, uns zu unterstützen.[45]

Die Medizin wird viel aus der Erforschung unserer Bewohner lernen. Vorstellbar ist etwa die gezielte Besiedlung mit oder die selektive »Fütterung« von ausgewählten wünschenswerten Bakterien. Dies hätte vor allem den Zweck, den Raum für unerwünschte Untermieter klein zu halten. Unter Umständen könnten wir auch durch genetische Veränderungen in die Evolution unserer Bewohner zugunsten ihrer Wirte, uns Menschen, eingreifen.

Die Besiedlung

Wie kommen wir überhaupt zu unserer Mikroflora? Unter evolutionären Gesichtspunkten verbreitet sich all das, was jedem Einzelnen von uns einen Überlebens- und Reproduktionsvorteil bietet. Das gilt im Hinblick auf unser Genom, aber auch (mit Einschränkungen) für unser Mikrobiom. Ein Schlüsselerlebnis mit beträchtlicher Bedeutung für die Gesundheit dürfte die Erstbesiedlung sein, die mit der Geburt beginnt.[46] Während der Fötus im Mutterleib noch keimfrei ist, beginnt die Kolonisierung aller verfügbaren Lebensräume durch Mikroorganismen mit dem Geburtsvorgang. Vorbereitungen auf diese Besiedlung werden schon mit hormonellen Veränderungen in der zweiten Hälfte der Schwangerschaft getroffen. Diese sorgen dafür, dass die Zellen der Vagina der Mutter Zuckervorräte in Form von Glykogen anlegen. Glykogen ist die bevorzugte Nahrung von Lactobazillen. Diese wandeln den Zucker in Milchsäure um und senken so den pH-Wert in der Vagina, was es anderen, unter Umständen gefährlichen, Bakterien erschwert, sich dort zu vermehren. So wird etwa verhindert, dass sich Darmbakterien in der Gebärmutter ansiedeln – was dort zu Infektionen führen würde. Auch einigen sexuell übertragbaren Bakterien wird der Zugang erschwert. Sie alle haben im Geburtskanal nichts zu suchen. Wenn das Baby sich nach neun

Monaten ans Licht der Welt zwängt, dann soll es bei dieser Passage mit dem richtigen Mix an Bakterien begrüßt werden, mit den ersten Vertretern seiner späteren Mikroflora, mit denen der neue Mensch in friedlicher Koexistenz und zu gegenseitigem Nutzen sein ganzes Leben verbringen wird.

Die Lactobazillen in der Vagina sind eine Art Wächter, und sie zählen gleichzeitig zu den ersten Besiedlern des Babys, das während der Geburt eine ordentliche Ladung davon verschluckt. Zu ihnen gesellen sich bald Bifidobakterien, die sich rechtzeitig vor der Geburt an den Brustwarzen der Mutter einfinden, um beim ersten Nuckeln des Kindes auf dieses überzuwechseln. Auch sie sind überaus wehrhaft. Sie produzieren Säuren und antibiotische Substanzen und tragen dazu bei, dass möglichst wenige von den »Feinden« Lebensraum im Neugeborenen erobern. Nach und nach finden sich weitere künftige Begleiter ein, darunter *Streptococcus salivarius* und andere Streptokokken von der friedlichen Sorte. Der größte Teil dieser Erstbesiedler stammt aus dem Mund der Mutter. Im Mund des Babys entsteht so in den ersten Wochen seines Lebens ein stabiles mikrobielles Ökosystem aus verschiedenen Arten, die gut aufeinander abgestimmt sind und es schädlichen Eindringlingen schwer machen, sich auszubreiten.

Weitere Neuzugänge stellen sich ein, wenn der Lebensraum sich durch das Eintreffen des ersten Zahns verändert. Am Ende leben im Mund mindestens zehn Milliarden Bakterien, die zu über hundert Arten gehören. Sehr viel dünner besiedelt sind die oberen Atemwege. Durch sie gelangt die Luft in die Lunge, und dort haben Bakterien nichts zu suchen. Entsprechend ist der Weg dorthin gespickt mit antibakteriellen Giften, Fallen und sonstigen Zerstörungsmechanismen, denen es gelingt, fast alles abzufangen. Einige wenige Arten siedeln sich dennoch auch hier an. Das ist vollkommen in Ordnung – solange sie in der Nase bleiben und nicht ins Ohr oder in die Lunge wandern und dort Infektionen auslösen.

Ebenfalls dicht besiedelte Gebiete sind der Darm und die Haut. Auf der Haut finden sich wie im Mund als Erste die Lactobazillen aus Mutters Scheide ein. Sie können hier nicht lange leben, erledigen aber für den Anfang ihre Aufgaben. Sie hinterlassen einen Säuremantel, der es so manchem unliebsamen Kolonisten, der – etwa auf einem Staubkorn sitzend – dort landet, schwer macht, sich anzusiedeln. Wenn alles gut geht, bildet dann *Staphylococcus epidermidis* die Basis für die wachsende Bevölkerung der menschlichen Oberfläche. Zwei Stunden nach der Geburt finden sich Vertreter dieser Spezies auf der gesamten Haut des Neugeborenen. Natürlich bleiben sie nicht allein. Das durchschnittliche Ökosystem auf der menschlichen Haut umfasst rund 500 Arten. Sie sind alle unterschiedlich, haben aber auch Gemeinsamkeiten, etwa dass sie mit Salz gut zurechtkommen. Wäre das nicht so, würden wir jedes Mal, wenn wir ins Schwitzen geraten, ein kleines Massaker anrichten. (Das Gegenteil ist der Fall. Die Hautbakterien fühlen sich im Salz des Schweißes wohl, sonst hätten sie bei unseren Vorfahren und bei schwerer körperlicher Arbeit nicht überlebt.) Am Ende des ersten Tages beträgt die Einwohnerzahl auf Babys Haut mehr als tausend pro Quadratzentimeter, nach sechs Wochen sind es an manchen Stellen bereits bis zu hunderttausend. So entsteht ein dichtes, lückenloses Ökosystem, das wenig Raum für unerwünschte Neuankömmlinge lässt – solange es unbeschadet bleibt.

Das durchschnittliche Ökosystem auf der menschlichen Haut umfasst rund 500 Arten, und alle kommen mit Salz gut zurecht. Denn sonst würden wir jedes Mal, wenn wir ins Schwitzen geraten, ein kleines Massaker anrichten. Und bei unseren Vorfahren hätten die Hautbakterien sicher nicht überlebt.

Tummelplatz Darm

Wer glaubt, die Haut sei dicht besiedelt, der sollte sich in seinem Darm umschauen. Hier sind richtig viele Bakterien. Rund 99 Prozent unserer Bewohner haben sich hier niedergelassen – grob geschätzt rund 500 Billionen Exemplare. Und sie haben viel zu tun. Sie helfen uns, die Nährstoffe aus unserer Nahrung nutzbar zu machen. Rund 30 Arten machen das Gros der Bewohner aus, einige Hundert sind in geringerer Zahl vertreten. Wie die menschlichen Zellen, die den Dickdarm auskleiden und im Schnitt alle drei Tage erneuert werden, bleiben auch die Bakterien nur relativ kurze Zeit bei uns. Bei jedem Stuhlgang verabschieden sich viele Milliarden. Wäre das nicht so, würde es schnell zu eng im Darm werden. Schließlich vermehren sich Bakterien rasant. Zudem wird durch den hohen Durchsatz sichergestellt, dass sich unliebsame Eindringlinge nicht festsetzen und ausbreiten. Im Normalfall stammen auch die Besiedler des Darms von der Mutter. Der erste Trupp siedelt sich während der Geburt an, der zweite beim ersten Stillen. Untersuchungen haben gezeigt, dass die Zusammensetzung der Darmflora bei Babys sehr unterschiedlich ist, sich aber bis zum Alter von einem Jahr stark angleicht und dann dem beim Erwachsenen typischen Bild entspricht. Es gibt also eine charakteristische menschliche Darmflora, die sich im Laufe der Evolution ausgebildet hat und die einem Kern-Mikrobiom[47] entspricht, das sich bei jedem von uns relativ schnell einstellt, auch wenn die Erstbesiedlung davon stark abweicht. Es finden sich die Bewohner ein, die sich durch jahrtausendelange Evolution einen Stammplatz erobert haben, weil sie für Väter, Mütter und Kinder nützlich sind.[48]

Halb Mensch, halb Umwelt

Unsere Mikroflora ist in gewisser Weise eine Art Schnittmenge zwischen Mensch und Umwelt. Genetisch gesehen sind die Mikroorganismen eindeutig nicht menschlich, funktional gesehen sind sie aber ein unverzichtbarer Teil unseres Körpers, fast wie unsere Körperzellen selbst, nur dass sie nicht in den Organen festgewachsen sind. Hinzu kommt, dass sie zu einem großen Teil von der Mutter an das Kind weitergegeben werden, also eine Art Erblichkeit besteht – wenn auch nicht im strengen Sinne wie bei der Vererbung der menschlichen Gene selbst. Das macht sie aus evolutionärer Sicht so spannend. Die Forschung steht noch am Anfang. Erst in den letzten Jahren sind die Voraussetzungen geschaffen worden, um das menschliche Mikrobiom zu untersuchen. Dabei wird eine Probe entnommen und die darin enthaltene DNA analysiert. Ein Mikrobiom besteht aus den Genomen der an der jeweiligen Stelle im Körper anzutreffenden Mikroorganismen. Anhand bestimmter Merkmale lässt sich erkennen, wie viele unterschiedliche Arten vertreten sind und zu welchen Gruppen von Bakterien sie gehören. Auf diese Weise erhält man auch Informationen über jene Bakterien, die in uns zwar gut gedeihen, sich im Labor aber nicht kultivieren und untersuchen lassen. Diese Informationen könnten sich für das Verständnis vieler Krankheiten als wichtig erweisen.

Die »mikrobiellen Teile des Menschen« verändern sich mehrfach im Verlauf des Lebens eines einzelnen Menschen. Ihre Evolution ist nichts anderes als Anpassung an ihren Lebensraum, unseren Körper. Und wer hat den größten Einfluss auf unseren Körper, ihren Lebensraum? Wir selbst.

Die Evolution der Mikroorganismen ist nichts anderes als Anpassung an ihren Lebensraum, unseren Körper. Und wer hat den größten Einfluss auf unseren Körper, ihren Lebensraum? Wir selbst.

Die Dicken und die Dünnen

Forscher haben die Darmflora von fettleibigen und schlanken Mäusen sowie die von dicken und dünnen Menschen verglichen. In beiden Fällen zeigte sich dasselbe Bild: Übergewicht hängt mit dem Verhältnis zusammen, in dem die beiden wichtigsten Bakteriengruppen im Darm zueinander stehen. Im Darm der Dicken leben weniger *Bacteroides* und mehr *Firmicutes* als im Darm der Schlanken. Als die Forscher die Darmflora von dicken Mäusen in die dünnen transplantierten, setzten auch diese Fett an. Offenbar holten die Darmbakterien der dicken einfach mehr Energie aus der Nahrung heraus als die Bewohner der schlanken Mäuse.[49] Der Mensch selbst verfügt nur über wenige Enzyme, die den Abbau bestimmter Pflanzenbestandteile ermöglichen. Wir erhalten vor allem bei der Verwertung pflanzlicher Kost Unterstützung von unseren Darmbewohnern.[50] Dies lässt sich auch am Tierversuch zeigen: Ratten, die keimfrei aufwachsen, benötigen 30 Prozent mehr Futter, um das gleiche Gewicht zu erreichen wie ihre Artgenossen mit Darmflora.[51]

Der Zusammenhang von Darmflora und Gewichtszunahme ist keineswegs überraschend. In der Tiermast wird schon seit Langem Einfluss auf die Darmflora genommen, um die Gewichtszunahme zu fördern. Dabei kommen sowohl Antibiotika (Substanzen, die bestimmte Bakterien töten) als auch Probiotika (nützliche Bakterien) und Präbiotika (Substanzen, die das Wachstum bestimmter Bakterien fördern) zum Einsatz. Könnten wir nicht analog in die Evolution unserer Darmflora eingreifen, um umgekehrt eine geringe Gewichtszunahme oder sogar eine -abnahme zu erreichen?

Versuche mit Mäusen führten zu ersten experimentellen Ergebnissen, die nicht ohne Weiteres auf den Menschen übertragen werden können. Sie zeigen aber, dass wir grundsätzlich Krankheiten heilen oder vermeiden können, indem wir Einfluss auf die Zusammensetzung der Darmflora nehmen. [52, 53, 54]

Wenn wir verstehen, wie die einzelnen Bakterienarten zusammenarbeiten und wie sie mit Zellen des Menschen interagieren und kommunizieren, können wir herausfinden, wo sich mit Therapien am besten ansetzen lässt. So haben amerikanische Forscher gezeigt, dass ein Mikroorganismus, der selbst gar keine Nährstoffe für den Menschen verfügbar macht, sondern Abfallprodukte anderer Bakterien verwertet, ebenfalls erheblich zur Gewichtszunahme beitragen kann: Er verbessert die Lebensbedingungen für die anderen, welche wiederum indirekt dafür sorgen, dass die Nahrung langsamer durch den Darm befördert und daher besser verwertet wird. [55, 56]

Nobelpreis für ein Magenbakterium

Der Pathologe Robin Warren entdeckte 1979 erstmals Bakterien in Gewebeproben aus der Magenschleimhaut und beschloss, dieser ungewöhnlichen Entdeckung nachzugehen. Dabei stellte er fest, dass dort, wo sich die Erreger fanden, immer auch eine Entzündung der Magenschleimhaut auftrat. Gemeinsam mit dem Internisten Barry Marshall gelang es ihm 1981, aus einigen Gewebeproben eine bis dahin unbekannte Bakterienspezies heranzuzüchten. Die beiden fanden heraus, dass fast alle Patienten mit Magenentzündung oder Magen- oder Zwölffingerdarmgeschwür mit einem Bakterium, das später den Namen *Helicobacter pylori* erhielt, infiziert waren. Die Vermutung lag nahe, dass das Bakterium etwas mit der Krankheit zu tun hatte.

Allerdings war es keineswegs so, dass die Fachwelt die Theorie schnell und freudig aufnahm. Längere Zeit wollte kaum einer Warren und Marshall glauben, denn allgemein galt die Auffassung, im Magen könnten gar keine Bakterien leben. Warren entschied sich daher, seine Erkenntnisse am eigenen Leib zu demonstrieren. Er schluckte eine gehörige Portion *Helicobacter*-Bakterien, und es dauerte keine drei Tage, bis er Magenbeschwerden bekam und Kollegen eine Gastritis diagnostizierten. Erstaunlicherweise verschwand jedoch die Magenentzündung wieder von selbst, sodass Marshall die Heilung durch Antibiotika nicht demonstrieren konnte. Die Experten blieben daher weiter skeptisch. Auch eine größere Studie, bei der immerhin 70 Prozent der Patienten mit Antibiotika geheilt werden konnten, änderte daran zunächst nichts. Erst im Jahr 1992 wurde die Theorie von der bakteriellen Verursachung endlich von den meisten akzeptiert. Danach dauerte es weitere zehn Jahre, bis sich die Tatsache bei den niedergelassenen Ärzten und den Patienten herumgesprochen hatte. Heute kann bei neun von zehn Patienten durch eine konsequente Therapie über sieben Tage die Infektion besiegt werden, und das Magengeschwür heilt dauerhaft ab. Auch die Gefahr, infolge der chronischen Entzündung an Magenkrebs zu erkranken, wird so gebannt. 1997 wurde das Genom des Erregers entschlüsselt, und im Jahr 2005 wurden Warren und Marshall mit dem Nobelpreis geehrt. Die Entdeckung war deshalb so sensationell, weil aus dem unheilbaren, vermeintlich psychosomatischen Leiden plötzlich eine durch Gabe von Antibiotika einfach zu heilende Krankheit wurde.

Bei näherer Betrachtung der Rolle von *Helicobacter pylori* kann man allerdings auch zu dem Schluss kommen, dass der Erreger durchaus positive Seiten hat. Er ist ein weitverbreiteter und alteingesessener Bewohner des menschlichen Magens,[57] scheint also von der Evolution eher begünstigt worden zu sein. Und er war lange die im Magen vorherrschende Bakterienart. In Industrienationen wird heute jedoch nicht einmal mehr jeder Zehnte als Kind damit infiziert.[58] Man kann vermuten, dass das negative gesundheitliche Folgen hat. Einige aktuelle Forschungsergebnisse bestätigen dies. So konnte gezeigt werden, dass *Helicobacter pylori* das Risiko für Asthma und Allergien verringert[59, 60, 61] und dass die Infektion mit diesem Bakterium (und einigen anderen Erregern) negativ mit dem Auftreten der Autoimmunerkrankung Typ-1-Diabetes korreliert. Diese und ähnliche Ergebnisse werden als Beleg für die sogenannte »Hygiene-Hypothese« gewertet, die besagt, die Zunahme von Allergien und Autoimmunkrankheiten hänge mit dem verringerten Kontakt zu einigen Bakterien zusammen. Doch darauf kommen wir im Kapitel »Einführung der allgemeinen Stallpflicht?« noch genauer zu sprechen.

Auch bei Krebs ist *Helicobacter pylori* ambivalent zu beurteilen. Durch seine Bekämpfung kann Magenkrebs verhindert werden. Es scheint jedoch so, dass dafür häufiger Speiseröhrenkrebs auftritt, da der Erreger offenbar einen Schutz gegen die Reflux-Erkrankung (chronisches Sodbrennen) bietet, die Speiseröhrenkrebs begünstigt.[62] Dieser Schutz könnte daher rühren, dass *Helicobacter pylori* einen »Trick« anwendet, um das Milieu im Magen für sich erträglich zu machen. Er schafft es, dort zu überleben, weil er ein Protein produziert, welches die säurebildenden Zellen des Magens dazu bringt, etwas weniger ätzende Säure zu bilden. Dies scheint zu reichen, um den meisten anderen Bakterien den Garaus zu machen, und hat wohl den Vorteil, dass die Säure, wenn sie nach oben aus dem Magen herausschwappt, dort weniger aggressiv wirkt.

Es ist schwer zu sagen, ob *Helicobacter pylori* eher in die Kategorie »alter Freund« oder in die Kategorie »Krankheitsverursacher« gehört und zurückgedrängt werden muss.[63] Es gibt viele verschiedene Stämme des Bakteriums, die unterschiedliche Eigenschaften haben. Insgesamt treten nur bei wenigen der Infizierten Magengeschwüre auf, und dennoch kann der Erreger Probleme verursachen, deretwegen er bekämpft werden muss. Dieses ist eines von vielen Beispielen, die zeigen, wie komplex die Zusammenhänge zwischen Lebewesen und ihrer Umwelt sind. Mit einer eindimensionalen Betrachtung ist es folglich nicht getan.

Helfer des Immunsystems

Unser Immunsystem hat die komplizierte Aufgabe, die Gesamtheit unserer Bewohner zu überwachen, mit den nützlichen zu kooperieren und die gefährlichen zu bekämpfen. Es ist mit der Darmflora aufs Innigste verknüpft. Beide reifen erst nach der Geburt in Auseinandersetzung mit der Umwelt aus. Das Immunsystem muss in diesem Prozess lernen, in der Flut der ständig eintreffenden unterschiedlichen Mikroorganismen zwischen Gut und Böse zu unterscheiden. Deshalb scheint die ungestörte Entwicklung der Darmflora sehr wichtig für die Vermeidung von Autoimmunerkrankungen zu sein.

Tierversuche haben ergeben, dass bei anfälligen Tieren durch die Gabe von Darmbakterien der Typ-1-Diabetes gemildert werden kann.[64] Auch bei entzündlichen Darmerkrankungen spielt die Zusammensetzung der Bakterien wahrscheinlich eine wichtige Rolle. So zeigten weitere Tierversuche, dass ein bestimmtes Darmbakterium, das das Zuckermolekül Polysaccharid A produziert, chronischen Darmentzündungen entgegenwirkt, die wiederum von anderen Darmbewohnern verursacht werden.[65] Über diese und ähnliche Mechanismen scheinen Darmbakterien aktiv das Immunsystem zu beeinflussen. Sie unterstützen uns dabei, gegen gefährliche Krankheitserreger vorzugehen und wenden gleichzeitig Schäden durch chronische Entzündungen ab.[66]

Das Immunsystem kann offenbar an verschiedenen Merkmalen[67] erkennen, welche Bakterien gefährlich sind und welche nicht. Harmlose Bakterien werden nicht angegriffen. Stattdessen wird lediglich die innere Darmauskleidung gestärkt, um zu verhindern, dass diese sie durchdringen. So bleiben sie dort, wo sie hingehören und uns nützen oder zumindest nicht stören. Dringen an sich harmlose Bakterien nämlich in die Darmwand ein und gelangen ins Blut, können sie durchaus gefährlich werden.

Das Leben im Mund

Auch in der Mundhöhle pulsiert das Leben. Ständig stecken wir Essen hinein, auf dem massenhaft Bakterien sitzen. Mit jedem Atemzug atmen wir Bakterien ein, die auf kleinsten Staubkörnchen in der Luft unterwegs sind. Pro Gramm Staub sind es rund 10000. Durch Reden, Niesen, Husten und Küssen tauschen wir Bakterien – und auch Hefepilze, Viren, Geißeltierchen oder Amöben – mit unseren Mitmenschen aus. Insgesamt mindestens 600 verschiedene Arten. Über die meisten davon wissen wir wenig. Einige jedoch sind schon positiv oder negativ aufgefallen.

Durch Reden, Niesen, Husten und Küssen tauschen wir Bakterien, Hefepilze, Viren und anderes mit unseren Mitmenschen aus. Insgesamt mindestens 600 verschiedene Arten.

Jeder von uns kennt das Zerstörungswerk von *Streptococcus mutans,* jenem Bakterium, das zu Karies führt. Zwar kann man sich durch regelmäßiges Zähneputzen recht gut schützen. Aber kaum jemand kommt ohne Löcher durchs Leben. Da der Übeltäter bekannt ist, liegt der Gedanke nahe, gezielt gegen ihn vorzugehen. Berliner Forschern ist es gelungen, einen natürlichen Bakterienstamm (*Lactobacillus paracasei*) zu identifizieren, der unter Bedingungen, wie sie im Mund herrschen, den Karieserreger erkennt und festhält. Die Lactobacillus-Zellen, die man

Zahnpasta, Mundwasser oder auch Kaugummis beimischen kann, heften sich an die Oberfläche der *Streptococcus-mutans*-Zellen. Dies führt dazu, dass diese nicht mehr in der Lage sind, an den Zähnen zu kleben, wo sie sich in Gegenwart von Zucker»einzementieren« und die Säuren produzieren, die die Löcher in unsere Zähne fressen. Die Kariesbakterien können so ganz gezielt, ohne die übrige Mundflora zu beeinträchtigen, zum Beispiel beim Zähneputzen effektiv entfernt werden.[68] Dies ist nur einer von vielen Ansätzen. Es ist sehr wahrscheinlich, dass in den nächsten Jahren Produkte auf den Markt kommen, die den Karieserreger gezielt und effizient daran hindern, Säure zu produzieren. Wer optimistisch ist, sollte heute daher nicht Zahnmedizin studieren. Vielleicht gibt es für Zahnärzte bald nicht mehr so viel zu tun.

Einige Bakterien in unserem Mund scheinen aber noch gravierendere Probleme zu verursachen als Karies. Zahnfleischentzündungen (und andere chronische bakterielle Entzündungen) sind offenbar ein unabhängiger Risikofaktor bei Herzerkrankungen und Schlaganfall.[69] Sorgfältige Zahnhygiene sorgt dafür, dass die verantwortlichen Bakterien dezimiert werden, und führt zu einer Verbesserung des Zustands der Arterien.[70]

Etwas profaner, aber im Hinblick auf den Erfolg beim anderen Geschlecht nicht zu unterschätzen und damit für die Weitergabe der eigenen Gene von erheblicher Relevanz, ist auch die Vermeidung von Mundgeruch. Auch hier sind Bakterien im Spiel. Solche, die Mundgeruch verursachen, aber auch solche, die die Geruchsmoleküle wieder abbauen. Wie bei so vielem kommt es auf die richtige Mischung an.[71]

Alte Freunde, Passanten und Störenfriede

Mit unseren Bewohnern verhält es sich wie mit unseren Mitmenschen. Es gibt angenehme, unangenehme und solche, bei denen wir nicht genau wissen, woran wir sind. Bisher hat sich die Wissenschaft vor allem auf die bösen konzentriert – auf jene, die Krankheiten auslösen. Von den anderen, die den weitaus größten Teil ausmachen, wissen wir noch vergleichsweise wenig. Klar ist jedoch, dass wir mit ihnen eine sehr innige Gemeinschaft bilden und ohne sie nicht existieren können. Deshalb dürfen wir hoffen, dass weitere Forschung hier für Medizin und Gesundheitsvorsorge nützlich sein wird. Neue Ansätze ermöglichen es schon jetzt, zu ermitteln, welche der Darmbewohner eine wichtige Rolle für den Stoffwechsel ihres Wirts spielen und wie sie mit diesem symbiotisch zusammenarbeiten.[72]

Viele Menschen haben erkannt, dass eine gewisse Naturverbundenheit die Lebensqualität erhöht. Zwar halten wir uns fern von gefährlichen Tieren. Aber wir betonieren nicht mehr unseren Garten und geben einem gewissen Wildwuchs von Kräutern mit Nischen für allerlei Tiere den Vorzug vor der Monokultur eines englischen Rasens.

Vieles spricht dafür, dass wir eine ähnliche Haltung auch der mikrobiellen Welt gegenüber an den Tag legen sollten. Mensch und Mikroorganismus gehören zusammen. Schützen wir uns daher so gezielt wie möglich vor den gefährlichen Erregern, die sich in der Vergangenheit als Problemverursacher und Killer erwiesen haben, seien wir aber gelassen gegenüber der harmlosen mikrobiellen Bevölkerung auf der Erde, im Wasser, in der Luft, auf Pflanze, Tier und nicht zuletzt auch uns selbst, an die wir seit Millionen von Jahren angepasst sind.

Alle Versuche, ein keimfreies Leben zu verwirklichen, sind zum Scheitern verurteilt und können sogar Schaden anrichten.

Alle Versuche, ein keimfreies Leben zu verwirklichen, sind zum Scheitern verurteilt und können sogar Schaden anrichten. Die Medizin ist gefordert, sich auf die Rolle des mikrobiologisch ausgebildeten Gärtners vorzubereiten, um durch Hege und Pflege der menschlichen Mikroflora und gezielte Einflussnahme auf die Evolution des menschlichen Mikrobioms Krankheiten zu verhindern und zu behandeln.

Das Kreuz mit dem Kreuz

Knochen sind Meisterwerke der Evolution. Sie erreichen bei minimalem Materialaufwand hohe Festigkeit. Allerdings wollen sie gefordert werden. Schwere Schulranzen sind kein Problem. Rückenschmerzen und Knochenbrüche bekommt eher, wer sich ein Leben lang schont. Wir sind von Natur aus Läufer, und so sollten wir auch leben.

Im Jahr 1753 – lange bevor Darwin die gemeinsame Abstammung aller Lebewesen darlegte – erklärte der französische Naturforscher Georges Louis Leclerc de Buffon: »Man nehme das Skelett des Menschen, biege die Knochen des Beckens, verkürze die Knochen der Oberschenkel, Unterschenkel und Arme, verlängere die der Füße und Hände, schweiße die Finger- und Zehenglieder zusammen, verlängere die Kiefer und verkürze dabei das Schienbein und verlängere schließlich das Rückgrat: Dieses Skelett wird nicht länger die sterbliche Hülle eines Menschen darstellen, sondern das Skelett eines Pferdes sein.«[73]

Buffon sprach aus, was schon damals jedem Anatomen auffallen konnte: Der Grundbauplan aller Säugetiere ist der Gleiche. Dennoch unterscheiden sich die Tiere erheblich in ihren körperlichen Fähigkeiten. Allein der Mensch glänzt nicht nur durch geistige Überlegenheit, sondern auch im Hinblick auf die körperliche Leistungsfähigkeit – zumindest was die Vielseitigkeit betrifft. Für alle Arten von körperlicher Betätigung finden wir Tiere, im Vergleich zu denen wir eine ziemlich schlechte Figur abgeben. Doch im Mehrkampf liegen wir weit vorn. Ein normaler Erwachsener kann ohne besonderes Training, was kein Tier schafft: 25 Kilometer am Stück wandern, 150 Meter schnell sprinten, 1500 Meter zügig joggen, auf einen hohen Baum klettern, über einen drei Meter breiten Graben springen, zwei Meter tief tauchen und 200 Meter einigermaßen flott schwimmen. Während unsere Schwimmfähigkeit wesentlich davon abhängt, dass irgendwann denkende Menschen die entsprechenden Techniken erfunden haben, ist die Fähigkeit zu laufen uns von Natur aus gegeben. Das Laufen ist ein zentraler Bestandteil unserer Natur. Allerdings erst seit wenigen Millionen Jahren – erdgeschichtlich betrachtet also seit Kurzem.

Bevor die Savannen entstanden und wir uns aus dem Schutz der Bäume herauswagten, haben sich unsere Vorfahren rund 60 Millionen Jahre lang im Klettern geübt.[74] Davor waren wir auf allen vieren am Boden unterwegs. Noch früher ganz ohne Beine im Wasser. Evolution bedeutet ständigen Umbau. Und Umbau bedeutet Kompromisse, denn am Grundbauplan ist nichts zu ändern. So haben beispielsweise alle Wirbeltiere höchstens sieben Halswirbel – selbst die Giraffe, obwohl ihr ein paar mehr schon nützlich sein könnten.

Auch unser Körper besteht aus Kompromissen. Beim letzten großen Umbau zum Läufer, der vor allem unsere äußere Statur betraf, mussten wir eine Reihe von Nachteilen in Kauf nehmen. Mit diesen müssen wir bis heute zurechtkommen. Viele von uns haben deshalb Probleme mit dem Rücken und den Gelenken.

Grob gesagt lässt sich die etwas missliche Lage wie folgt beschreiben: Wir tragen heute einen großen Kopf, der in den letzten zwei Millionen Jahren seine außerordentliche Größe erlangt hat, auf einem Rumpf mit flachem

Brustkorb, der sich vor rund 15 Millionen Jahren als Anpassung an unsere damals bevorzugte Fortbewegungsweise, das »Schwinghangeln«,[75] entwickelte, und unten enden wir mit unseren Laufbeinen, die sich vor rund fünf bis einer Million Jahren bildeten. Passt das alles zusammen? Nun, es muss eben. Wir haben uns daran gewöhnt. Allerdings: Sieben von zehn Deutschen plagen mindestens einmal im Jahr Rückenschmerzen. Bei Männern sind diese mit 14 Prozent die häufigste, bei Frauen mit 11 Prozent die zweithäufigste Ursache für Arbeitsausfälle. Mindestens ein Drittel aller vorzeitigen Rentenanträge wird wegen eines chronischen Rückenleidens gestellt. In Deutschland entstehen jedes Jahr Kosten von über 15 Milliarden Euro durch Rückenerkrankungen.[76]

Die Probleme, die uns die Evolution beschert hat, sind nicht von der Hand zu weisen. Sie entstehen im Wesentlichen aus zwei Gründen. Zum einen sind sie den Umbauten der Vergangenheit geschuldet. Und zum anderen der Tatsache, dass wir nicht mehr das Dasein als Läufer führen, an das wir uns zuletzt angepasst haben. Der zweite Grund, der Bewegungsmangel bei einer beträchtlichen Zahl von Menschen, dürfte der entscheidende Faktor für die Vielzahl von Rückenleiden sein.

Aufrechte Wirbelsäule

Die Wirbelsäule ist der Dreh- und Angelpunkt unseres Körperbaus. Seit rund 500 Millionen Jahren sind alle Wirbeltiere – vom Fisch über den Frosch über die Eidechse und die Elster bis hin zu Kuh und Mensch – damit ausgestattet. Aber die Unterschiede sind erheblich. Das sieht man, wenn man das, was von der Forelle nach dem Essen auf dem Teller liegen bleibt, mit dem vergleicht, was wir auf dem Röntgenbild sehen, wenn wir den Arzt wegen Rückenschmerzen aufgesucht haben.

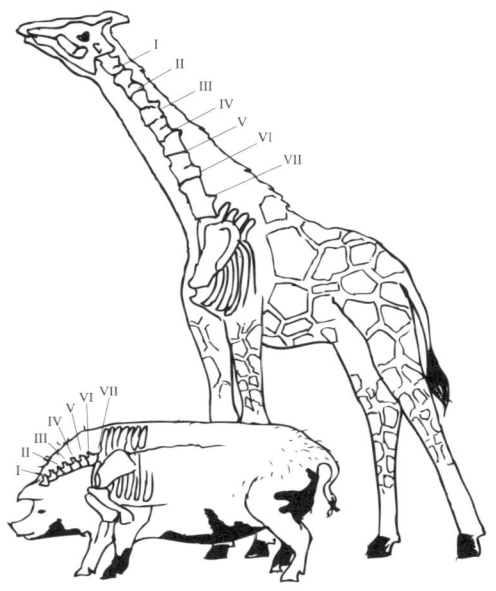

»Ein Bauplan für alle!«
Höchstens 7 Halswirbel, mehr gibt's nicht bei Wirbeltieren –
auch nicht für Giraffen.

Die menschliche Wirbelsäule verfügt über sieben Hals-,
zwölf Brust-, fünf Lenden- und fünf zum Kreuzbein zu-
sammengewachsene Kreuzwirbel. Ganz unten hängt dann
noch das Steißbein dran. Die längste Zeit der 500 Millionen Jahre reichte die Wirbelsäule vom vorderen zum hinteren Ende des Tiers, wurde also mehr oder weniger horizontal durch die Gegend getragen, was insbesondere im
Wasser ganz andere Anforderungen an sie gestellt hat. Bei
uns verbindet sie jedoch seit rund fünf Millionen Jahren
nur das obere mit dem unteren Ende des Rumpfes. Die
Wirbel werden seitdem durch die Aktivität der Muskeln
und zu einem geringeren Teil auch durch das Gewicht
des Körpers und des schweren Kopfes belastet. Das war
nicht der Zweck des ursprünglichen Bauplans. Wir haben
aber einige Anpassungen erfahren, die dieser Proble- 87

matik Rechnung tragen. Die Wirbelsäule des Menschen hat eine sogenannte Doppel-S-Form. Diese entsteht erst nach der Geburt, denn im Mutterleib schwimmen wir ja noch. Sie ist abwechselnd zweimal nach vorn und zweimal nach hinten gewölbt. Die Wirbelsäule des Fötus hingegen beschreibt noch einen einzigen gleichmäßigen Bogen. Im dritten Lebensmonat, wenn der Säugling den Kopf hebt, bildet sich die entgegengesetzte Halskrümmung. Später, wenn sich das Kind aufrichtet, schließlich steht und geht, bildet sich die Krümmung im Lendenbereich und damit die endgültige Doppel-S-Form. Sie dient dazu, das Gewicht des Rumpfes mit seinem Schwerpunkt so über der Fläche der Füße zu positionieren, dass wir nicht umkippen. Und sie bietet eine Federung beim Gehen und Laufen.

Empfindliche Stoßdämpfer

Zwischen den einzelnen Wirbeln sitzen kleine Dämpfer, die Bandscheiben.[77] Sie sind Überreste des Vorläufers des Rückgrats, der knorpeligen Chorda (deshalb gehören wir als Unterstamm der Wirbeltiere zum Stamm der sogenannten Chordaten). Die Bandscheiben heißen deshalb so, weil die gallertartigen Pölsterchen von einem Faserring (Band) zusammengehalten werden. Dieser Faserring kann mit den Jahren an Stabilität verlieren, und so steigt die Gefahr, dass er reißt und seitlich Gewebe vom weichen Kern herausrutscht, welches gegen Rückenmark oder Nerven drückt. Die Folge können Schmerzen sein, im schlimmsten Fall Lähmungserscheinungen. In Deutschland kommt das bei 150 000 Patienten pro Jahr vor, jeder fünfte davon wird operiert. Ein solches Verrutschen wird zum Beispiel durch falsches Heben ausgelöst. Voraussetzung ist jedoch, dass die Bandscheibe schon geschädigt ist, sonst passiert so etwas kaum.

Ein Blick in unsere Vergangenheit erklärt, weshalb wir anfällig für diese Verletzung sind. Es liegt zum einen an der permanenten Krümmung der Lendenwirbelsäule nach vorn, die Teil der beschriebenen Doppel-S-Form ist. Zum anderen ist die Wirbelsäule recht beweglich. Sie musste sich in der Vergangenheit nach links und rechts biegen lassen, um die schlängelnde Bewegung von Fischen, Lurchen und Schlangen zu ermöglichen. Und sie musste sich nach oben und unten (heute in aufrechter Haltung: vor und zurück) biegen lassen, damit sich Säugetiere auf ihren vier Beinen bewegen konnten, nachdem diese von der Seite unter den Körper gewandert waren.[78] Dieses Erbe schleppen wir mit uns herum, weil die Evolution immer nur auf dem schon Bestehenden aufbauen kann. Die Wirbel verfügen zwar über ineinandergreifende Fortsätze, die schon entstanden, als einige Fische sich zu Landbewohnern entwickelten. Diese stabilisieren die Wirbelsäule etwas. Dennoch bleibt sie sehr beweglich, wozu auch die Bandscheiben als sogenannte unechte Gelenke beitragen.

Deshalb ist es wichtig, dass man beim Heben schwerer Gegenstände die Wirbelsäule möglichst gerade hält, um zu vermeiden, dass seitliche Kräfte angreifen können. Heben mit krummem Rücken belastet die Bandscheiben bis zu viermal stärker als in der aufrechten Position und kann sowohl zu Bandscheibenvorfällen als auch, seltener, zu Muskelverletzungen führen, da die entstehenden Biege- und Drehmomente von den Muskeln ausbalanciert werden müssen. Entsprechend sollten sich die Füße so nahe wie möglich an der Last befinden. Zum Heben der Last geht man am besten in die Hocke und stemmt sie aus den Knien heraus.

Letztlich ist das falsche Heben jedoch nicht Ursache, sondern nur unmittelbarer Auslöser eines Bandscheibenvorfalls. Wenn die Bandscheibe verrutscht, ist sie längst beschädigt. Ob man Bandscheibenprobleme bekommt oder nicht, hängt auch stark von den Genen ab[79] – hauptverantwortlich ist wohl eine angeborene Bindegewebsschwäche. Dennoch kann man etwas zur Vorbeugung tun. Ungünstig sind Bewegungsmangel und Fehlhaltungen, vor allem bei der Büroarbeit. Wenn man sein Risiko verringern möchte, sollte man beachten: Viel bewegen, wenig sitzen! Und wenn schon sitzen, dann lieber hinlümmeln als aufrecht. Am wenigsten belastet man seine Wirbelsäule, wenn man locker zurückgelehnt sitzt, sodass der Winkel zwischen Sitzfläche und Oberkörper nicht 90, sondern 135 Grad beträgt.[80] Auch ist eine Beugung nach vorn besser, als wenn man aufrecht sitzt.

Warum hat es die Evolution nicht geschafft, die Wirbelsäule so robust zu machen, dass nichts verrutschen kann? Schließlich muss ein Bandscheibenvorfall die Überlebenschancen unserer Vorfahren in der Savanne drastisch gesenkt haben. Müsste die natürliche Auslese nicht jede zufällige Rückgratversteifung begünstigen? Wohl kaum, denn mit einem Stock im Kreuz rennt es sich nicht gut. So ist es bei vielen Dingen: Verändert man ein Merkmal im Hinblick auf einen bestimmten Vorteil, leidet ein anderes. Letztlich sind alle unsere körperlichen Merkmale Kompromisse.

Rückenschmerzen im heutigen Ausmaß sind eine moderne Erscheinung – es wäre zu leicht, die Evolution verantwortlich zu machen. Sie hat sehr wohl Lösungen hervorgebracht. Die bei unseren Vorfahren für ihren Lebenswandel unabdingbare, gut ausgeprägte Rückenmuskulatur stabilisiert die Wirbelsäule auf vortreffliche Weise. Dabei spielt offenbar ein Muskel mit Namen Multifidus eine besondere Rolle, der sehr spezielle Eigenschaften hat und beim Übergang zum aufrechten Gang noch verbessert wurde. Er ist dünn und verläuft wie ein faseriger Stift entlang der Wirbelsäule. Im Gegensatz zu anderen Muskeln wird er nicht schwächer, wenn er gedehnt wird, sondern stärker.[81]

In den allermeisten Fällen entstehen Rückenschmerzen nicht durch zu viel, sondern durch zu wenig körperliche Belastung. Es ist die schwache Rückenmuskulatur des Büroarbeiters und Autofahrers, die der Wirbelsäule nicht mehr genug Halt und Schutz bieten kann. Von den 20 Prozent der Deutschen, die keinerlei Sport treiben, leidet deshalb jeder zweite unter Rückenschmerzen. Unsere Vorfahren hingegen waren durch ihr tägliches Laufpensum besser gewappnet gegen solche Leiden. Regelmäßiger Sport ist also auch für uns der beste Schutz gegen Rückenprobleme.

Falsche Schonung

Das Problem beginnt oft schon lange, bevor wir uns im Büro bequem eingerichtet haben. Man kann heute beobachten, wie vollkommen gesunde Grundschüler jeden Morgen mit dem Auto bis vors Schultor kutschiert werden und von dort die letzten 50 Meter bis zum Schulgebäude ihren Schulranzen an ausgefahrener Stange auf Rollen hinter sich herziehen. Auf einem solchen Schulweg erleben sie nicht nur nichts, sie unterfordern auch ihre Muskulatur und stärken ihre Knochen nicht. Die meisten ihrer Eltern dürften zumindest noch einige Hundert Meter mit der Ledertasche auf dem Rücken zurückgelegt haben. Bei manchem ihrer Großeltern können es auch einige Kilometer gewesen sein.

Schuld an einem solchem Verhalten sind neben vielem anderen auch vermeintlich wissenschaftliche Empfehlungen. So werden Eltern heute eindringlich vor den schlimmen Folgen ergonomisch nicht optimal auf die zarten Schultern ihrer Sprösslinge abgestimmter und womöglich zu schwerer Schulranzen gewarnt. Was das Gewicht anbelangt, können sie überall nachlesen, dass der Schulranzen inklusive Inhalt keineswegs mehr als zehn Prozent des Körpergewichts wiegen dürfe – andernfalls werde der Rücken überbelastet und die Wirbelsäule ruiniert. Ärzte, Krankenkassen und sonstige Gesundheitsaufklärer verbreiten Jahr für Jahr diese Behauptung, und sogar das Deutsche Institut für Normung hält diese Vorgabe in der DIN-Norm 58124 fest.

Rechtzeitig zum Schulbeginn im Sommer 2008 haben Forscher der Universität Saarbrücken endlich mit dieser vermeintlichen Wahrheit aufgeräumt. Sie schickten 60 Mädchen und Jungen aus der zweiten und dritten Klasse auf einen Parcours, um zu sehen, wie es mit der Belastung wirklich aussieht. Zunächst wurden die sieben und acht Jahre alten Kinder und dann ihre Ranzen gewogen. Das Durchschnittsgewicht der Kinder lag bei 27 Kilogramm. Die Ranzen brachten im Schnitt fünf Kilogramm auf die Waage, der schwerste sogar sieben. Im Durchschnitt waren es 17,2 Prozent des Körpergewichts der Kinder, also weit mehr als empfohlen. An der nächsten Station nahmen die Wissenschaftler die Körperhaltung der Kinder unter die Lupe. Die Mädchen und Jungen mussten zunächst ohne Ranzen so aufrecht stehen, dass von der Seite gesehen Knöchel, Schulter und Ohr auf einer Linie lagen. Diese Haltungsanalyse zeigt, ob Muskelkraft und Muskelsteuerung ausreichen, um den Körper aufzurichten und in dieser optimalen Position zu halten. Bei einigen der Kinder registrierten die Experten leichte, aber keine auffälligen Haltungsschwächen. Danach wurde die Messung mit dem Ranzen auf dem Rücken wiederholt. Die Kinder reagierten auf das Gewicht. Sie verlagerten ihren Körper leicht nach vorn. Das ist eine natürliche Reaktion, die kaum Energie kostet. Eine Messung der Muskelaktivität des Rumpfes zeigte, dass nur eine geringfügige Muskelanspannung erfolgte. Der Ranzen belastete also den Körper nicht nennenswert.

Nun sollten die Kinder mit ihren Ranzen auf den Rücken einen Hindernisparcours bewältigen, der in einer Sporthalle aufgebaut war. Mit dieser Anordnung wurde ein anspruchsvoller Schulweg simuliert. Die Kinder waren eine Viertelstunde lang ununterbrochen in Bewegung, so lange wie der längste zu Fuß zurückgelegte Schulweg dauerte. Die nachfolgende Analyse ergab: Trotz des »anstrengenden Schulwegs« war die Körperhaltung nicht schlechter als vorher. Die Muskulatur war nicht merklich ermüdet. Die Forscher stellten schließlich fest, dass eine nennenswerte Aktivität von Bauch- und unterer Rückenmuskulatur überhaupt erst messbar wurde, wenn das Ranzengewicht ein Drittel des Körpergewichts ausmachte, also den stets so eindringlich angemahnten Sollwert um mehr als 200 Prozent überstieg. Erst bei dieser Last änderte die Wirbelsäule ihre Position, und die Ruhehaltung wurde instabil. Allerdings spannten sich jetzt auch die Muskeln deutlich an, um den Körper zu stabilisieren. Dadurch wurde die Wirbelsäule entlastet. »Selbst ein schwererer Ranzen wird eine gesunde kindliche Wirbelsäule nicht schädigen. Dazu wirkt das Gewicht viel zu kurz auf den Rücken ein«, fasste der Orthopäde Eduard Schmitt, der ärztliche Leiter der Studie, das Ergebnis zusammen. Ein kurzfristig getragener schwererer Ranzen könne vielmehr sogar die Rumpfmuskulatur bewegungsarmer Kinder trainieren. Und das sei hochwillkommen, da fast 50 Prozent aller Kinder so schwache Bauch- und Rückenmuskeln hätten, dass sie sich nicht dauerhaft gerade halten könnten.

Die Forscher versuchten schließlich herauszufinden, woher die Empfehlung stammt, das Ranzengewicht dürfe nur zehn Prozent des Körpergewichts betragen. Die verblüffende Antwort: Sie kommt aus der Zeit vor dem Ersten

Weltkrieg und bezog sich darauf, wie schwer der Tornister eines Rekruten sein sollte, damit bei Langzeitbelastungen keine muskulären Ermüdungen auftraten. Damit waren allerdings Märsche ab 20 Kilometer gemeint!

Ergo: Nicht schwere Schulranzen, so Eduard Schmitt, sondern stundenlanges Sitzen schadet der Wirbelsäule. Bei Kindern wachsen die Wirbelkörper noch, und sie reagieren sehr empfindlich auf einseitige Belastung.»Sitzt ein Kind dauerhaft nach vorn gebeugt, werden vorwiegend die vorderen Abschnitte der Wirbelkörper belastet. Dadurch wird ihr Wachstum an dieser Stelle frühzeitig gestoppt, hinten wachsen die Wirbel jedoch weiter. So kann sich ein Rundrücken entwickeln«, warnt der Orthopäde.[82]

Nicht schwere Schulranzen schaden der Wirbelsäule unserer Kinder, sondern stundenlanges Sitzen.

Dass die Kinder von Jägern und Sammlern nicht den lieben langen Tag auf der Schulbank oder im Auto saßen, versteht sich von selbst. Die Evolution konnte nicht ahnen, dass sie für ein solches Verhalten Vorsorge hätte treffen sollen.

Plattfüße und schmerzende Gelenke

Nicht nur an der Wirbelsäule, sondern auch an Knien, Hüfte und Füßen macht sich der aufrechte Gang bemerkbar. Sie sind bei uns Zweibeinern ebenfalls deutlich größeren Belastungen ausgesetzt als in jener Zeit, als wir uns von Baum zu Baum hangelten oder auf allen vieren liefen. So kommt zur Anfälligkeit für Rückenprobleme auch noch die Gefahr hinzu, dass sich die Gelenke abnutzen, was sich als Arthrose bemerkbar macht.[83] Auch hier spielt wieder die stützende Muskulatur die entscheidende Rolle – nicht umsonst machen Muskeln einen großen Teil von uns aus: 40 Prozent des Körpergewichts eines erwachsenen Mannes sind Muskelmasse, bei Sportlern kann der Anteil noch größer sein. Dagegen nehmen sich die 14 Prozent Knochengewicht relativ gering aus.

Bei Gelenkerkrankungen geht es vor allem um die mangelnde Schmierung. Ein Gelenk verbindet zwei Knochen, die jeweils an dieser Verbindungsstelle mit einer dünnen Knorpelschicht überzogen sind. Die Evolution hat so dafür Sorge getragen, dass sich die Reibung verringert. Nützt sich der Knorpel jedoch ab und bekommt Risse, knirscht irgendwann direkt Knochen auf Knochen, und es wird schmerzhaft. Zurzeit werden in Deutschland pro Jahr mindestens 150 000 künstliche Hüftgelenke und über 140 000 künstliche Kniegelenke implantiert.

Nur jeder Fünfte kann sich im Alter von über 50 noch vollkommen intakter Gelenke erfreuen. Auch hier hat uns also die Evolution Schwachstellen beschert. Letztlich ist es aber unsere Lebensweise, die zu Problemen führt. Schonung ist meist genau das Falsche. Spätestens wenn die Gelenke anfangen zu schmerzen, ist es Zeit, die Muskulatur durch Training zu stärken. Am besten geeignet sind Sportarten mit gleichmäßigen Bewegungsabläufen, die nur wenig Bewegungsenergie erfordern. Zum Beispiel Laufen, Walking, Golf, Skilanglauf, Schwimmen, leichtes Krafttraining, Aerobic, Gymnastik, Radfahren, Tanzen, Inline-Skating – natürlich immer angepasst an die Leistungsfähigkeit des Einzelnen. Untrainierte sollten nicht übertreiben, sondern das Pensum allmählich erhöhen.

Grundsätzlich muss etwa das Tragen von schweren Lasten nicht zur Abnutzung der Gelenke führen. In einer Langzeitstudie mit Hunden (Beagles) konnten keine Unterschiede zwischen zwei Gruppen von Hunden gefunden werden, die unterschiedlichen Belastungen ausgesetzt waren. Die eine Gruppe rannte über zehn Jahre lang täglich vier Kilometer mit einer Jacke, die rund 130 Prozent des eigenen Körpergewichts wog. Die andere bekam zehn Jahre gar keinen Auslauf.[84] Lebenslange Belastung kann sogar stabilisierend sein. Problematisch sind dagegen sehr einseitige Belastungen, auf die unser Körper genetisch nicht vorbereitet ist. Hierzu zählt harte körperliche Arbeit, etwa das Bedienen eines Presslufthammers oder auch Leistungssport wie Handball, Fußball, Rugby oder Gewichtheben (sogenannte »high-impact«-Sportarten). Übergewicht ist nicht unbedingt ein Problem, entscheidend ist das Verhältnis von Muskelmasse zu Fett: Seine Gelenke belastet besonders, wer wenig Muskeln und viel Fett aufweist. Oftmals sind es auch Fehlstellungen unserer Knochen und Gelenke, die zu frühzeitigem Abrieb führen.

Senk- und Plattfüße, die in fortgeschrittenem Stadium zu starken Schmerzen, Knie- und Rückenproblemen führen können, entstehen vorwiegend durch eine zu schwache Fußmuskulatur. Dies ist bei Kleinkindern zunächst normal, sie bewegen sich in den ersten Jahren auf Senkfüßen. Zu wenig Bewegung und die Ruhigstellung der Füße in Schuhen können dazu führen, dass sich die Muskeln nicht richtig ausbilden. Dann bleiben die Senkfüße bestehen oder verschlimmern sich sogar zu Knick- oder Plattfüßen. Halten wir uns also an unsere Vorfahren, die ohne Schuhe auf Achse waren, und lassen unsere Kinder möglichst oft barfuß laufen – am besten in der Natur.[85]

Schwindende Knochen

Warum werden unsere Knochen im Alter brüchig? Die Antwort ist einfach: Osteoporose oder Knochenschwund – die Abnahme der Knochenmasse oder -dichte – ist eine natürliche Begleiterscheinung der Alterung. Die Knochendichte entspricht dem Mineralgehalt der Knochen. Eine Verminderung ist für sich genommen noch kein Problem. Sie erhöht aber das Risiko, sich

Knochen zu brechen. Besonders bei älteren Menschen können Knochenbrüche schwere Folgen haben – gefürchtet sind Frakturen des Oberschenkelhalses, des körpernahen Oberarms, der Wirbelsäule oder des Handgelenks. Die Problematik entsteht bei Frauen nach den Wechseljahren, bei Männern deutlich später, in letzter Zeit aber auch vermehrt. 75 Prozent aller Hüft-, Wirbel- und Unterarmbrüche treffen Menschen jenseits des 65. Lebensjahres.[86]

Mit ungefähr 30 Jahren ist unsere Knochenmasse am größten. Wie groß sie genau ist, hängt von unseren Genen ab, aber auch in hohem Maße von der körperlichen Aktivität und der Ernährung.[87] Jenseits der 30 geht es erst recht langsam, dann schneller abwärts. Interessanterweise scheint diese Abnahme parallel zur allgemeinen Verminderung der körperlichen Leistungsfähigkeit zu verlaufen. Mit abnehmender körperlicher Belastung verlieren die Knochen an Stabilität. Man kann das als ein Zeichen ihrer enormen Anpassungsfähigkeit ansehen. Knochen sind wahre Meisterwerke, die mit minimalem Materialaufwand maximale Festigkeit erreichen. Die Natur strebt, wie jeder moderne Ingenieur, eine Leichtbauweise an, die den optimalen Mittelweg zwischen Gewicht und Stabilität bietet.

Knochen sind wahre Meisterwerke, die mit minimalem Materialaufwand maximale Festigkeit erreichen. Die Natur strebt, wie jeder moderne Ingenieur, eine Leichtbauweise an, die den optimalen Mittelweg zwischen Gewicht und Stabilität bietet.

Knochen befinden sich stets in einer endlosen Rundumerneuerung, bei der beständig Knochenzellen absterben und neue gebildet werden und so das kalkhaltige Knochengerüst umgebaut wird. Darin unterscheidet sich der Knochen nicht von allen anderen Organen und Geweben des Körpers. Er nutzt diesen Prozess aber, um sich kontinuierlich an spezifische Anforderungen anzupassen. Dabei richtet er sich nach den Kräften, die auf ihn einwirken: Er wird stabiler oder dicker, wo die Belastung groß ist, leichter, wo sie gering ist. Letzteres bekommen am stärksten Astronauten zu spüren: Eine Untersuchung von 13 Menschen, die vier bis sechs Monate auf der Internationalen Raumstation in Schwerelosigkeit verbrachten hatten, zeigte eine Verminderung der Stärke der Hüftknochen um durchschnittlich 14 Prozent.[88] Aber auch wenn man beispielsweise aufgrund von Krankheit lange liegen muss, verliert man nicht nur deutlich an Muskel-, sondern in der Folge auch an Knochenmasse. Beides hängt zusammen. Bei jeder Bewegung werden Zug und Druck auf den Knochen übertragen. Diese Kräfte sind Wachstumsreize, und sie regen die knochenaufbauenden Zellen (Osteoblasten) dazu an, neue Knochenmasse zu bilden. So hat die Evolution dafür gesorgt, dass wir uns wechselnden Lebensstilen anpassen können. Wäre die Knochendichte und -dicke an den einzelnen Stellen des Körpers genetisch fest vorgegeben, würde das einen deutlichen Überlebensnachteil bedeuten. Gleichzeitig hat sie uns aber für Bewegungsmangel empfindlich gemacht. Dieser ist deshalb so ein großes Problem, weil er in unserer Vergangenheit nicht vorkam. Anders ist die Situation bei Tieren, die Winterschlaf machen: Ein Bär kann, wenn er nach drei Monaten geweckt wird, problemlos aufspringen und weglaufen. Für uns wäre das nach drei Monaten Bettruhe undenkbar. Wie er das schafft, ist nicht ganz klar. Wahrscheinlich hält er die Muskeln durch regelmäßiges Zittern in Schuss. Auch die Knochen bauen nicht ab. Hier hilft dem Bären offenbar ein Hormon, das das Knochenwachstum anregt. Das haben wir zwar auch, der Bär hat aber eine viel stärkere Variante entwickelt.[89] Da auch bei uns der Knochenauf- und -abbau über Hormone reguliert wird, könnten wir versuchen, die Fähigkeit des Bären nachzuahmen, indem wir medikamentös in den Hormonhaushalt eingreifen.[90] Von der Evolution lernen kann heißen, neue Medikamente zu entwickeln. Besser ist es jedoch, wenn wir daraus Lehren ziehen und auf natürliche, selbstverantwortliche, aktive Art gesund bleiben.

Sport schützt

Wer der Osteoporose im Alter vorbeugen möchte, kann zweierlei tun: Man kann erstens in der Jugend durch Bewegung und körperliche Belastung solide Knochen aufbauen, sodass man weit oben ist, wenn der Abstieg beginnt. Dabei spielt auch die Ernährung eine Rolle. Untersuchungen an Jugendlichen haben dies deutlich gezeigt. Je mehr Softdrinks Jugendliche zu sich nehmen, desto geringer der Mineralgehalt ihrer Knochen. Die Ursache ist wahrscheinlich Proteinmangel. Wer seinen Durst meist mit Cola, Apfelschorle oder Limo stillt, nimmt im Schnitt weniger Protein mit der Nahrung zu sich als zum Beispiel Milchtrinker.[91]

Und man kann zweitens im Alter die Aktivität so langsam wie möglich reduzieren. Dass diese Rechnung aufgeht, konnten schwedische Forscher in einer Untersuchung Anfang der 1970er-Jahre zeigen. Sie befragten über 2000 Männer, die damals zwischen 49 und 51 Jahre alt waren, wie viel Sport sie in ihrer Freizeit trieben. Im Alter von jeweils 60, 70, 77 und 82 Jahren befragten sie die Teilnehmer nochmals und erfassten dabei, wie viele Knochenbrüche sie zwischenzeitlich erlitten hatten. Ergebnis: Von denen, die gar keinen Sport trieben, hatten sich jeder Fünfte mindestens einen Knochen gebrochen, von denen, die zumindest Rad fuhren und zu Fuß gingen, war es fast jeder Siebte und von denen, die mindestens drei Stunden pro Woche Sport trieben, nur jeder Zwölfte. Besonders deutlich verringerte sich bei der letzten Gruppe das Risiko für Hüftfrakturen.[92]

Sport hat noch eine zweite positive Wirkung. Knochenbrüche geschehen nicht einfach so. Fast immer ereignen sie sich, wenn ein Mensch stürzt. Ob jemand leicht stürzt, hängt jedoch in hohem Maße von der Motorik und Trittsicherheit ab. Und auch diese werden durch moderates Training der Muskeln erhalten oder verbessert. Knochenbrüche beruhen in den meisten Fällen auf fehlender Koordination, oftmals ausgelöst durch Bewegungsmangel.

Zu guter Letzt spielen Ernährung und Sonnenstrahlen eine Rolle. Um Knochen aufzubauen, benötigt unser Körper Calcium. Durch Vitamin D, das mithilfe der ultravioletten B-Strahlung der Sonne entsteht, wird die Einlagerung des Calciums in die Knochen erleichtert. Es reicht aber nicht, viel Calcium zu sich und ein Sonnenbad zu nehmen, nachdem man vier Wochen krank im Bett lag. »Das macht keinen Sinn, denn der Motor ›Muskelkraft‹ ist ausgestellt. Wer morgens mit dem Auto losfahren will und nur Gas gibt, den Motor aber nicht gestartet hat, kann so viel Gas geben wie er will: Es passiert gar nichts«, verdeutlicht Eckard Schönau von der Uniklinik in Köln die Rolle der Bewegung.[93] Bewegung muss also sein, und zwar so intensiv, dass der Knochen auch etwas davon spürt. Spazierengehen reicht demnach nicht, um Knochen stabil zu erhalten.

Bremsen und Beschleunigen

Ein weiteres Problem, das uns der aufrechte Gang zusammen mit dem großen Gehirn eingebracht hat, rührt daher, dass wir unseren schweren Kopf recht locker auf dem Hals balancieren. Bei unseren Vorfahren waren die Schultern noch fest mit der Hinterseite des Schädels verbunden. Wir hingegen bekommen heute ein Problem, wenn wir aufrecht in horizontaler Richtung schnell beschleunigt oder abgebremst werden. In einem solchen Fall treten große Trägheitskräfte auf. Für unsere Vorfahren bestand noch keine Gefahr, erst seit es Autos und andere schnelle Fortbewegungsmittel gibt, führt dieser Schwachpunkt regelmäßig zu Verletzungen.

Wenn wir an der Ampel stehen, und ein Auto fährt von hinten auf, wird unser Pkw mitsamt unserem Körper unter unserem Kopf weggeschoben. Das kann zur Verletzung der Halswirbelsäule führen. Lindern können wir die Folgen durch korrekt eingestellte Nackenstützen – und durch gut trainierte Nackenmuskeln. Wie häufig es zu dieser Art Verletzung kommt, ist umstritten. Tatsächlich wird das sogenannte Schleudertrauma in Deutschland häufig, in vielen anderen Ländern, deren Versicherungsrecht keine Entschädigung vorsieht, dagegen fast nie diagnostiziert.

Fest steht, dass wir, solange wir schnell – und immer schneller – vorankommen wollen und uns deshalb ins Auto oder in den ICE setzen, statt zu Fuß zu gehen, nicht gerade in Einklang mit unseren evolutionären Vorbedingungen leben. Wir sind naturgemäß Läufer – und keine Fahrer. Vielleicht sollten wir uns das ab und zu ins Gedächtnis rufen.

Das Leben zwischen Fahrstuhl und Sitzgruppe

Unsere Vorfahren legten täglich etliche Kilometer zu Fuß zurück. Heute kommt man auch ganz gut auf Rädern durchs Leben. Die Auswirkungen unserer oft sitzenden Lebensweise sind vielfältig und wenig erfreulich. Die größte Gefahr ist mangelnde Bewegung, besonders für überbehütete Kinder und ältere Menschen.

Sport kann tödlich sein. Im Sommer 2008 berichteten Zeitungen über das traurige Ende eines Extremberglaufes auf die Zugspitze. Zwei Männer brachen in etwa 2800 Metern Höhe zusammen. Über mehrere Stunden versuchten Rettungskräfte vergeblich, die beiden Läufer zu reanimieren. Sie starben an Erschöpfung. Regelmäßig lesen wir von tragischen Todesfällen beim Sport. Doch wir sollten uns davon nicht täuschen lassen – Bewegungsmangel ist bei Weitem der größere Killer.

Ausdauerndes Herumsitzen wurde im 20. Jahrhundert überall dort zu einem prägenden Daseinsattribut, wo erstens die körperliche Arbeit durch den technischen Fortschritt zurückgedrängt und zweitens die motorisierte Fortbewegung für breite Bevölkerungsschichten erschwinglich wurde. Der dritte Faktor war die Freihauslieferung von Information und Unterhaltung insbesondere in Gestalt des Fernsehens und Computers. Das 20. Jahrhundert war davon geprägt, das gesamte Alltagsleben auf möglichst wenig Bewegung auszurichten – bis hin zum elektrischen Korkenzieher und zur batteriebetriebenen Pfeffermühle. Das ist historisch nachvollziehbar, denn bis vor Kurzem war mühsame körperliche Arbeit die Norm und das Bestreben, sich im Alltag Komfort zu leisten, ebenso naheliegend wie weitverbreitet.

Mittlerweile ist jedoch deutlich geworden, dass diese Bequemlichkeit, die wir uns durch technischen Fortschritt und wirtschaftliches Wachstum leisten können, negative Folgen für die Gesundheit haben kann. Bei Millionen von Menschen wird der Körper heute in nie da gewesenem Ausmaß unterfordert. Und diese Unterforderung führt sehr schnell zu Funktionsminderungen. Damit nicht genug: Bewegungsmangel kann unseren Körper erheblich zum Negativen verändern. Dünnere und schwächere Muskeln, ihre verminderte Fähigkeit, Kohlenhydrate und Fett zu verbrennen, sowie zerbrechlichere Knochen, erhöhte Insulinresistenz und ein schwächeres Herz drohen jenen, die ein Faulenzerdasein fristen.

Im 20. Jahrhundert war das gesamte Alltagsleben auf möglichst wenig Bewegung ausgerichtet – bis hin zum elektrischen Korkenzieher und zur batteriebetriebenen Pfeffermühle. Das ist nachvollziehbar, denn bis vor Kurzem war mühsame körperliche Arbeit die Norm.

Ohne jeden Zweifel ist es eine große zivilisatorische Errungenschaft, dass heute auch Menschen, die körperlich weniger leistungsfähig sind, die Chance auf ein erfolgreiches Leben haben. In der Vergangenheit wäre es für sie oft unmöglich gewesen, ihre Gene an Nachkommen weiterzugeben. Als Folge dieses Selektionsdrucks sind wir Menschen von Natur aus alle ziemlich gute Sportler. Wie eh und je ist unser Körper auch heute noch auf Bewegung ausgerichtet. In dieser Hinsicht ist unser Genom noch ganz das Alte – auch wenn die Figur, die viele von uns abgeben, eine ganz andere ist.

Der Bewegungsdrang steckt in uns. Wenn jemandem heute nach zwei Stockwerken im Treppenhaus die Puste ausgeht, dann kann er sicher sein, dass er seinen Körper in einer Weise verändert hat, wie es seinen Vorfahren nicht möglich gewesen wäre. Die Körper von Menschen, die sich nur wenig bewegen, sind evolutionär gesehen in einem höchst ungewöhnlichen Zustand. Die Natur hat uns nicht mit vier Rädern und Ökomotor ausgestattet, sondern mit kräftigen muskulösen Beinen. Noch stärker als die äußere Statur verändert sich bei Bewegungsmangel das Innenleben. Und das hat Einfluss auf die Gesundheit.

Kindlicher Bewegungsdrang

Das einfachste Bild für den Naturzustand vieler Tiere ist die Maus im Käfig. Gibt man ihr ein Laufrad, dann läuft sie fast unermüdlich, obwohl es im Käfig weder Beute noch Jäger gibt. Es geht einfach nur um die Bewegung, für die offenkundig ein natürliches Bedürfnis besteht und die nachweislich das Leben verlängert.

Beim Menschen manifestiert sich dieses Bedürfnis ebenso eindrucksvoll in jungen Jahren. Kinder, deren Bewegungsfreiheit nicht künstlich eingeschränkt ist, sind zwar nicht alle gleich bewegungsfreudig, zeigen aber spontane körperliche Aktivität.[94] Bei ihnen kann man gut beobachten, worauf es neben dem Laufen in dem Leben, für das unser Körper gemacht ist, noch ankommt. Man kann sehen, welches Bewegungsrepertoire sich im Kampf ums Überleben bewährt und daher im Genom festgesetzt hat. Kleine Jungs und – etwas weniger ausgeprägt – auch Mädchen kämpfen gerne und ausgiebig, um ihre Kräfte zu messen. Sie spielen Fangen oder rennen um die Wette, klettern auf alles, was sich irgendwie erklimmen lässt, balancieren auf jedem Bordstein, Mauervorsprung und Baumstamm und werfen mit wachsender Treffsicherheit mit Steinen – Letzteres tun wir Menschen im Übrigen schon seit mindestens 50 000 Jahren.[95]

Die kindliche Entwicklung hat von Geburt an sehr viel

mit Bewegung zu tun. Schränkt man sie ein, hat das Konsequenzen. Zwar drohen Kindern heute sehr viel weniger Gefahren als in der Steinzeit, dennoch werden sie von ihren Eltern sehr viel stärker behütet. Und diese Behütung beziehungsweise Überbehütung geht oft mit der Einschränkung der Bewegungsfreiheit einher. Das birgt wiederum neue Gefahren: Ein Kind, das sich nicht genügend frei bewegen kann, das wenig draußen ist, nicht klettert, hüpft und rennt, ist in seiner körperlichen wie geistigen Entwicklung gehemmt. Menschen durchlaufen eine im Vergleich zu den meisten Tieren extrem lange Kindheit, in der sie sich auf das Erwachsenenleben vorbereiten und dabei weitgehend von den Eltern versorgt werden. Der Luxus dieser langen Lernphase ist vielleicht der charakteristischste und größte evolutionäre Vorteil des modernen Menschen. Diese Zeit müssen Kinder nutzen, um schnell, wendig, ausdauernd und geschickt zu werden, und natürlich auch, um geistige Fähigkeiten zu entwickeln. In der Vergangenheit ist kaum ein Menschenkind, das nicht von ganz allein diesen Bewegungsdrang entwickelt hat, um seinen Körper und seine Fähigkeiten, aber auch seine Grenzen kennenzulernen, alt genug geworden, um seine Gene weitergeben zu können.

Da der kindliche Bewegungsdrang sich von allein entwickelt, haben es die Eltern eigentlich leicht. Sie müssen ihre Sprösslinge im Normalfall nicht zum Herumtoben animieren, sondern ihnen nur Raum dafür bieten. Dennoch spielt Umfragen zufolge in Deutschland heute nur noch etwa ein Drittel der Kinder täglich im Freien. Die Stubenhocker haben das Nachsehen, denn Bewegung, Sport und Spiel sind nicht nur notwendig für die Entwicklung der motorischen Fähigkeiten, sondern auch für

> Kinder werden von den Eltern heute sehr viel stärker behütet als in der Steinzeit – und damit oft in ihrer Bewegungsfreiheit eingeschränkt. Doch ein Kind, das wenig draußen ist, nicht klettert, hüpft und rennt, ist in seiner körperlichen wie geistigen Entwicklung gehemmt.

das Konzentrationsvermögen und die räumliche Vorstellungsfähigkeit. Draußen Toben ist deshalb auch gut für die Mathenote. Und auch das Gehirn des Erwachsenen profitiert von Sport. Er bewirkt einen Anstieg von Nervenwachstumsfaktoren, erhöht die Widerstandsfähigkeit gegen Gehirnverletzungen und verbessert Lern- und Gedächtnisleistung.[96, 97] Es gibt zudem Hinweise darauf, dass sich das Immunsystem in einem aktiven Körper besser entwickelt. So zeigte eine Studie, dass Kinder, die sich wenig bewegen, ein erhöhtes Risiko für Heuschnupfen haben.[98] Und es zahlt sich langfristig aus. Wer als Kind viel rennt, leidet im Alter nicht nur seltener unter Knochenschwund,[99] sondern ist geistig und körperlich insgesamt leistungsfähiger, munterer und aufnahmefähiger.

Auch die Gene werden träge

Kinder sind oft zu wenig draußen. In der Jugend kommen Fernsehen und Computerspiele und im Erwachsenenalter schließlich der Bürojob mit Auto, Tiefgarage und Aufzug hinzu. Dabei will unser Körper eigentlich lieber in Bewegung bleiben – und zwar lebenslang. In gewisser Weise ist Bewegungsarmut gleichzusetzen mit dem Verlust von Funktionen. Die Auswirkungen sind ähnlich wie bei Gendefekten. Zwar sind die Gene bei Bewegungsarmut alle noch intakt vorhanden, einige von ihnen werden jedoch nicht mehr aktiviert, weil die hierfür notwendige körperliche Betätigung fehlt.[100] Entsprechend läuft eine Vielzahl von Mechanismen im trainierten Körper anders ab als in einem untrainierten. Bewegt man sich täglich, zeigen bestimmte Gene eine normale Aktivität. Unterschreitet die Bewegung einen Grenzwert, regeln sich diese Gene von selbst herunter.[101]

In Tierversuchen hat man diesen Zusammenhang nachweisen können. So wurden Ratten einem Sportprogramm unterzogen und dann mit stubenhockenden Artgenossen verglichen. Die Untersuchung der Rattenherzen zeigte bei 26 Genen deutliche Unterschiede in der Aktivität. Zwölf Gene waren offenbar nur bei den trainierten Ratten aktiv.[102] Es kommt demnach nicht nur darauf an, welche Genvarianten wir erben, sondern auch darauf, dass wir durch unsere Lebensweise dafür sorgen, dass sie ihre Wirkung entfalten können. Genom und Umwelt sind zwei Seiten einer Medaille. Sie stehen in engstem Zusammenhang miteinander, denn viele Gene reagieren auf die Signale ihrer Umwelt.

Noch ist die Forschung weit davon entfernt, die genetischen Unterschiede zwischen einem Aktivitätszustand, an den sich unser Genom über Millionen von Jahren angepasst hat, und einem »Faulenzerzustand« zu benennen. Hinreichend klar ist aber, dass wir alle davon profitieren, wenn wir uns von Zeit zu Zeit körperlich ertüchtigen.

Der Wert der Faulheit

Wenn es schlecht für uns ist, warum sind wir trotzdem gerne faul? Wahrscheinlich, weil es früher in bestimmten Situationen von Nutzen war. Unsere Muskulatur liefert ein gutes Beispiel hierfür: Unsere Vorfahren mussten ständig aktiv sein, manchmal bis zur Erschöpfung, um genug Nahrung zu sammeln, und sie mussten manchmal über längere Zeit hungern. Erholsame und kräftesparende Ruhepausen waren dann wichtig, wenn auch selten von langer Dauer. Man konnte ja nicht den Kühlschrank für eine Woche füllen.

Muskeln reagieren im Ruhezustand auf verschiedene Weise. Steht keine Nahrung zur Verfügung, wird ihnen als Erstes die Energiezufuhr abgedreht. Sie werden unempfindlich für das Hormon Insulin, das die Zellwandkanäle aufschließt, damit sie Zucker aufnehmen können.

So gelangt weniger Zucker in die Zellen und kann dort auch nicht mehr verbraucht werden. Es handelt sich hierbei um eine Energiesparmaßnahme, die, wird das Essen knapp, darauf abzielt, die Versorgung anderer wichtiger Organe sicherzustellen. Erst wenn die Muskeln wieder Energie benötigen, weil wir uns in Bewegung setzen, steigt die Empfindlichkeit für Insulin, die Kanäle in den Zellwänden öffnen sich, Zucker strömt ein, und wir können binnen kurzer Zeit zum Sprint ansetzen. Zudem führt die Aktivität auch unabhängig vom Insulin dazu, dass mehr Zucker von den Muskeln aufgenommen wird. Die Evolution hat für unseren muskulären Energieverbrauch einen Sparmodus und einen Aktivitätsmodus hervorgebracht. Und wir sind auf einen stetigen Wechsel zwischen den beiden ausgerichtet. Zweitens nutzen Muskeln Ruhepausen dazu, um in dieser Zeit nach der Belastung neue Muskelzellen aufzubauen. Dies geschieht allerdings nur, wenn Nahrung zur Verfügung steht. Für den Aufbau von Muskelmasse sind essenzielle Aminosäuren notwendig, die der Körper selbst nicht bilden kann. Krafttraining im Wechsel mit Ruhepausen und gesunder Ernährung führt also zu Muskelaufbau – in Kombination mit Fasten aber führt es zu einem Verlust an Muskelmasse.

Bleiben unsere Muskeln über längere Zeit inaktiv, fehlt die Stimulation zum Muskelaufbau. Auch wenn die Nahrungsaufnahme nicht abreißt, schwindet die Muskelsubstanz. Bei anhaltendem Nichtstun sind die Veränderungen so weitreichend, dass bestimmte Bestandteile in den Muskelzellen aktiv abgebaut werden. Die Zellen selbst bleiben zwar bestehen, aber sie werden dünner und schwächer.

Die Evolution hat für unseren muskulären Energieverbrauch einen Sparmodus und einen Aktivitätsmodus hervorgebracht. Und wir sind auf einen stetigen Wechsel zwischen den beiden ausgerichtet.

Kinder finden ganz natürlich und von allein den Rhythmus zwischen Bewegung, Ruhepause und Nahrungsaufnahme, wenn sie nicht von ihren Eltern oder durch besondere Lebensbedingungen daran gehindert werden. Auch das ist ihr evolutionäres Erbe.

Stoffwechselprobleme

Nicht nur Knochen und Muskeln profitieren von aktivem Lebenswandel, auch den Stoffwechsel bewahrt er davor zu degenerieren. Bewegungsmangel ist einer der Gründe dafür, dass sich der sogenannte Altersdiabetes rasant verbreitet und auch zunehmend jüngere Menschen betrifft. Wir haben gesehen: Bewegung stimuliert die Aufnahme von Zucker durch die Skelettmuskulatur. Zucker können die Muskeln nur aufnehmen, wenn sie aktiv sind. Sitzt man herum, steigt der Blutzuckerspiegel. Gleichzeitig wird trotzdem viel Insulin gebildet, denn der Körper will dafür sorgen, dass der Zucker vom Blut in die Muskelzellen geschleust wird. Bei anhaltender Ruhe der Muskeln fangen die Zellen schließlich an, das Hormon zu ignorieren, sie werden resistent. So entsteht Diabetes.

Diesen sogenannten Typ-2-Diabetes gab es bei unseren Jäger-und-Sammler-Vorfahren wahrscheinlich gar nicht. Es ist offensichtlich, dass die Krankheit mit unserem Lebensstil zu tun hat, und ebenso klar ist, dass umgekehrt Typ-2-Diabetiker deutlich von Sport profitieren. Regelmäßiges Ausdauertraining und genauso Krafttraining können die Sensibilität der Insulinrezeptoren wieder erhöhen, sodass die Muskelzellen wieder besser auf Insulin reagieren.[103] Selbst eine kurze, intensive Anstrengung von nur wenigen Minuten alle paar Tage verbessert schon deutlich die Blutzuckerregulierung.[104]

Mit dem Zusammenhang zwischen Bewegungsmangel und Stoffwechselproblemen haben sich Forscher beschäftigt, die den Indianerstamm der Pima untersuchten. Das Interessante an diesem Stamm ist, dass er sich vor etwa 700 bis 1000 Jahren in zwei Gruppen aufgespalten hat. Die eine Gruppe lebt heute in Mexiko, die andere in Arizona, in den USA. Beide sind sich genetisch sehr ähnlich, unterscheiden sich aber in ihrem Lebensstil stark. Das Ergebnis der Langzeitstudie, die sich über gut 40 Jahre, von 1965 bis 2007, erstreckte, war äußerst aufschlussreich: Die Pima-Indianer in Arizona leben denkbar ungesund. Sie sind zu einem großen Anteil stark übergewichtig und zuckerkrank. Eine Hauptursache hierfür dürfte sein, dass sie mit weniger als fünf Stunden Bewegung pro Woche wesentlich träger sind als ihre Stammesbrüder in Mexiko, die 23 Stunden pro Woche körperlich aktiv sind.[105]

Bequemlichkeit macht dick

Mit Blick auf die evolutionäre Anpassung unseres Körpers lässt sich noch ein weiteres Problem erkennen, das durch einen allzu bequemen Lebensstil hervorgerufen werden kann: Wir können dick werden.

Wir können Energie auf zwei Arten speichern: als Glykogen oder als Fett. In Form von Glykogen wird Zucker (Glukose) in Muskelzellen eingelagert. Die als Glykogen gespeicherte Energie kann nur von den Muskeln selbst verbraucht und nicht wieder ins Blut abgegeben werden. Der Glykogenspeicher ist bei normaler Belastung nur für die Bewältigung eines Tages ausgelegt. Ein Ausdauersportler kann, verbraucht er allein das gespeicherte Glykogen, nur etwa eineinhalb Stunden bei hoher Belastung durchhalten. Geschieht dies und wird dem Körper keine Energie von außen zugeführt, »unterzuckert« der Körper, es kommt zu einem plötzlichen Leistungsabfall, im Sport auch »Mann mit dem Hammer« genannt.

Die Fettdepots unseres Körpers können hingegen nahezu unbegrenzt aufgebaut werden. Sie enthalten so viel Energie, dass wir mehrere Wochen ohne Nahrung auskommen können. Sind die Glykogenspeicher in den Muskeln gefüllt, weil wir sie nicht durch Bewegung geleert haben, werden weitere Kohlenhydrate aus der Nahrung in Fett umgewandelt und gespeichert. Die Folgen sind bekannt, und mancher Bauch legt Zeugnis davon ab.

Auch die kleinen Blutgefäße, die die Muskeln mit Sauerstoff und Zucker versorgen, richten sich am Bedarf aus. Wenn wir viel trainieren, sorgen wir dafür, dass unsere Muskeln von vielen dieser kleinen Kapillaren durchzogen werden. So wird der Blutfluss erhöht, und der Blutdruck sinkt. Das Gleiche gilt für die Zellkraftwerke, die Mitochondrien in den Muskelzellen. Sie stellen den Universalbrennstoff ATP her, den die Zellen bei Ausdauerleistungen verbrauchen. Ihre Zahl hängt unter anderem von der körperlichen Aktivität ab und verringert sich bei fehlender Muskelbeanspruchung schnell. Da die Mitochondrien das ATP hauptsächlich aus Fettsäuren gewinnen – sie verbrennen also Fett, das sich im Körpergewebe befindet –, sollten wir uns gut mit ihnen stellen und uns mit einer reichen Anzahl von ihnen versorgen, wenn wir eine gute Figur abgeben wollen.

Sprinter versus Langstreckenläufer

Der menschliche Körper verfügt über unterschiedliche Muskelfasern, die je nach Situation ihre Vor- und Nachteile haben. Muskelzellen, die für Ausdauerleistungen wie Laufen im Einsatz sind, werden als langsame Fasern bezeichnet. Andere, die schnellen Muskelfasern, sind hin-

»Der Mensch – vor und nach der Erfindung der Couch«
Ein Vergleich von Jägern und Sammlern mit heute lebenden Menschen ergab,
dass Erstere täglich etwa so viel mehr Energie verbrauchten, wie man für eine
20 bis 30 Kilometer lange Wanderung benötigt.

gegen zu intensiven Kraftakten in der Lage, ermüden aber auch rasch. Menschen mit besonders vielen schnellen Muskelfasern bauen schneller Muskelmasse auf, weil diese Fasern etwa doppelt so dick sind wie die langsamen Fasern. Sie nutzen vor allem Glukose, haben nur wenige Mitochondrien und benötigen zur Energiegewinnung keinen Sauerstoff.

Aus evolutionärer Sicht ergibt diese Aufteilung Sinn, denn meist war beides wichtig: Schnelligkeit und Ausdauer. Insofern haben beide Muskelfasertypen ihre Berechtigung, und sie finden sich bis heute in unserem Körper. Die Tatsache, dass das Verhältnis von langsamen zu schnellen Fasern genetisch festgelegt ist und von Mensch zu Mensch sehr unterschiedlich ausfallen kann, deutet aber darauf hin, dass es keinen pauschalen Selektionsdruck in Richtung auf einen Fasertyp gegeben haben kann. Mittlerweile sind Gene identifiziert, die uns entweder eher zum Sprinter oder eher zum Langstreckenläufer machen.[106]

Ob jemand mehr langsame oder schnelle Muskelfasern hat, hängt aber auch davon ab, wie er sich bewegt. Wer seine Muskeln immer nur kurz einsetzt, dessen Muskulatur besteht zu einem größeren Teil aus schnellen Fasern. Wer Ausdauersport betreibt, bildet vorwiegend langsame Fasern. Man kann durch Training sogar schnelle in langsame Fasern verwandeln. Das wiederum können wir uns zunutze machen, wenn wir meinen, zu viele Kilos auf die Waage zu bringen. Denn langsame Muskeln scheinen einen positiven Einfluss auf den gesamten Stoffwechsel auszuüben. Da sie Fett verbrennen, beugen sie Übergewicht vor.

Trainierte Menschen nutzen für die Verbrennung im Vergleich zu Untrainierten mehr Fettsäuren und weniger Kohlenhydrate. So dürften es auch unsere Vorfahren gemacht haben, die auf diese Weise Glukose für den Einsatz im Gehirn reservieren konnten. Und es kommt noch besser: Forscher der amerikanischen Universität Yale wollten wissen, ob sich der Stoffumsatz in den Muskelzellen von Sportlern von dem bei Nichtsportlern unterscheidet, und zwar nicht dann, wenn der eine rennt und der andere pennt, sondern wenn beide gemütlich auf dem Sofa sitzen. Tatsächlich fanden sie einen deutlichen Unterschied. Die Muskelzellen der Sportler verbrannten auch im Ruhezustand eine Menge Fett und verbrauchten über 50 Prozent mehr Energie als die der Faulenzer. »Wir waren selbst ein bisschen überrascht von unserem Ergebnis«, gab der Studienleiter Douglas Befroy zu. »Aber es gibt vielleicht eine plausible Erklärung dafür. In der Studie hatten wir trainierte Sportler. Ihr Körper ist darauf getrimmt, dass er praktisch jeden Augenblick Leistung bringen kann. Also ist es zweckmäßig, wenn der muskuläre Stoffwechsel auch im Ruhezustand erhöht ist: Der Motor bleibt warm und läuft mit etwas mehr Gas im Leerlauf. In dem Moment, in dem sportlicher Einsatz gefragt ist, kann dann schneller Energie für die Muskelkontraktion bereitgestellt werden.«[107] Selbst hingelümmelt auf dem Sofa setzen Läufer also Energie direkt in Wärme um – und sind deshalb weniger anfällig für Übergewicht und Diabetes.[108]

Bewegungsarmut macht krank

Die Entstehung von chronischen Krankheiten ist eine sehr komplexe Angelegenheit. Das liegt auch daran, dass es bei den meisten Krankheiten viele Wege zum (unerfreulichen) Ziel gibt. Wir alle haben für jede Krankheit ein Sortiment von Genvarianten, das uns mehr oder weniger stark anfällig macht. Aus dem Zusammentreffen dieses individuellen Sortiments mit ebenso individuellen Umweltbedingungen ergibt sich unser je persönlicher Krankheitsverlauf.

Mangelnde Fitness ist einer der gewichtigsten Umweltfaktoren. Diesen negativen Einfluss belegen zahlreiche Studien. Es steht außer Frage: Mangelnde Bewegung führt dazu, dass wir insgesamt früher sterben und für viele der typischen Krankheiten des Alters anfälliger sind.

In Texas wurden 25 000 Männer und 7000 Frauen medizinisch untersucht, auf ihre körperliche Fitness getestet und dann acht Jahre lange im Auge behalten, um zu sehen, wie groß ihr jeweiliges Sterberisiko ist. Die Ergebnisse waren deutlich: Als wichtigste Risikofaktoren erwiesen sich Bluthochdruck, erhöhte Cholesterinwerte, Rauchen und mangelnde Fitness. Jene 20 Prozent der Männer und Frauen, die körperlich am wenigsten leistungsfähig waren, schnitten am schlechtesten ab. Ihr Sterberisiko war höher als bei den 40 Prozent am oberen Ende der Fitnessskala. Und das sogar, wenn die »Fitten« rauchten, zu hohen Blutdruck und zu hohe Cholesterinwerte hatten. Speziell bei den Frauen ergab die Analyse nur zwei unabhängige, statistisch signifikante Risikofaktoren: Rauchen und niedrige Fitness, wobei die »fitten« Raucherinnen bessere Überlebenschancen als die Sportmuffel hatten.[109]

Auch andere Studien konnten mangelnde Fitness als unabhängigen Risikofaktor, der größeren Einfluss als Übergewicht hatte, ausmachen. Moderat übergewichtige Amerikaner beispielsweise zeigten ein kleineres Risiko als weniger Fitte mit Idealgewicht.[110] Finnische Forscher setzten 1294 Männer auf ein Trimmrad und ließen sie bis zur Erschöpfung strampeln, um ihre Fitness zu messen. Parallel wurden weitere Risikofaktoren ermittelt. Danach gingen die Männer nach Hause, und die Wissenschaftler registrierten in den nächsten zwölf Jahren lediglich, wer von den Teilnehmern starb und woran. Die Ergebnisse sprechen für sich: Ein zu dicker Bauch brachte ein um 54 Prozent erhöhtes Sterberisiko, Bluthochdruck 132 Prozent, Diabetes 138 Prozent, Rauchen 274 Prozent. An der Spitze lag mangelnde Fitness mit 285 Prozent.[111]

Auch bei Krebs ist das Bild deutlich. Eine Untersuchung bei japanischen Männern ergab, dass das Risiko, an Krebs zu sterben, am höchsten für die 25 Prozent mit der geringsten Fitness war.[112] Eine deutsche Studie an über 10 000 Frauen zeigte, dass das Brustkrebsrisiko durch körperliche Anstrengung, egal ob Joggen, Tanzen, Fensterputzen oder Gartenarbeit, um ein Drittel gesenkt wird.[113]

Beim Schlaganfall zeigt sich ebenfalls ein deutlicher Bezug. Laut einer US-Studie, bei der 16 000 Männer untersucht wurden, hatten die fittesten 40 Prozent ein um 68 Prozent geringeres Risiko als die am wenigsten fitten 20 Prozent, einen Schlaganfall zu erleiden. Und selbst die 40 Prozent in der Mitte der Fitnessskala hatten noch ein um 63 Prozent geringeres Risiko.[114] Nicht anders sieht es beim Bluthochdruck aus: Unsportliche Menschen sind im Vergleich zu sportlichen um das 1,5- bis 2,2-Fache mehr gefährdet.[115]

In einer Gruppe von amerikanischen Männern mit hoher Wahrscheinlichkeit, an Typ-2-Diabetes zu erkranken, konnten diejenigen, die sich mindestens 40 Minuten pro Woche moderat sportlich betätigten, ihr Risiko um 64 Prozent senken.[116] Ähnlich klare Ergebnisse zeigten sich in England. Dort wurden 3200 übergewichtige Männer und Frauen mit hohem Diabetesrisiko untersucht. Eine Gruppe sollte sieben Prozent Gewicht verlieren und 150 Minuten pro Woche körperlich aktiv sein. Eine zweite Gruppe erhielt ein Medikament, und die dritte ein Placebo. Die Sportlergruppe senkte ihr Risiko gegenüber der Placebogruppe um beachtliche 58 Prozent, die Medikamentengruppe hingegen nur um 31 Prozent.[117]

Auch bei Stress kann uns körperliche Betätigung nützen. Stress allein ist nicht ungesund. Wichtig ist jedoch, dass der Körper die Möglichkeit hat, die durch die ausgeschütteten Stresshormone erzeugte körperliche Leistungsbereitschaft zu entladen. Wenn wir Stress haben und ihn nicht durch Bewegung lösen, können wir langfristig körperlich und psychisch krank werden.

Sportliche Aktivität kann sogar hilfreich sein, wenn eine Krankheit bereits ausgebrochen ist. Diabetiker, die körperlich fit sind, haben zum Beispiel ein deutlich niedrigeres Sterberisiko als andere Patienten.[118] Dennoch erscheint es vielen von uns noch immer ungewöhnlich, wenn Ärzte Sport als Therapie verschreiben. Dabei können damit unter Umständen bessere Ergebnisse erzielt werden als mit Medikamenten.

Keine Angst vorm Altwerden

Nicht zuletzt weil viele sie als große Bedrohung darstellen, ist uns die demografische Entwicklung heute sehr bewusst. Die stetig steigende Lebenserwartung und die niedrige Geburtenrate würden zu einer Überalterung führen, heißt es. Dieser Beobachtung folgt oft das Lamento, diese alten Menschen würden – krank, gebrechlich, aber durch die moderne Medizin am Leben erhalten – die Sozialsysteme zu stark belasten.

Sollten wir uns nicht freuen, dass wir immer älter werden? Die meisten Menschen tun das – zu Recht. Die Untergangsszenarien haben einen entscheidenden Fehler. Sie übersehen, dass Menschen älter werden und gleichzeitig länger leistungsfähig und gesund bleiben. Es ist ja schon lange nicht mehr so, dass wir sterben, weil wir von einem Löwen gefressen oder von der Pest dahingerafft werden. Die allermeisten Menschen in den Industrienationen sterben an Krankheiten des Alters. Aber es gelingt uns, teilweise mithilfe der Ärzte, immer besser, das Auftreten dieser Krankheiten sehr lange hinauszuschieben. Unstrittig ist, dass das Gesundheitsbewusstsein zugenommen hat. Hierbei spielen Fitness, Bewegung und vernünftige Ernährung eine sehr große Rolle.

Wissenschaftlern von der amerikanischen Stanford Universität zufolge ist beispielsweise das Risiko, an Krebs zu sterben, bei älteren Joggern nur halb so groß wie bei älteren Nichtläufern. Zusätzlich sei auch die Lebensqualität der Sportler durch den gesünderen Lebensstil höher. Das Forscherteam begleitete 500 ältere Läufer mehr als 20 Jahre lang und verglich ihre Werte mit einer vergleichbaren Gruppe von ausgeprägten Sportmuffeln. Die Teilnehmer waren zu Beginn der Studie zwischen 50 und 60 Jahre alt. Nach 19 Jahren waren 34 Prozent derer, die keinen Sport ausübten, verstorben, aber nur 19 Prozent der Läufer. Natürlich hatten beide Gruppen mit steigendem Alter mit körperlichen Gebrechen zu kämpfen. Diese setzten jedoch bei den Sportlern durchschnittlich 16 Jahre später ein. Der Unterschied im Gesundheitszustand blieb auch bestehen, als die Teilnehmer bereits mehr als 80 Jahre alt waren. Regelmäßiges Laufen scheint demnach nicht nur die Anzahl der Todesfälle, die mit Erkrankungen der Arterien oder des Herzens zusammenhängen, zu verringern, sondern auch die Anzahl der Todesfälle durch Krebs, neurologische Erkrankungen und Infektionen.[119] Es lohnt also auch in dieser Hinsicht, auf unsere Gene zu »hören« und regelmäßig und bis ins hohe Alter aktiv zu bleiben.

Immer in Bewegung bleiben

Ein Vergleich von Menschen, die noch heute in Jäger-und-Sammler-Kulturen leben, mit Amerikanern ergab, dass Erstere täglich in etwa so viel mehr Energie verbrauchen, wie man für eine 20 bis 30 Kilometer lange Wanderung benötigt.[120] Ein erhebliches Maß an Bewegung ist uns mit den Vorzügen unserer modernen Zivilisation verloren gegangen. Natürlich können wir heute auch ein Faulenzerdasein führen, und viele von uns haben in manchen Phasen ihres Lebens einfach weder Zeit noch Lust, Sport zu treiben. Das ist in Ordnung. Sportliche Ertüchtigung als Zwangsveranstaltung ist abzulehnen. Doch sollten wir der Gesundheit zuliebe besser nicht auf Dauer darauf verzichten. Aus evolutionärer Sicht ist der Normalzustand für unseren Körper nun mal Bewegung. Dem Körper ist dabei im Grunde jede Bewegung recht, und auch fast jedes Maß wird toleriert. Gefährlich wird es lediglich bei Extrembelastungen. Aber eben auch bei extremer Unterforderung. Deshalb ist es einerseits ratsam, einen Triathlon, wenn überhaupt, nur sehr gut vorbereitet anzutreten. Andererseits sollte man einen gewissen Grenzwert an täglicher Aktivität nicht unterschreiten. Wer 30 Minuten täglich zügig zu Fuß geht, senkt mit diesem simplen und erholsamen Spaziergang sein Risiko für viele Zivilisationskrankheiten körperlicher und seelischer Art bereits um 30 Prozent.[121] Noch gezielter werden wir Bewegung zur Krankheitsprävention und -behandlung einsetzen können, wenn wir die Evolution unseres Körpers und damit auch individuelle Anfälligkeiten in größerer Breite besser kennen. Die Forschung wird dazu in der Zukunft ihren Beitrag leisten.

Die ersten Monate

Ein Kind zu bekommen, ist für die meisten ein großes Glück. Schwangere machen aber auch einiges durch. In den ersten Wochen werden viele von Übelkeit geplagt. Die ist lästig, wahrscheinlich aber wertvoll für Mutter und Kind. Später kommt es zu regelrechten Verteilungskämpfen zwischen Fötus und Mutter – auch sie sind ein Erbe der Evolution.

Unsere sämtlichen weiblichen Vorfahren haben mindestens eine Schwangerschaft er- und überlebt und ein weitgehend gesundes Kind zur Welt gebracht – sonst würden wir heute nicht leben. Bis vor Kurzem haben sie sich keine großen Gedanken über ihre Schwangerschaft gemacht. Sie wurde irgendwann bemerkt, und einige Monate später kam das Baby. Man wusste nicht, ob eins oder zwei, ob Junge oder Mädchen. Man hat sich damals auch nicht mit dem Ungeborenen unterhalten oder ihm Musik vorgespielt. Heute ist es anders. Werdende Mütter bekommen von allen Seiten Ratschläge und beschäftigen sich häufig intensiv mit ihrer Schwangerschaft. Nicht selten sind sie verunsichert ob der Vielfalt der Hinweise, die auf sie einprasseln. Einige Überlegungen aus evolutionärer Sicht können zum Verständnis jener ganz besonderen Zeit beitragen, in der ein neuer Mensch heranreift.

Empfindlicher Embryo

Wenn sich aus einer einzelnen Zelle ein Organismus mit Armen, Beinen, Herz, Lunge, Leber, Gehirn, Augen bildet, dann ist das keine Zauberei, aber doch ein recht komplexer Vorgang, der sehr geordnet ablaufen muss. Genau deshalb ist die Zeit bis zur 14. Schwangerschaftswoche für den weiblichen Körper die komplizierteste Zeit seines Lebens. Am Ende ist ein sehr kleiner, aber in vielen Details schon weitgehend dem Erwachsenen entsprechender Mensch entstanden. In den restlichen sechs Monaten, die das Baby im Mutterleib zubringt, braucht es im Grunde nur noch zu wachsen ; es ist dann weitaus weniger anfällig für schädigende Einflüsse, die zu Fehlbildungen führen können. Deshalb ist es sinnvoll, das erste Trimester und die beiden folgenden getrennt zu betrachten.

Im Verlauf der Evolution hat sich eine Vielzahl von Mechanismen herausgebildet, um den Embryo zu schützen. Die radikalste Maßnahme war wahrscheinlich die Innovation der Säugetiere, nicht mehr wie Reptilien Eier zu legen, sondern den Embryo im eigenen Körper wachsen zu lassen und damit von der Umwelt abzuschirmen. Dort ist er ganz gut gegen Temperaturschwankungen, Verletzungen, UV-Strahlung, Sauerstoffarmut, Viren und Bakterien geschützt. Was als Bedrohung bleibt, sind Gifte, die aus dem Blut der Mutter zum Embryo gelangen. Um diese abzuwehren, verfügen die Zellen der Plazenta und des Embryos über Mechanismen, mit denen eindringendes Gift wieder nach draußen befördert wird. Die funktionieren ganz ähnlich wie die, mit denen sich Bakterien Antibiotika und Krebszellen Chemotherapeutika vom Leib halten[122] – nur natürlich mit positivem Effekt. Dennoch bleibt die Gefahr, dass Gifte zum Embryo gelangen. Deshalb hat sich wahrscheinlich noch ein weiterer Mechanismus herausgebildet, der nicht auf Ebene der Zellen abläuft, sondern direkt das Verhalten der werdenden Mutter beeinflusst.

Schützende Übelkeit

In der Frühschwangerschaft treten bei fast drei Vierteln aller Frauen Übelkeit und Erbrechen auf. Bevor es Schwangerschaftstests gab, galt die Übelkeit oft als verlässlicher Hinweis darauf, dass eine Frau schwanger war. Manchmal ist sie kaum oder gar nicht ausgeprägt. Aber so gut wie jede Frau vermeidet bestimmte Speisen und empfindet starke Gerüche schneller unangenehm als vor oder nach der Schwangerschaft. Fast jede verändert ihre Ernährung während des ersten Schwangerschaftsdrittels – auch wenn es einigen nicht bewusst wird.

Die Übelkeit hänge mit hormonellen Umstellungen zusammen, so die landläufige Meinung. Doch aus evolutionärer Sicht drängt sich eine andere Überlegung auf. Wie kann es sein, dass ein Großteil aller schwangeren Frauen überall auf der Welt von einem Leiden geplagt wird, das mitunter dazu führen kann, dass sie in dieser wichtigen Zeit nicht ausreichend Nährstoffe zu sich nehmen? Hatte die Evolution nicht genug Zeit, die Schwangerschaftsübelkeit durch natürliche Auslese zu eliminieren? Doch, hatte sie. Dennoch ist die Übelkeit noch da. Also muss sie auch etwas Gutes haben.

Übelkeit in der Schwangerschaft ist wahrscheinlich nichts anderes als ein Schutzmechanismus, der im Laufe der Evolution entstanden ist, um den Embryo in der Zeit, in der er äußerst empfindlich ist, vor möglichen pflanzlichen und bakteriellen Giften zu bewahren.

Und tatsächlich: Sehr vieles spricht dafür, dass sie nichts anderes als ein Schutzmechanismus ist, der im Laufe der Evolution entstanden ist, um den Embryo in der Zeit, in der er äußerst empfindlich ist, vor möglichen pflanzlichen und bakteriellen Giften zu bewahren. Damit verringert sich das Risiko für Fehlgeburten und Missbildungen. Ausnahmslos jede Pflanze produziert ein Sortiment von Giftstoffen – Bakterien und Schimmelpilze sowieso. Heute ist die Belastung mit solchen Giftstoffen aufgrund der umfangreichen Hygienemaßnahmen in den Industrieländern sehr gering, früher war sie jedoch erheblich. Die Anfälligkeit kann je nach genetischer Veranlagung von Mensch zu Mensch in hohem Maße variieren. Darauf kommen wir im Kapitel »Gute Gene, schlechte Gene« noch genauer zu sprechen.

Giftküche Natur

Was könnte an unserem normalen Essen für den Embryo so gefährlich sein? Wir müssen uns vergegenwärtigen, dass wir nur eine sehr kleine Auswahl an Pflanzen und Pflanzenteilen essen können. Das sind hauptsächlich die Früchte. Sie sind auch die einzigen Bestandteile, die, aus der Perspektive der Pflanze gesehen, gegessen werden sollen. Früchte sind aus evolutionärer Sicht nichts anderes als ein Anreiz und eine Belohnung für größere Tiere (nicht für Insekten) dafür, dass diese die Samen der Pflanze, die unverdaulich in die Früchte eingebettet sind, in der Welt verteilen. Deshalb halten Pflanzen ihre Früchte weitgehend giftfrei. Sie hüllen sie lediglich in eine Schale, die mit natürlichen Insektiziden gespickt ist. Fast alle anderen Teile werden von uns Menschen tunlichst gemieden, weil sie viele, auch für uns giftige Substanzen enthalten. Dabei gilt natürlich stets die fundamentale Erkenntnis, dass es die Dosis ist, die das Gift macht. Auch diese Tatsache ist Ergebnis der Evolution. Das Wettrüsten zwischen Pflanzen und Pflanzenfressern hat dazu geführt, dass die Pflanzenfresser Mechanismen zur Entgiftung entwickelt haben und erst einen Schaden davontragen, wenn die Dosis so hoch ist, dass diese Mechanismen überfordert sind.

Glücklicherweise verfügen wir zudem über einen Geschmacks- und Geruchssinn, der uns erlaubt, wenigstens grob zu unterscheiden, welche Bestandteile einer Pflanze für uns essbar sind. Was bitter ist oder eklig stinkt, mei-

»Noch sicherer ist es im Bauch.«
Die beste Erfindung zum Schutz des Embryos
war der Schritt vom Ei zum Mutterleib.

den nicht nur Schwangere, sondern fast alle Menschen. Der bittere Geschmack ist in der Regel ein Signal der Pflanze an den Fraßfeind, dass sie giftig ist. Denn seit es außer Pflanzen auch Pflanzenfresser gibt, gilt: Die Pflanze will nicht gefressen werden. Am meisten hat sie es dabei auf die Schwächsten abgesehen. Die beste Methode, die Zahl der Fraßschädlinge klein zu halten, ist es, dafür zu sorgen, dass diese erst gar nicht zur Welt kommen. Die Königsdisziplin der pflanzlichen Giftmischerei ist daher die Erzeugung von Giften, die zu Fehlbildungen und Fehlgeburten führen. Man nennt diese Gifte Teratogene, von griechisch *tera* »Ungeheuer« und *gen* »Geburt«.

Das heißt nicht, dass ein normaler Erwachsener Grünzeug meiden sollte. Wir können mit Toxinen recht gut umgehen. Der Embryo kann es aber noch nicht so gut. Das ist der Grund dafür, dass Schwangere vermeintlich gesunde Lebensmittel verschmähen.[123]

Bei Tieren, vor allem bei Weidetieren, lässt sich der Effekt von pflanzlichen Teratogenen gut beobachten. Die Evolutionsbiologin Margie Profet, die sich intensiv mit dem Thema beschäftigt hat, berichtet von einem besonders extremen Fall auf einer kalifornischen Farm. Dort hatte eine Ziege Lupinen[124] gefressen. Die Milch der Ziege wurde unter anderem von einer schwangeren Hündin und einer schwangeren Frau getrunken, die über diesen Umweg ebenfalls die Lupinentoxine aufnahmen. Das traurige Ergebnis: Ziege, Hündin und Mensch brachten Babys mit Knochendeformationen zur Welt, die als »*Crooked Calf Syndrome*« bezeichnet werden. Die Lupine hatte es nur auf die Ziege abgesehen. Ihr Giftanschlag war jedoch so brutal, dass Hund und Mensch auch getroffen wurden.[125] Dass einige Pflanzen eine solche Wirkung entfalten, haben Menschen schon vor langer Zeit bemerkt. Es gibt diverse Rezepte, nach denen seit Tausenden von Jahren mit pflanzlichen Zubereitungen Schwangerschaftsabbrüche eingeleitet werden.

Vorsichtsprinzip

Wir kennen einige Pflanzen, die nicht zu unserem Speiseplan zählen und einen Embryo schädigen können. Wir wissen aber noch nicht genau, welche unserer Lebensmittel ein Risiko darstellen beziehungsweise wie groß dieses Risiko für verschiedene pflanzliche Lebensmittel ist.

Für den Körper ist es sehr schwer festzustellen, welche Toxine aus dem reichen Repertoire der Natur gefährlich sein könnten. Beileibe nicht alle Toxine schädigen den Embryo, aber alle sind verdächtig. Werdende Mütter reagieren daher auf eher allgemeine Signale, insbesondere starke Gerüche und bitteren Geschmack. Der Körper arbeitet nach dem Vorsichtsprinzip.

Auch eine Abneigung gegen Fleisch ist leicht begründbar. Tierische Produkte sind oft von Parasiten befallen, verderben schnell und enthalten dann Bakterien und bakterielle Giftstoffe. Tatsächlich empfinden Schwangere am häufigsten Abneigung gegen Fleisch, Fisch und Eier. Eine Untersuchung von 27 unterschiedlichen traditionellen Gemeinschaften in verschiedenen Teilen der Welt zeigte, dass in 20 Gemeinschaften Schwangerschaftsübelkeit auftrat, in sieben jedoch unbekannt war. In jenen sieben ernährten sich die Menschen vorwiegend vegetarisch (meist hauptsächlich von Mais) und aßen kaum tierische Erzeugnisse. Tierische Produkte sind vor allem eine potenzielle Gefahr für die Mutter und damit indirekt auch für den Embryo. Ihr Immunsystem ist während der Schwangerschaft – vermutlich, damit keine Abstoßungsreaktionen gegen den Embryo auftreten – unterdrückt.[126] Erreger können deshalb zu ernsthaften, sogar tödlichen Infektionen führen.

Übelkeit dient also sowohl dem Schutz des Embryos als auch dem Schutz der Mutter. Frauen, die keine oder nur leichte Übelkeit verspüren, haben ein dreifach höheres Risiko für Fehlgeburten als Frauen, die von mittlerer oder schwerer Übelkeit geplagt werden. Schwangere Frauen, denen nicht übel wird, mögen glauben, sie hätten Glück gehabt. Tatsächlich ist ihnen jedoch keine »Krankheit« erspart geblieben, sondern sehr wahrscheinlich hat ein Schutzmechanismus versagt.

Die feine Nase

Auch auf Gerüche reagieren Schwangere während der ersten drei Monate sehr stark. Und sie empfinden fast alle als unangenehm. Man wundert sich zunächst und denkt, ein Geruch könne keine Gefahr darstellen. Doch das täuscht. Gerüche bestehen nicht zuletzt aus in der Luft verteilten Giften. Wenn man Gemüse kocht, werden Toxine in einen gasförmigen Zustand überführt und gelangen in die Luft. Beim Braten entstehen durch die Verbrennung andere neue Gifte. Beim Grillen kommt noch der ungesunde Rauch hinzu. Parfums enthalten eine Vielzahl an ätherischen Ölen, die ebenfalls der Gesundheit abträglich sein können. Fisch und Fleisch beginnen zu riechen, wenn Bakterien am Werk sind und Gifte produzieren. Für einen Erwachsenen sind all diese Gerüche keine Bedrohungen. Er kann mit den Giften, solange er sie nicht in großen Mengen inhaliert, gut umgehen. Für den Embryo können sie aber unter Umständen gefährlich sein – weshalb die Natur werdende Mütter mit einem Schutzmechanismus ausgestattet hat: Tritt ein potenziell »giftiger« Geruch auf, wird ihnen übel, und sie suchen das Weite. So gelangt er nicht in ihre Nase und verschont das entstehende Kind.

Schwangere empfinden fast alle Gerüche als unangenehm. Man wundert sich zunächst und denkt, ein Geruch könne keine Gefahr darstellen. Doch das täuscht. Gerüche bestehen nicht zuletzt aus in der Luft verteilten Giften.

Verborgene Gefahren

Wenn die Übelkeit ein Schutzmechanismus ist, der im Laufe der Evolution entstanden ist, dann kann er nur funktionieren, wenn von den Nahrungsmitteln entsprechende Signale ausgehen. Moderne Lebensmittel enthalten allerdings teilweise Bestandteile, deren wahrer Charakter vollkommen verdeckt ist. Das geht vor allem mithilfe von Zucker sehr gut. Schokolade oder Cola ohne Zucker wären ungenießbar. Damit ist nicht gesagt, dass Kakao gefährlich ist. Nicht alles, was bitter ist, ist auch gefährlich, und umgekehrt: Nicht alles, was gefährlich ist, ist bitter.

Zudem können auch Nahrungsmittel problematisch sein, die uns ganz und gar unverdächtig erscheinen. Ein

Beispiel ist die Kartoffel. Dass man Kartoffeln nicht roh essen soll, ist bekannt. Sie enthalten verschiedene Gifte, darunter Solanin (sowie Chaconin, Solanidin und Solasodin), das durch Kochen nicht zerstört wird, aber teilweise ins Kochwasser übergeht. Solaninvergiftungen kamen früher sehr häufig vor, vor allem in Form eines »schweren Magens« und von Übelkeit. Auch Todesfälle wurden beschrieben. Heute sind Vergiftungserscheinungen vor allem deshalb selten, weil moderne Kartoffelsorten nur noch sehr viel weniger von diesen Substanzen enthalten.

Das heißt nicht, dass auch ein Embryo außer Gefahr ist. In Tierversuchen wurde gezeigt, dass bei Dosierungen, die für die Mutter harmlos waren, beim Nachwuchs häufiger Neuralrohrdefekte auftraten.[127, 128] Es ist wahrscheinlich kein Zufall, dass in Irland, wo sehr viele Kartoffeln gegessen werden, in der Vergangenheit, als ihre Qualität teilweise sehr schlecht war, besonders viele dieser Fehlbildungen auftraten. Dabei stieg die Rate in Jahren, in denen Kartoffeln stark von der Kartoffelfäule (Kraut- und Knollenfäule) befallen waren. Um sich gegen den Pilzbefall zu wehren, produzieren die Erdäpfel nämlich besonders viel von den kritischen Substanzen.[129]

Auch Schimmelpilzgifte, etwa das in Mais vorkommende Fumonisin B1, könnten den Embryo schädigen. Lange Zeit galt es als Rätsel, warum in Texas nahe der mexikanischen Grenze sechsmal mehr Neuralrohrdefekte auftraten als in den restlichen USA. Schließlich wurde ein Zusammenhang mit hausgemachten Tortillas erkannt: Je mehr Maisprodukte die Frauen gegessen hatten, desto höher war ihre Belastung mit Fumonisin B1 und desto häufiger traten Fehlbildungen bei den Neugeborenen auf.[130] Vor allem auch bei Müsli und Cornflakes besteht die Gefahr des Giftbefalls. So fand die Stiftung Warentest in zwei Früchte-Müslis (eines davon aus ökologischem Anbau) zu große Mengen des Schimmelpilzgiftes.[131]

Eine Möglichkeit, die Belastung mit diesen Schimmelpilzgiften zu reduzieren, ist übrigens die Verwendung von gentechnisch verbesserten Maissorten. Die Pilze infizieren vor allem Maispflanzen, welche durch Insektenfraß beschädigt wurden. Die neuen Maissorten schützen sich selbst gegen Fraßschädlinge und sind daher weniger von dem Schimmelpilz befallen.[132]

Wo die Schutzmechanismen versagen

Wenn sich werdende Mütter der Tatsache bewusst sind, dass der Embryo in der Zeit, in der sich seine Organe bilden, ungleich empfindlicher ist als später, dann müssen sie auch nach Substanzen Ausschau halten, die heute, unter anderem, weil sie nicht oder noch nicht lange Teil unserer Ernährung sind, von ihren natürlichen Schutzmechanismen nicht erkannt werden können. Ein tragisches Beispiel hierfür lieferte das Medikament Contergan. Es führte nicht zu Übelkeit, wurde zum Teil sogar gegen diese genommen – und wurde von den oben erwähnten Mechanismen nicht erkannt. Insgesamt kamen weltweit zwischen 1958 und 1962 etwa 5000 bis 10000 »Contergan-Kinder« mit Fehlbildungen zur Welt.

Unter den nach wie vor verbreiteten für den Embryo gefährlichen Stoffen ist an erster Stelle Alkohol zu nennen. Gegen ihn hat die Evolution keine natürliche Abneigung bei Schwangeren entwickelt, manche befinden sich gar in dem Irrglauben, er helfe bei Übelkeit. Alkohol, der in reifen Früchten vorkommt, war in geringen Mengen immer Bestandteil der menschlichen Ernährung. Auf größere Mengen sind wir jedoch nicht ausgerichtet – Embryos schon gar nicht. Die meisten Mütter, deren Kinder infolge eines fötalen Alkoholsyndroms vorgeburtliche Schäden erleiden, haben in der frühen Schwangerschaft acht bis zehn oder mehr alkoholische Getränke pro Tag getrunken.[133] Eine Schädigung des Embryos kann aber auch schon bei sehr viel geringerem Konsum auftreten.[134] Zudem führt Alkohol auch zu Folsäuremangel. Und das ist ebenfalls ein Risikofaktor. Der Embryo braucht dieses Vitamin für die Zellbildung und Zellteilung. Dies ist ein Grund, weshalb die Übelkeit zum Problem für den Embryo werden kann. In der frühen Schwangerschaft kann dieser nicht nur geschädigt werden, weil er Stoffe abbekommt, die gefährlich sind. Es kann auch zu Fehlbildungen kommen, weil wichtige Stoffe nicht ausreichend vorhanden sind.

Da in der Zeit vor der Erfindung der Landwirtschaft werdende Mütter nicht auf Toastbrot zurückgreifen konnten, wenn ihnen übel war, sondern weiterhin ihre übliche Nahrung zu sich nahmen, war Vitaminmangel selten. Heute ernähren sich manche Frauen, die schwanger werden, ungesund, und der Mangel wird durch die Übelkeit noch verstärkt. Leider reicht es nicht, Folsäurepräparate zu nehmen, wenn man gemerkt hat, dass man schwanger ist, denn häufig ist die entscheidende Zeit dann schon vorbei. Es ist sinnvoll, schon vor der Empfängnis mit der Einnahme des Vitamins zu beginnen und diese in den ersten zwei Monaten der Schwangerschaft fortzusetzen. In den USA und in Kanada wird deshalb Mehl mit Folsäure angereichert.[135]

Frauen, die eine Schwangerschaft planen, sollten Nahrung zu sich nehmen, die reich an Folsäure ist. Folsäure ist in Leber, Vollkornprodukten, grünem Blattgemüse, roter Bete, Spinat, Brokkoli, Karotten, Spargel, Rosenkohl, Tomaten, Eigelb und Nüssen enthalten. Auch Männer können durch ausreichend Folsäure zu einer erfolgreichen Schwangerschaft beitragen und Fehlbildungen des Kindes

Da in der Zeit vor der Erfindung der Landwirtschaft werdende Mütter nicht auf Toastbrot zurückgreifen konnten, wenn ihnen übel war, sondern ihre übliche Nahrung zu sich nahmen, war Vitaminmangel selten. Heute ernähren sich manche Schwangere ungesund, und der Mangel wird durch die Übelkeit noch verstärkt.

vorbeugen. Amerikanische Mediziner haben herausgefunden, dass das Risiko einer krankhaft veränderten Chromosomenzahl der Spermien umso größer ist, je schlechter die Versorgung der Väter mit Folsäure war.[136]

Süßsaure Gurken

Hat die Schwangere die erste Zeit überstanden und der Embryo sich gut entwickelt, so ist ab dem vierten Monat Wachstum angesagt. Es gilt also, die Zurückhaltung beim Essen aufzugeben und sich reichhaltig und vielfältig zu ernähren – was keinesfalls heißt, die werdende Mutter müsse »für zwei« essen! Die Übelkeit ist nun verschwunden. Denn der Embryo ist zum kleinen Menschen mit allen Organen im Mutterleib herangereift, und die Gefahr von Fehlbildungen ist nur noch sehr gering. Die werdende Mutter steht aber vor einem neuen Problem. Zum Glück ist es nur ein kleines: Sie muss vergessen, was ihr in den letzten Wochen alles widerlich erschien. Nun ist der Körper aber geneigt, sich alles genau zu merken, was einmal Übelkeit oder Erbrechen hervorgerufen hat. Die Evolution hat auch hier eine Lösung gefunden: Die Geruchswahrnehmung sinkt ab dem vierten Monat deutlich. Dies erklärt übrigens auch, warum bei einigen Frauen Gelüste nach besonders intensiv schmeckenden oder riechenden Lebensmitteln wie sauren Gurken auftauchen. Der gedämpfte Geruchssinn führt dazu, dass ihnen normal gewürzte Speisen fad erscheinen.

Verteilungskämpfe im Bauch

Wenn die kritischen ersten drei Monate glücklich überstanden sind, gilt es, weitere Klippen zu umschiffen. Zwei Probleme, auf die heute von ärztlicher Seite besonders geachtet wird, sind Schwangerschaftsbluthochdruck und Schwangerschaftsdiabetes. Auch sie haben evolutionäre Hintergründe. Wahrscheinlich sind sie das Ergebnis eines (unbewussten) Konflikts zwischen Mutter und Kind, genauer gesagt: zwischen mütterlichen und kindlichen Genen.

Man ist geneigt, sich die Beziehung zwischen werdender Mutter und Kind als gänzlich harmonisch vorzustellen. Die Biologie sieht das anders. Der Biologe George Williams und der Psychiater Randolph Nesse beschreiben es so: Es gibt,»da Mutter und Kind nur die Hälfte ihrer Gene teilen, genug Zündstoff für Konflikte. Jeder Vorteil, der zugunsten des Fötus geht, hilft dessen Genen. Der Fötus optimiert seine Fitness, indem er sämtliche verfügbaren Ressourcen der Mutter bis an den Rand ihrer Leistungsfähigkeit ausbeutet. Vom Standpunkt der Mutter hilft jeder Beitrag für den Fötus nur der Hälfte ihrer Gene, sodass das Optimum ihrer Leistungen für den Fötus unter dem liegt, was für ihn tatsächlich optimal wäre. Außerdem wäre durch die Geburt eines zu großen Kindes ihre Gesundheit und ihr Leben gefährdet.«[137] Deshalb ist in dem Teil des Erbsatzes, den das Kind von der Mutter hat, eine Bremse eingebaut. Diese drosselt die Aktivität eines der Gene, dessen Produkt (der »*Insulinlike growth factor 2*«) das Kind besonders gut wachsen lässt. Auf dem Chromosom, welches das Kind vom Vater hat, ist dieses Gen dagegen hochaktiv. Geht das Gleichgewicht zwischen der mütterlich gebremsten und väterlich angeheizten Genexpression verloren (z.B. weil ein Stück des mütterlichen oder väterlichen Erbmaterials abhanden gekommen ist), resultieren daraus entweder übergroße, dicke Neugeborene (Wiedemann-Beckwith-Syndrom) oder

Die Beziehung zwischen werdender Mutter und Kind stellt man sich als gänzlich harmonisch vor. Doch es gibt Zündstoff für Konflikte. Der Fötus optimiert seine Fitness, indem er sämtliche verfügbaren Ressourcen der Mutter bis an den Rand ihrer Leistungsfähigkeit ausbeutet.

Kinder, die bei der Geburt sehr klein und schmächtig sind und dies auch ihr weiteres Leben bleiben (Silver-Russel-Syndrom).[138]

Bluthochdruck in der Schwangerschaft

Wenn der Blutdruck den Wert von 140 zu 90 übersteigt und im Urin Eiweiß ausgeschieden wird, spricht man von Präeklampsie. Etwa acht Prozent der Schwangeren sind hiervon betroffen. Zur schwersten und lebensgefährlichen Verlaufsform mit Krampfanfällen kommt es bei einer von 2000 bis 3500 Schwangerschaften. Diese Verlaufsform nennt man Eklampsie. Jährlich werden weltweit mindestens 70 000 Todesfälle als Folge der Eklampsie verzeichnet.

Lange wurde über die Ursache der Präeklampsie, bei der auch die Nieren der Frau beeinträchtigt sind, gerätselt. Man stellte fest, dass eine allgemeine Schädigung der Blutgefäße und der Niere zum Anstieg des Blutdrucks führt und dass diese Schädigung von der Plazenta ausgeht. Nach der Geburt mit Entfernen der Plazenta verschwinden auch die Symptome. Mittlerweile sind zwei Proteine bekannt, die von der Plazenta abgegeben werden und zu den Symptomen führen.[139]

Warum aber gibt die Plazenta diese Proteine ab, die die Mutter in ernste Gefahr bringen können? Der Evolutionsbiologe David Haig ist der Meinung, dass wir es mit einem Konflikt zwischen mütterlichen und kindlichen Genen zu tun haben. Der Fötus sitzt demnach nicht einfach brav in der Gebärmutter. Er versucht aus seiner Umwelt möglichst viele Ressourcen für die eigene Entwicklung zu nutzen. Die Plazenta gehört genetisch gesehen zum Kind. Ihr Job ist es, den Fötus mit Nährstoffen und Sauerstoff zu versorgen. Die muss sie aus dem mütterlichen Kreislauf abzweigen. Wenn die Verbindung zu diesem nicht optimal aufgebaut ist, greift die Plazenta zu anderen Mitteln, um eine ausreichende Versorgung des Fötus zu sichern – und nimmt dabei die Gefährdung der Mutter in Kauf.[140] Die Plazenta manipuliert den Blutkreislauf der Mutter und erhöht den Blutdruck, damit mehr Nährstoffe zum Fötus gelangen.

Präeklampsie tritt deshalb besonders häufig bei Schwangerschaften auf, in denen die Versorgung des Fötus nicht optimal ist, beispielsweise bei Mehrlingen oder an sehr hoch gelegenen Orten mit geringerem Sauerstoffgehalt der Luft.[141] Meist erscheint sie nach dem sechsten Schwangerschaftsmonat und verläuft umso schwerer, je früher sie sich entwickelt. Ein deutlich erhöhtes Risiko scheinen auch übergewichtige Frauen[142] und Frauen mit niedrigem Vitamin-D-Spiegel zu haben.[143]

Schwangerschaftsdiabetes

Der Schwangerschafts- oder Gestationsdiabetes ist eine spezielle Form der Zuckerkrankheit, die sich während einer Schwangerschaft entwickeln kann. Meist tritt sie im letzten Schwangerschaftsdrittel auf und verschwindet unmittelbar nach der Geburt wieder. Auch hier besteht der Verdacht, dass es sich um das Symptom eines evolutionär entstandenen Verteilungskampfes zwischen Mutter und Kind handelt: Der Fötus hat ein Interesse, möglichst viel Zucker abzubekommen. Die Plazenta schüttet daher ein Hormon namens HPL (*human placental lactogen*) aus. HPL führt zu einem Anstieg des mütterlichen Blutzuckerspiegels. Auf die erhöhte Blutzuckerkonzentration reagiert wiederum die Mutter mit erhöhter Insulinproduktion. Die Plazenta antwortet mit noch mehr HPL – und so schaukelt sich die Insulinproduktion noch weiter in die Höhe.

Zum Schwangerschaftsdiabetes kommt es, wenn die

Mutter, aus welchen Gründen auch immer, nicht genügend Insulin produzieren kann. Dann wird es für beide gefährlich. Das Kind wird überversorgt und sehr groß. In Industrieländern wie Deutschland ist das mittlerweile ein häufigeres Problem. Bei diesen Kindern fließt Blutzucker in großen Mengen durch den Mutterkuchen zum Kind, dessen Bauchspeicheldrüse daraufhin große Mengen an Insulin produziert. Das Insulin kann den Kinderkörper jedoch nicht verlassen. Es sorgt daher ungestört für die Umwandlung von Zucker in Depotfett. Die Folge: Der Fötus wird dicker und bereitet damit sich selbst und der Mutter erhebliche Probleme. Denn je größer das Baby, desto schwieriger die Geburt. [144]

Prägung im Mutterleib

Für das Kind kann die vorgeburtliche Zuckerschwemme wahrscheinlich auch langfristige Folgen haben. Schon im Mutterleib wird das Kind geprägt.

Wer im Mutterleib schon ein Übermaß an Zucker abbekommt, hat ein deutlich erhöhtes Risiko, als Erwachsener selbst zuckerkrank zu werden.[145] Ebenfalls ungünstig scheint allerdings auch eine Unterversorgung zu sein: Auch Babys, die mit sehr niedrigem Geburtsgewicht zur Welt kommen, haben ein erhöhtes Risiko, übergewichtig zu werden. Dies hat wohl weniger mit Prägung im Mutterleib zu tun als mit der Tatsache, dass sehr leichte Neugeborene besonders gepäppelt und letztlich überfüttert werden.[146] Es müssen also sowohl die zu klein als auch die zu groß zur Welt Gekommenen eher damit rechnen, später im Leben Diabetes und Übergewicht zu entwickeln. Besser scheinen in jedem Fall diejenigen dran zu sein, die bei Geburt ein mittleres Gewicht von drei bis vier Kilogramm auf die Waage bringen.

Dass es eine vorgeburtliche Prägung gibt, die dadurch erfolgt, dass die Aktivität bestimmter Gene verändert wird, gilt mittlerweile als sehr wahrscheinlich. Die genauen Mechanismen und die Bedeutung bestimmter Nahrungsbestandteile und anderer Umweltfaktoren sind allerdings noch wenig erforscht. In einem bemerkenswerten Experiment haben Forscher weiblichen dicken Ratten mit hellem Fell, die sich mit männlichen dicken Ratten mit hellem Fell gepaart haben, in der Schwangerschaft das pflanzliche Hormon Genistein verabreicht, das vor allem in Soja vorkommt. Das Ergebnis: Sie bekamen deutlich häufiger dünne Kinder mit dunkelbraunem Fell.[147] Andere Untersuchungen haben einen Einfluss auf den Verlauf von Krebserkrankungen bei erwachsenen Tieren gezeigt, wenn deren Mütter in der Schwangerschaft unterschiedlich ernährt wurden.[148] Rückschlüsse auf den Menschen können natürlich nicht ohne Weiteres gezogen werden. Es ist aber durchaus plausibel, dass einige Krankheiten bei Erwachsenen mit den Einflüssen im Mutterleib zu tun haben. Zumindest teilweise könnte es sich um evolutionär entstandene Mechanismen handeln, die dazu dienen, das Kind auf eine bestimmte Umwelt vorzubereiten.

Allesfresser

Der Mensch ist auch beim Essen ein Universalist: ein Allesfresser. Nur mit Pflanzenkost hätten wir es wahrscheinlich
nicht zum *Homo sapiens*, zum denkenden Menschen, gebracht. Allerdings haben wir im Laufe der Geschichte mehrmals unsere Ernährung drastisch verändert. Und daran hat
sich unser Körper teilweise bis heute nicht gewöhnt. Trotzdem
ist »gesunde Ernährung« eigentlich ganz einfach.

»Fleisch ist ein Stück Lebenskraft.« So lautete in den
1960er-Jahren ein Werbeslogan der deutschen Agrarwirt-
schaft. »Fünf am Tag« – gemeint sind fünf Portionen
Obst und Gemüse – ist hingegen die offizielle Devise
des Bundesgesundheits- und -landwirtschaftsministe-
riums im Jahr 2008 gewesen. Das eine schließt das andere
nicht aus, mag man beim Verzehr von Schweinebraten
mit Krautsalat, bei Carpaccio vom Rinderfilet auf Spargel-
spitzen mit Sesamkartoffeln und Bärlauchpesto oder bei
der studentischen Grundversorgung an der Dönerbude
denken. Doch das Terrain der gesunden Ernährung ist
durchfurcht von Grabenkämpfen.

Mit viel Engagement, manchmal auch übersteigertem
Sendungsbewusstsein, wird von verschiedenen Gruppen
für das eine oder andere Essen gekämpft. Die Wissenschaft liefert unablässig Munition in Form von Studien, in
denen für irgendwelche Essensbestandteile ein paar Prozent Erhöhung oder Verringerung des Risikos für diese
und jene Krankheit ermittelt wurden.

Der Debatte fehlt es ganz offenbar an einem konzep-
tionellen Rahmen, weshalb leider häufig weltanschau-

137

liche Positionen dominieren. So werden heute besonders vehement sogenannte ökologisch erzeugte Nahrungsmittel beworben, und es wird seit Jahr und Tag vor Fast- oder Junk-Food gewarnt, ohne dass je klar würde, was darunter zu verstehen ist. Auch Fett ist zum Feind erklärt worden. Kalorientabellen und Ernährungspyramiden sollen uns den Weg weisen. Rohkost und Vegetarismus erfreuen sich eines recht guten Rufs, während sich »Chemie« oder – Gott behüte – »Gene im Essen« vielen als große Bedrohung darstellen. All diese Positionen stehen wissenschaftlich auf wackligen Füßen, aber das stört die wenigsten, denn wer sich der einen oder anderen Position anschließt, befriedigt häufig nur ein diffuses Bedürfnis nach Sinngebung und nicht notwendig das nach wirklich gesunder Ernährung.

Die evolutionäre Betrachtung unserer Essgewohnheiten kann zwar auch keine abschließende Klarheit über die eine »richtige« Ernährung bringen. Denn eine solche gibt es schlicht nicht. Die Menschen sind auch darin, wie sie auf bestimmte Ernährungsweisen reagieren, sehr verschieden. Aber die historische Perspektive ist hilfreich, um das, was heute da und dort propagiert wird, auf seine Plausibilität hin zu überprüfen. Der Grundgedanke ist einfach: Der menschliche Körper hat sich über sehr lange Zeiträume an bestimmte Nahrung angepasst. Das heißt keineswegs, dass diese Ernährung in irgendeiner Weise optimal ist, es bedeutet aber, dass durch die natürliche Auslese jene Individuen eher ihre Gene weitergegeben haben, die mit diesem Speiseplan gut zurechtgekommen sind. Es lohnt sich daher, die Ernährung der Vergangenheit, insbesondere der fünf Millionen Jahre bis zur Erfindung der Landwirtschaft vor rund 10 000 Jahren, mit der heute verbreiteten zu vergleichen, um Unterschiede zu finden, die für unsere Gesundheit bedeutsam sein könnten. Ob diese Veränderungen eher Verbesserungen oder Verschlechterungen bedeuten, kann erst entschieden werden, wenn man herausfindet, was sie im Körper bewirken.

Der Verdacht, dass die heutige Ernährung eine bedeutende Rolle für viele chronische Krankheiten spielt, ist leicht zu begründen. Er drängt sich förmlich auf, wenn man sich anschaut, wie stark eine ganze Reihe von Krankheiten im letzten Jahrhundert zugenommen hat – und zwar vor allem dann, wenn von Bevölkerungsgruppen eine »westliche Lebensweise« übernommen wurde, was in der Regel von gravierenden Veränderungen der Ernährungsgewohnheiten begleitet war. Nach allem, was wir heute wissen, waren Jäger und Sammler weitgehend frei von den Symptomen vieler chronischer Krankheiten, die heute dominieren und die nicht ohne Grund als Zivilisationskrankheiten bezeichnet werden.[149] Das gilt auch für diejenigen wenigen unter ihnen, die nicht aufgrund von Infektionen, Unterernährung oder Verletzungen früh starben, sondern ein hohes Alter von 60 oder mehr Jahren erreichten.

> Eine ganze Reihe von Krankheiten hat im letzten Jahrhundert stark zugenommen – und zwar vor allem dann, wenn Bevölkerungsgruppen eine »westliche Lebensweise« und damit gravierende Veränderungen der Ernährungsgewohnheiten übernommen haben.

Das Essen der Vergangenheit

Welche Vergangenheit ist gemeint, wenn wir nach unserer »natürlichen« Ernährung suchen? Jene, die wir in den Wipfeln der Bäume verbrachten? Dann wären wir als Primaten auf jeden Fall von Haus aus Vegetarier. So wie wir eigentlich auch Baumbewohner sind. Doch beides kann man heute mit Blick auf die großen Menschenaffen und insbesondere den Menschen nicht mehr ohne Weiteres behaupten. Seit rund 7,5 Millionen Jahren steht auch Fleisch auf dem Speiseplan.[150] Vielleicht sollten wir

»Ausgewogene Ernährung?«
Der Wolf kann nicht auf Gras umstellen und die Kuh nicht auf Kaninchen.
Wir Menschen sind flexible Allesfresser.

also noch grundsätzlicher ansetzen: Zunächst einmal sind wir Säugetiere. Das sagt allerdings auch sehr wenig über den Speiseplan aus. Die Kuh frisst alles, was auf der Wiese wächst, der Wal ernährt sich von Plankton, der Koalabär beschränkt sich ausschließlich auf Blätter, Rinde und Früchte des Eukalyptusbaums, der Wolf frisst andere Tiere, ob tot oder lebendig. Säugetiere können demnach das, was ihr Körper braucht, aus den unterschiedlichsten Quellen gewinnen, wobei sich manche sogar extrem einseitig ernähren. Allzu spezielle Ansprüche scheint der Säugetierkörper nicht zu haben. Trotzdem kann der Wolf nicht auf Gras umstellen und die Kuh nicht auf Kaninchen, denn der Verdauungstrakt ist beim Wolf auf Fleischverwertung, bei der Kuh auf Pflanzenverzehr ausgerichtet. Wir Menschen hingegen verdauen beides ganz gut. Die Nährstoffe, die wir brauchen, finden sich fast überall, und wir sind überdies in der Lage, sie aus sehr vielen unterschiedlichen Quellen zu gewinnen. Dass wir hochflexible Allesfresser sind, bezahlen wir allerdings mit dem Preis, schlechtere Grünzeugverwerter zu sein als Schafe und schlechtere Fleischverwerter als Hunde. Doch damit können wir in der Regel gut leben. Vegetarier einerseits und Obstverächter andererseits kriegen hingegen schneller Probleme. Die einen müssen schauen, wie sie ohne Fleischverzehr trotzdem an genügend Proteine und Eisen kommen. Die anderen sollten daran denken, dass ihr Körper das wichtige Vitamin C nicht selbst herstellen kann – eine Tatsache, die wir der Lebensweise unserer Primatenvorfahren zu verdanken haben. Die haben sich nämlich in der Zeit von vor 24 Millionen Jahren bis vor fünf Millionen Jahren hauptsächlich von Früchten ernährt. Deshalb war die Fähigkeit, Vitamin C selbst herzustellen, für sie kein Überlebensvorteil. Merkmale, die jedoch keine Vorteile bieten, tendieren dazu, in der Evolution wieder zu verschwinden, da sie in der Regel mit Kosten für den Organismus verbunden sind. Wir Menschen haben das Gen für die Vitamin-C-Synthese zwar noch, es ist jedoch inaktiv.

So gesehen sollte Ernährung eigentlich kein großes Thema sein. Wir sind Allesfresser und waren es bereits vor zwei Millionen Jahren.

Nouvelle Cuisine – neue Speisepläne

Schaut man etwas genauer hin und vergleicht Menge und Zusammensetzung der tierischen und pflanzlichen Nahrung heute mit der von vor 200 000 oder 20 000 Jahren, so ergeben sich eine Reihe möglicherweise bedeutsamer Unterschiede. Das bedeutet nicht, dass es die eine Ernährung bei allen Vormenschen und frühen Menschen gegeben hat. Je nach Lebensweise und Lebensraum der einzelnen Arten und Populationen waren die Speisepläne durchaus verschieden. Sie hatten jedoch auch grundlegende Gemeinsamkeiten, durch die sich die Ernährung vor der Erfindung der Landwirtschaft von der heutigen stark unterschied.

Dreimal haben sich unsere Essgewohnheiten nicht nur als Anpassung an regionale Nahrungsangebote, sondern im globalen Maßstab stark verändert. In allen drei Fällen waren es Kulturleistungen, die dazu führten. Die erste war die Nutzung des Feuers, um Pflanzen und Fleisch zu garen. Diese Innovation war für die Menschwerdung bedeutend, da sie die Ernährungssituation erheblich verbesserte. Viele Pflanzenbestandteile sind, wenn überhaupt, nur gekocht essbar. Durch das Kochen werden faserige Bestandteile aufgelöst und viele Giftstoffe zerstört. Auch rohes Fleisch ist oft sehr zäh und schwer zu essen. Es ist daher plausibel, dass das Kochen von Nahrung für den Menschen konstitutiv wurde und wir uns biologisch stark an gekochtes Essen angepasst haben. Zu den Anpassungen an gekochte Nahrung könnten unsere kleineren Zähne, der kleine Dick- und der große Dünndarm, ein schneller Verdauungsprozess und die verminderte Fähigkeit zur Entgiftung gehören, vermuten Anthropologen.[151] Versuche mit Menschenaffen haben gezeigt, dass auch diese, zumindest teilweise, gekochte Nahrung bevorzugen. Es ist daher nicht unwahrscheinlich, dass der Mensch recht schnell, nachdem er vor mindestens 300 000, vielleicht sogar 800 000 Jahren[152] gelernt hatte, das Feuer zu beherrschen, damit begann zu kochen.[153] Auf die Gegenwart bezogen heißt das, dass wir durchaus auf den Verzehr sehr nahrhaften Essens ausgerichtet sind und Rohkost schon lange nicht mehr bestimmender Bestandteil der menschlichen Ernährung ist.

Die zweite große Innovation war der Übergang zu Ackerbau und Viehzucht vor rund 10 000 Jahren. In der Folge ist Getreide, das vorher in der Ernährung nicht vorkam, zum Hauptlebensmittel geworden.

Die dritte große Veränderung erfolgte im 20. Jahrhundert und ist charakterisiert durch den stark wachsenden Anteil konzentrierter Kohlenhydrate in Form von Zucker, weißem Mehl und geschältem Reis. Aus evolutionärer Sicht aber sind 10 000 Jahre eine kurze und 100 Jahre eine sehr kurze Zeit – wahrscheinlich zu kurz, um sich durch natürliche Auslese an starke Veränderungen vollständig anzupassen. Tatsächlich unterscheiden wir uns genetisch kaum von heute lebenden Jägern und Sammlern, deren Ernährung noch der von vor 20 000 Jahren entspricht.[154] Eine der wenigen Anpassungen, die seitdem bei einer größeren Gruppe von Menschen erfolgt ist, ist die Laktosetoleranz, die es uns erlaubt, ohne Beschwerden Milch in größeren Mengen zu konsumieren. Wie und bei welcher Bevölkerungsgruppe sie sich vollzogen hat, darauf gehen wir im Kapitel »Gute Gene, schlechte Gene« ein. Ob sich etwa Europäer während der letzten Jahrhunderte zumindest schon zu einem gewissen Grad an konzentrierte Kohlenhydrate in Form von raffiniertem Zucker angepasst haben und daher weniger empfindlich für Diabetes und andere Erkrankungen sind, ist noch umstritten, aber nicht unwahrscheinlich. Auch das wird Gegenstand des nächsten Kapitels sein.

Die sieben Unterschiede

Der amerikanische Ernährungsforscher Loren Cordain nennt sieben wesentliche Faktoren, nach denen sich die heute vorherrschende Ernährungsweise von der unserer Jäger-und-Sammler-Vorfahren unterscheidet: die sogenannte glykämische Last, die angibt, wie stark ein Nahrungsmittel den Blutzuckerspiegel ansteigen lässt, die Zusammensetzung der Fettsäuren, die Zusammensetzung der Nährstoffe, die Menge an Mikronährstoffen, das Säure-Basen-Verhältnis, das Verhältnis von Natrium zu Kalium und die Menge an Ballaststoffen.[155]

Diese Unterschiede beruhen vor allem darauf, dass rund 72 Prozent dessen, woraus das durchschnittliche US-amerikanische (und in etwa auch das europäische) Essen besteht, bis vor sehr kurzer Zeit nicht in unserer Ernährung enthalten war: Milch- und Getreideprodukte, weißer Zucker und Pflanzenöle.

Schafe, Ziegen und Kühe werden erst seit gut 10 000 Jahren als Haustiere gehalten. Davor war Milch, außer Muttermilch für Babys, wie bei allen anderen Säugetieren auch beim Menschen nicht Bestandteil der Nahrung. Der erste Getreideanbau fällt auch in diesen Zeitraum.

Die Erfindung des Ackerbaus hat der Menschheit neue Nahrungsquellen erschlossen, ohne die es nie möglich gewesen wäre, immer mehr Menschen auf dieser Erde zu ernähren. Heute sind es über 6,7 Milliarden und in nicht allzu ferner Zukunft werden es voraussichtlich zehn Milliarden sein. Vor dem Übergang zum Ackerbau lebten weltweit nur etwa fünf bis zehn Millionen Menschen – also ein Tausendstel davon. Im Jahr null waren es wahrscheinlich 200 bis 400 Millionen. Um 1800 waren es rund eine Milliarde, und von da an ging es steil bergauf.

Allerdings waren die Folgen des mit der Landwirtschaft einhergehenden Qualitätsverlusts der Nahrung auch deutlich spürbar. Die Menschen wurden kleiner, die Säuglingssterblichkeit stieg an, die Lebenserwartung verringerte sich, Infektionskrankheiten nahmen zu, Eisenmangelerscheinungen wurden häufig, die Knochen wurden brüchiger, und Karies kam auf.[156]

Zucker wurde sogar erst in den letzten 200 Jahren allmählich zu einem wichtigen Nahrungsbestandteil und brachte einen weiteren Qualitätsverlust mit sich. In Großbritannien lag der Jahresverbrauch pro Kopf im Jahr 1815 bei 6,8 Kilogramm und stieg bis zum Jahr 1970 auf 54,5 Kilogramm – in den USA liegt er heute bei durchschnittlich fast 70 Kilogramm. So wurde die Ernährung mehr und mehr durch billige Kohlenhydrate geprägt. Es

Schafe, Ziegen und Kühe werden erst seit gut 10 000 Jahren als Haustiere gehalten. Davor war Milch, außer Muttermilch für Babys, nicht Bestandteil der menschlichen Nahrung. Auch der Getreideanbau fällt in diesen Zeitraum.

gibt aber auch eine Gegenbewegung hin zu sehr vielfältigen und hochwertigen Lebensmitteln, die den Menschen in wohlhabenden Ländern heute zur Verfügung stehen. Betrachten wir nun, was diese Unterschiede für unsere Gesundheit bedeuten.

Süßes Gift

Nahrungsmittel unterscheiden sich stark darin, wie sehr sie den Blutzuckerspiegel ansteigen lassen. Dies hängt teilweise von der Menge und Art der enthaltenen Kohlenhydrate ab, aber auch davon, wie die Zusammensetzung der Nahrung insgesamt ist. Produkte, die Zucker und weißes Mehl enthalten, schlagen hier besonders stark zu Buche. Dazu zählt ein Großteil der Getreideprodukte wie Brötchen, Cornflakes, Kekse und so weiter. Sie treiben den Blutzuckerspiegel (Glukosegehalt im Blut) rasant in die Höhe. Deutlich geringer ist der Effekt bei Obst und Gemüse. Diese enthalten zwar neben Wasser ebenfalls hauptsächlich Kohlenhydrate, aber eben in anderer Form – nämlich als komplexe, langkettige Kohlenhydrate, die aus einer Vielzahl von Glukose- und Fruktosemolekülen bestehen und im Körper erst in ihre Bestandteile zerlegt werden müssen.

Mehl und geschälter Reis bestehen dagegen aus fast reiner Stärke, die sehr schnell in Glukose zerlegt wird. Das Gleiche gilt für gekochte Kartoffeln, die den Blutzuckerspiegel noch schneller anheben als Haushaltszucker (Saccharose), denn dieser besteht nur zur Hälfte aus Glukose, die andere Hälfte ist Fruchtzucker (Fruktose), welcher wie bei Obst und Gemüse erst in einem weiteren Schritt zu Glukose umgewandelt werden muss.

Der heute oft beklagte hohe Blutzuckerspiegel ist also sehr wahrscheinlich eine Folge der Ernährungsumstellung vor vielen Jahren. Er führt zunächst zu einem Anstieg des Insulins, das erforderlich ist, damit der Zucker aus dem Blut in die Leber- und Muskelzellen aufgenommen werden kann. Hierdurch kann der Blutzuckerspiegel wieder stark abfallen, was im Anschluss zu einem Hungergefühl führt – und wir müssen eine neue Portion Zucker nachlegen. Chronisch erhöhte Blutzucker- und Insulinwerte führen schließlich (insbesondere bei Bewegungsmangel) dazu, dass die Körperzellen weniger empfindlich für Insulin werden. Man bezeichnet dies als Insulinresistenz – ein Befund, der bei einer Vielzahl von Krankheiten eine Rolle spielt, so beispielsweise bei Fettsucht, koronarer Herzkrankheit, Diabetes und Bluthochdruck.[157] Angesichts der Tatsache, dass fast 40 Prozent des Energiebedarfs in der typischen westlichen Ernährungsweise durch Zucker und einfache Kohlenhydrate gedeckt wird, die noch vor 200 Jahren fast gar nicht existierten, ist die Insulinresistenz offenbar eine Reaktion unseres Körpers auf Nahrungsbestandteile, an die er nicht angepasst ist.

Seit etwa 200 Jahren ist unser Körper zuckersüßen Flutwellen ausgesetzt. Die Konzentration überschreitet das Maß, an das unsere Früchte essenden Primaten-Vorfahren angepasst waren, und weicht noch erheblicher von der überwiegend tierischen Kost der letzten fünf Millionen Jahre ab.

Statt eines gleichmäßigen Flusses an Zucker, der durch die Verdauung von komplexen Kohlenhydraten freigesetzt wird, ist er zuckersüßen Flutwellen ausgesetzt. Die Konzentration überschreitet das Maß, an das unsere Früchte essenden Primaten-Vorfahren angepasst waren, und weicht noch erheblicher von den Ernährungsmustern der letzten fünf Millionen Jahre ab, in denen wir einen hohen Anteil tierischer Kost hatten. Um diese Zuckerflut in die Zellen zu bekommen, muss der Körper sehr viel Insulin produzieren, das die Schleusen aufreißt. Die Zellen lassen sich das aber nicht auf Dauer gefallen. Sie werden unempfindlicher, reagieren weniger auf das Hormon.

Fett ist nicht gleich Fett

Nach wie vor wird Fett oft pauschal als ungesund betrachtet. Doch das ist falsch. Dieser hartnäckige Irrtum hat auch dazu geführt, dass *low fat* oder »fettarm« zu einem wichtigen Marketingargument in der Ernährungsindustrie werden konnte. Viele Verbraucher haben sich entsprechend umgestellt. »Heute ekeln sich viele Menschen bereits, wenn sie nur Fett auf ihrem Teller sehen; die Vorstellung, dass kretische Landwirte zum Frühstück ein Gläschen Olivenöl trinken, löst bei manchem Brechreiz aus«, beschreibt der Ernährungsforscher Udo Pollmer die missliche Situation.[158] Die Reduzierung des Fetts ging jedoch hauptsächlich mit einem Zuwachs an Zucker einher. Wenn Fett schlecht ist, dann sind Kohlenhydrate gut, dachten nicht nur die Verbraucher, sondern es ist auch bis heute die offizielle Empfehlung von vielen Ärzten und der Politik. Tatsächlich gibt es aber nach wie vor keine einzige Studie, die aufzeigen könnte, dass eine fettarme Ernährung per se irgendwelche direkten gesundheitlichen Vorteile bringt.[159] Aus heutiger Sicht scheint es weniger wichtig zu sein, wie viel Fett man zu sich nimmt, als vielmehr, welches Fett verspeist wird. Eine wesentliche Unterscheidung ist die zwischen gesättigten, einfach ungesättigten und mehrfach ungesättigten Fettsäuren.[160] Vorteilhaft für die Gesundheit sind einfach ungesättigte Fette und teilweise auch mehrfach ungesättigte. Als schlecht gelten die meisten gesättigten Triglyceride.[161] Einen ganz miserablen Ruf haben sogenannte Transfettsäuren. Das ist nicht schwer zu verstehen: Wer viele gesättigte Fette und Transfettsäuren zu sich nimmt, erhöht sein Risiko für Herz-Kreislauf-Erkrankungen, weil er damit den Cholesterinspiegel (und insbesondere das »schlechte« Cholesterin) nach oben treibt. Bei heute noch lebenden Jäger-und-Sammler-Völkern zum Beispiel in Südamerika liegt der durchschnittliche Cholesterinspiegel wesentlich niedriger als in den Industriestaaten – wo Herz-Kreislauf-Erkrankungen zur Todesursache Nummer eins geworden sind. Die ungünstigen gesättigten Fettsäuren, die wir heute verstärkt zu uns nehmen, finden sich vor allem in fettem Fleisch, Backwaren, Käse, Milch, Margarine und Butter – allesamt Nahrungsmittel, die es vor dem Übergang zur Landwirtschaft und zum sogenannten modernen Leben gar nicht oder (wie fettes Fleisch) nur selten gab. Die schädlichen Transfettsäuren gelangten erst in unser Essen, als ein industrielles Härtungsverfahren für Pflanzenöl zur Herstellung von Backfett und Margarine erfunden wurde. Man findet sie deshalb vor allem in industriell hergestellten Backwaren und manchen Fertiggerichten.

Ganz anders verhält es sich mit den mehrfach ungesättigten Fettsäuren, bei denen zwischen den beiden großen Gruppen Omega-6 und Omega-3 unterschieden wird. Diese Omega-Fettsäuren sind besonders wichtig, da sie – ähnlich wie Vitamine – vom menschlichen Körper nicht selbst gebildet werden können. In der typisch westlichen Diät dominieren heute die vom Typ Omega-6. Das Verhältnis von Omega-6- zu Omega-3-Fettsäuren beträgt etwa 10 : 1, mitunter sogar 15 : 1. Früher lag es einmal bei 2 : 1 oder 3 : 1. Zum starken Anstieg an Omega-6-Fettsäuren kam es erst seit Beginn des letzten Jahrhunderts, als man anfing, in Ölmühlen große Mengen Pflanzenöle zu produzieren. Auch bei den tierischen Fetten gab es eine Verschiebung in Richtung Omega-6. Hierfür verantwortlich war der Übergang von der Weidehaltung zur Fütterung mit Getreide. Die Omega-3 Fettsäuren stammen nämlich letztlich immer aus Pflanzen (Gras, Blättern, Moosen und Algen). Sie sammeln sich in den Tieren an, die sich davon ernähren, vor allem in Fisch. Da Omega-3-Fettsäuren sich nach dem heutigen Stand der Wissenschaft positiv auf die Herzgesundheit auswirken, bringt die veränderte Viehhaltung wahrscheinlich negative Effekte mit sich.[162]

Das Fleisch, das wir heute essen, unterscheidet sich also durchaus von dem wilder Beutetiere, auf das unser Stoffwechsel eingestellt ist.

Im Hinblick auf unsere Gesundheit ist jedenfalls nicht die Gesamtmenge an Fett entscheidend, sondern die richtige Mischung. Fisch, flüssiges Pflanzen- oder Olivenöl und Fleisch von glücklichem Weidevieh ist schon mal ein guter Rat, aber zur gesunden vielfältigen Küche des Allesfressers Mensch kommen wir noch.

Was ist ausgewogen?

Unser Essen – und ebenso das aller anderen Tiere – besteht im Wesentlichen aus drei Nährstoffen: Eiweiß, Kohlenhydraten und Fett. Die heute gängigen Ernährungsratgeber fordern für eine »ausgewogene« Ernährung einen Fettanteil von unter 30 Prozent, einen Eiweißanteil von etwa 15 und einen Kohlenhydratanteil von 55 bis 60 Prozent. Das ist gar nicht allzu weit entfernt vom tatsächlichen Verzehr. In den USA, denen gerne besonders schlechte Essgewohnheiten attestiert werden, liegt die Aufteilung bei rund 32 Prozent Fett, 52 Prozent Kohlenhydraten und 16 Prozent Eiweiß.

Aus evolutionärer Sicht bedeutend ist auch hier, dass sich diese aktuellen Proportionen deutlich vom Speiseplan der Jäger-und-Sammler-Kulturen unterscheiden. Der Eiweißanteil unserer Vorfahren lag mit 19 bis 35 Prozent klar über dem jetzigen Stand, dafür lag der Kohlenhydratanteil mit 22 bis 40 Prozent deutlich darunter.

Ob unsere Abweichung von der »natürlichen« eiweißreichen Kost negative Konsequenzen hat, ist bis dato unklar und wird weiter erforscht. Es muss nicht unbedingt der Fall sein. So wäre es auch ganz generell falsch anzunehmen, die typische Jäger-und-Sammler-Ernährung sei grundsätzlich besser als die heutige oder gar in irgendeinem absoluten Sinne »optimal«. Man sollte die Sache eher neutral betrachten und anerkennen, dass die »Steinzeitdiät« eben die Ernährung darstellt, an die wir uns über sehr lange Zeiträume anpassen konnten. Und genau deshalb sind Abweichungen, die erst seit wenigen Jahrzehnten oder auch wenigen Jahrtausenden wirksam geworden sind, in gewisser Weise verdächtig, für Zivilisationskrankheiten mitverantwortlich zu sein.

Der verringerte Eiweißanteil dürfte wohl eher kleinere Auswirkungen haben. Es gibt jedoch auch hier Hinweise darauf, dass eine eiweißreiche Diät vorteilhaft sein kann. Eiweiß hilft nämlich, den Blutdruck zu senken, die Cholesterinwerte zu verbessern und ein paar Kilo abzunehmen. Außerdem senkt eiweißreiche Kost das Schlaganfallrisiko.

Ohne Fleisch kein Mensch

Auch wenn es Vegetarier und Veganer nicht gerne hören mögen: Der wichtigste Eiweißlieferant ist und bleibt Fleisch. Fleisch ist seit mindestens 7,5 Millionen Jahren ein wichtiger Bestandteil unserer Ernährung. Ohne Fleisch wären wir wahrscheinlich nie Menschen geworden. Wissenschaftler gehen davon aus, dass das Gehirnwachstum in engem Zusammenhang sowohl mit der Beschaffung als auch mit dem Verzehr von Fleisch zu sehen ist. Ein großes Gehirn verbraucht nämlich sehr viel Energie und ist daher aus evolutionärer Sicht eigentlich für alle Tiere von Nachteil, sofern sie ihre Gene auch ohne große Hirnleistungen erfolgreich weitergeben können.

Homo fing wahrscheinlich an, Fleisch zu essen, als andere Nahrungsquellen nicht mehr ausreichten. Die Anforderungen an Kommunikation und Kooperation wuchsen, es entstanden erste Formen der Arbeitsteilung. Ein größeres Gehirn erwies sich als Vorteil. Andererseits musste er aber auch immer mehr Fleisch erbeuten, um sein weiter wachsendes Gehirn mit Energie zu versorgen. Wären wir Vegetarier geblieben, hätten wir unser Gehirnvolumen wohl niemals verdreifachen können. Heute hat Fleisch, ähnlich wie Fett, trotzdem einen schlechten Ruf. Viele Menschen fühlen sich zu einer fleischarmen Ernährung hingezogen. Andere essen kein Schweinefleisch mehr oder möglichst wenig rotes Fleisch. Und wenn doch, dann mit schlechtem Gewissen. All dies lässt sich aus evolutionärer Sicht schwer begründen. Ebenso haltlos ist aus wissenschaftlicher Sicht die Annahme, pflanzliches Fett sei generell vorteilhafter als tierisches. Der Anteil an gesättigten Fettsäuren variiert auch von Fleisch zu Fleisch erheblich. Er ist mit gut 50 Prozent am höchsten bei Rindfleisch. Gänseschmalz weist dagegen nur etwa 30 Prozent dieser Fettsäuren auf. Bei den Pflanzen schneidet Olivenöl mit etwa 15 Prozent sehr gut ab. Palmkernfett liegt mit etwa 50 Prozent und Kokosfett mit rund 90 Prozent deutlich darüber.

Recycelte Vitamine

Das Vitamin C offenbart, wie die Evolution über lange Zeiträume Anpassungen an die Umweltbedingungen herbeiführen kann. Fast alle Tiere stellen ihr Vitamin C selbst aus Zucker her. Wie oben bereits erwähnt, kann der Mensch das nicht. Wir haben die Fähigkeit zur Vitamin-C-Synthese vor 20 bis 25 Millionen Jahren verloren, als wir noch Affen waren. Da wir uns nach Affenart bevorzugt von Früchten ernährten, war dies kein Problem. Der Körper hat in der Folge weitere Maßnahmen ergriffen, um auch bei geringer Vitamin-C-Zufuhr zurechtzukommen. Er hat eine Art Recyclingsystem erfunden. Hierfür sind umgebaute Zuckertransporter entscheidend, die sich in den roten Blutkörperchen befinden. Wie winzige Fließbänder bringen sie verbrauchtes Vitamin C in die Zellen hinein, wo es augenblicklich recycelt und mit dem Blut weitertransportiert wird.[163]

Dadurch benötigen wir pro Kilogramm Körpergewicht täglich nur ein Milligramm Vitamin C. Eine Ziege verbraucht zum Vergleich locker 200 Milligramm pro Kilo Lebendgewicht. Aber für sie ist dieser verschwenderische Umgang kein Problem, denn sie produziert es im eigenen Körper.

Insgesamt ist nach wie vor umstritten, welche Mengen an Vitaminen und Mineralstoffen »ideal« sind. Keinesfalls kann man pauschal sagen: »Viel hilft viel«, denn natürlich kann man sich auch mit Vitaminen vergiften. Auf die ausgewogene Dosierung kommt es an. Vor diesem Hintergrund wird mittlerweile schon sehr vielen Lebensmitteln künstliche Vitamine zugesetzt. Jährlich werden allein 80000 Tonnen Vitamin C produziert. Experten schätzen, dass bis 2010 jedes vierte Lebensmittelprodukt mit Vitaminen und anderen Stoffen angereichert sein wird – vom Saft über Joghurt bis hin zu Gummibärchen.

Sehr vielen Lebensmitteln werden mittlerweile künstliche Vitamine zugesetzt. Jährlich werden allein 80000 Tonnen Vitamin C produziert. Experten schätzen, dass bis 2010 jedes vierte Lebensmittelprodukt mit Vitaminen und anderen Stoffen angereichert sein wird – vom Saft über Joghurt bis hin zu Gummibärchen.

Einen guten Teil dieser Bemühungen kann man gewiss als Mode- und Marketingerscheinung verbuchen, denn in den wohlhabenden Ländern sind wir, da wir das ganze Jahr über viele Sorten frisches Obst und Gemüse zur Verfügung haben, insgesamt sehr gut mit Mikronährstoffen versorgt. Das ist gegenüber dem Mittelalter mit den Grundnahrungsmitteln Brot und Bier für breite Schichten der Bevölkerung ein enormer Fortschritt und eine Wiederannäherung an die sehr vitaminreiche Ernährung unserer Jäger-und-Sammler-Vergangenheit. Eine Auswertung von 67 Studien, die den Wert von Präparaten mit Vitamin A, C und E untersuchten, kam zu dem Schluss, dass als Folge ihrer zusätzlichen Einnahme keine Lebensverlängerung festgestellt werden konnte. Mitunter war sogar das Gegenteil der Fall: Die Sterblichkeit derjenigen, die übermäßig Vitamin A zu sich nahmen, war um 16 Prozent erhöht, bei Vitamin E lag das Risiko um vier Prozent höher. Nur bei Vitamin-C-Einnahme war kein Unterschied auszumachen.[164]

Unverdaulicher Ballast

Als Ballaststoffe bezeichnen wir unverdauliche Nahrungsbestandteile, die unser Körper zwar nicht verwerten kann, an die er aber angepasst ist. Ballaststoffe stammen von Pflanzen, tierische Produkte sind praktisch frei davon. Das Obst und Gemüse, das wir vor 10 000 Jahren gegessen haben, enthielt weitaus mehr als heutige Sorten. Während die Ballaststoffe in Vollkorngetreide und -reis hauptsächlich unlöslich sind, sind jene in Obst und Gemüse löslich. Beide scheinen Vorteile zu haben.

Die löslichen Ballaststoffe, die früher bis zu 50 Prozent der gesamten Nahrungsenergie ausmachten,[165] verlangsamen unter anderem die Kohlenhydrataufnahme und den Blutzuckeranstieg nach dem Essen. Sie machen satt und senken die Cholesterinwerte.[166] Auch spezifische Effekte zum Schutz vor Krebs konnten nachgewiesen werden. Äpfel enthalten beispielsweise Pektine, die als Ballaststoffe unverdaut in den Dickdarm gelangen. Dort werden sie von Bakterien abgebaut, wobei Buttersäure entsteht, die wiederum ein für das Krebswachstum benötigtes Enzym hemmt. Vollkornprodukte, die viele unlösliche Ballaststoffe enthalten, haben ebenfalls deutlich positive gesundheitliche Effekte. Vollkornprodukte schützen unter anderem offenbar vor Diabetes,[167] koronarer Herzkrankheit und Schlaganfall,[168] wobei neben den Ballaststoffen auch Vitamine wichtig sein können.

Sparsamer Wasserverbrauch

Dass Wasser das natürliche Getränk des Menschen und aller anderen Tiere ist, versteht sich von selbst. Dass man jedoch besonders viel davon trinken sollte, ist in evolutionärer Hinsicht nicht plausibel. Sinnvoll erscheint der hohe Konsum, wenn es darum geht, übermäßigen Wasserverlust auszugleichen, etwa nach dem Saunabesuch oder bei einer Durchfallerkrankung. Ganz allgemein ist der menschliche Körper aber darauf ausgelegt, sparsam mit Wasser umzugehen. Es reicht deshalb zu trinken, wenn man durstig ist. Niemand braucht sich wegen der häufig zu hörenden Empfehlung, man müsse mindestens zwei oder besser sogar drei Liter pro Tag trinken, Sorgen zu machen. Ein gesundheitlicher Nutzen des Vieltrinkens konnte bislang nicht festgestellt werden. Zu diesem Fazit kamen die Nierenexperten Dan Negoianu und Stanley Goldfarb von der Universität Pennsylvania. Sie hatten zuvor alle veröffentlichten klinischen Studien zu diesem Thema ausgewertet.[169] Die beiden Wissenschaftler konnten nicht einmal die Quelle dieser populären Empfehlung ausfindig machen. Sie scheint irgendwann einmal aufgekommen zu sein und sich ins öffentliche Bewusstsein eingegraben zu haben, weil sie, aus welchen Gründen auch immer, zum vorherrschenden Zeitgeist passte.

Andererseits kann es zumindest indirekt gesund sein, sich an der stets griffbereiten Wasserflasche zu laben – wenn man dadurch weniger Softdrinks und Snacks zu sich nimmt.

Aus der Vergangenheit lernen

Im Hinblick auf die großen Volkskrankheiten scheint unsere heutige Ernährung für viele Leiden eine große Rolle zu spielen. Ein sehr wichtiger Faktor ist wahrscheinlich die absolute Menge wie auch der Anteil konzentrierter Kohlenhydrate. Generell sind es aber nicht Einzelbestandteile unserer Nahrung wie Kohlenhydrate, Salz oder Fett, die verantwortlich zu machen sind, sondern es sind eine Reihe von Merkmalen der modernen Ernährung, die zur Entstehung fast aller Zivilisationskrankheiten beitragen, wobei die Anfälligkeit auch in hohem Maße von den jeweiligen genetischen Voraussetzungen abhängt.

Ebenso können wir Ernährung nicht losgelöst von der Art und Weise betrachten, wie wir unser Leben führen. Ein enger Zusammenhang besteht zwischen Ernährung und körperlicher Aktivität. Beides war in der Vergangenheit untrennbar miteinander verbunden. Wenn unsere Vorfahren essen wollten, mussten sie sich dafür erheblich anstrengen. Viele der negativen Folgen der modernen Ernährung kommen offenbar erst durch die Entkopplung von Bewegung und Essen zustande. Wer viel Sport treibt, kann sein Risiko für ernährungsbedingte Krankheiten merklich senken.

Natürlich können wir uns heute nicht ausschließlich von wild wachsenden Pflanzen und eigenhändig in freier Wildbahn erlegten Tieren ernähren. Aber wir können unsere auf moderne Art und Weise erzeugte Nahrung relativ leicht durch die richtige Auswahl und geeignete Herstellungsverfahren sehr stark an die Charakteristika unserer »natürlichen« Ernährung anpassen. Damit bringen wir sie in Einklang mit unseren evolutionär entstandenen Stoffwechselprozessen und profitieren gesundheitlich davon. Dabei kann modernste Technik das Althergebrachte simulieren und mit heutigen Essgewohnheiten versöhnen.

Ein bisschen Hunger dann und wann ist durchaus zu empfehlen. In Deutschland und in anderen Industrieländern ist Überernährung ein Problem. Unser Organismus ist jedoch auf Hungerperioden gut eingerichtet, wodurch das Leben verlängert und Krankheiten vermieden werden können.

Auch ein bisschen Hunger dann und wann ist durchaus zu empfehlen. Unterernährung und Mangel sind auf der ganzen Welt noch weit verbreitet, hier gibt es für die entwickelten Länder eine hohe Verantwortung und viel zu tun. In Deutschland und in anderen Industrieländern ist dagegen Überernährung ein Problem. Viele Studien zeigen, dass unser Organismus auf Hungerperioden gut eingerichtet ist und dass dadurch das Leben verlängert und Krankheiten vermieden werden können. Die in allen Kulturkreisen bekannten Fastenrituale haben wahrscheinlich ihren Ursprung unter anderem auch in dieser Erfahrung.

Gute Gene, schlechte Gene

Im Großen und Ganzen scheinen wir alle gleich gebaut: zwei Arme, zwei Beine und die Nase mitten im Gesicht. Wenn man aber genauer hinschaut, zeigt sich: Keiner von uns ist wie der andere. Das gilt für die äußere Erscheinung ebenso wie für die Stoffwechselprozesse im Körper. Schließlich erbt jeder immer eine ganz individuelle Mischung der Gene von Vater und Mutter. Und indem wir uns auf der ganzen Welt verbreitet haben, haben wir uns individuell an die jeweiligen Lebensräume angepasst. Diese Vielfalt ist Chance und Herausforderung für die Medizin. Denn viele Krankheiten können besser behandelt werden, wenn wir berücksichtigen, wo und wie unsere Vorfahren gelebt haben.

Es ist noch gar nicht so lange her, dass es üblich war, Menschen in Rassen einzuteilen. Diese Einteilung, die sich an Hautfarbe und geografischer Herkunft festmachte, wurde und wird missbraucht, um Menschen zu diskriminieren. Sie ist heute diskreditiert und auch durch die moderne Genomforschung als haltlos entlarvt. Wir Menschen sind uns viel ähnlicher, als an den äußeren Merkmalen ablesbar ist. Und durch die Durchmischung der Weltbevölkerung aufgrund der großen Mobilität in den letzten Jahrhunderten sind wir uns noch ähnlicher geworden. Die genetischen Unterschiede zwischen zwei Menschen aus unterschiedlichen ethnischen Gruppen, etwa Europäern, Afrikanern, Asiaten, sind durchschnittlich nicht größer als die zwischen zwei Menschen aus einer der einzelnen Gruppen. Anders gesagt: Aus der Hautfarbe lässt sich auf wenig mehr als die Hautfarbe schließen.[170]

In der Medizin könnte es allerdings durchaus nützlich sein, Menschen, die sich in bestimmter Hinsicht genetisch ähnlich sind, in Gruppen einzuteilen, um jeweils passende Therapien zu entwickeln. Eine sinnvolle Einteilung ist beispielsweise die Unterscheidung danach, ob jemand ein Medikament schnell oder langsam abbaut. Davon hängt nämlich ab, welches die richtige Dosierung für ihn ist.

Die Geschichte der kleinen Unterschiede

Alle unsere Vorfahren haben während der Zeit, in der sich viele Eigenschaften des heutigen Menschen herausgebildet haben, also von vor fünf Millionen bis vor 50 000 Jahren, in Afrika gelebt. Alle waren den gleichen klimatischen Verhältnissen und den gleichen sonstigen Umwelteinflüssen ausgesetzt, mussten mit den gleichen Raubtieren und den gleichen Parasiten zurechtkommen und hatten den gleichen Lebensstil der Jäger und Sammler. Zudem sind wir vor der globalen Expansion des Menschen durch ein Nadelöhr gegangen, das die genetische Variabilität nochmals deutlich verkleinerte. Berechnungen zufolge stammen wir alle von rund tausend Menschen ab, die vor 56 000 Jahren gelebt haben.[171]

Berechnungen zufolge stammen wir alle von rund tausend Menschen ab, die vor 56 000 Jahren gelebt haben. Damals erreichte die Weltbevölkerung einen Tiefstand, wir schrammten wohl knapp am Aussterben vorbei.

Damals erreichte die Weltbevölkerung, wahrscheinlich in der Folge eines ausgedehnten Vulkanismus, einen Tiefstand, wir schrammten wohl knapp am Aussterben vorbei. Die wenigen damals überlebenden Menschen haben dann in verschiedenen Völkerwanderungen von Afrika aus vor 50 000 Jahren den Mittelmeerraum, vor 40 000 bis 20 000 Jahren Europa und Asien und vor 15 000 Jahren über Alaska Nord- und Südamerika besiedelt. Deshalb dürfen wir uns nicht wundern, dass Isländer und australische Aborigines sich genetisch gesehen weniger unterscheiden als zum Beispiel zwei Schimpansengruppen, die nur 50 Kilometer voneinander entfernt leben. Wir hatten nur rund 50000 Jahre Zeit, um im Zuge der allmählichen Besiedlung des gesamten Planeten durch Anpassungen an verschiedene Lebensräume eine Reihe von individuellen Merkmalen zu entwickeln, die wir nicht mit allen teilen.

Lange Zeit konnte man diese Ausbreitung des Menschen nur mithilfe von Knochen und Werkzeugfunden, Fußspuren und anderen Fossilien sehr unvollständig rekonstruieren. Heute haben wir auch die Möglichkeit über den Vergleich des Erbguts ganz genauen molekularen und zeitlichen Einblick in diese Vergangenheit zu erhalten. Hierfür werden zwei Teile des Erbguts von Menschen überall auf der Welt miteinander verglichen: die Gene der Mitochondrien, die nur von der Mutter weitergegeben werden, und die DNA auf dem Y-Chromosom, das nur vom Vater auf den Sohn vererbt wird.

So gibt es heute detaillierte Karten über die Besiedlung des Planeten. Man kann dabei einzelne genetische Merkmale auf den Wanderungswegen des Menschen (im Beispiel M) genau verfolgen, die in Gebiete führen, wo heute vorwiegend Menschen mit einem bestimmten Merkmal leben. Eine Wegbeschreibung liest sich dann zum Beispiel so:

»Man überquere den Bab al-Mandab auf dem Wanderweg M168, der nach Norden durch die Arabische Halbinsel in den M89 übergeht. Dann biege man rechts auf den M9 in Richtung Mesopotamien ab und bleibe auf diesem bis man in das Gebiet nördlich des Hindukuschs gelangt. Von dort geht es links auf dem M45 weiter. In Sibirien halte man sich rechts und folge der M242, der einen schließlich über die Landbrücke nach Alaska bringt. Dort wechsele man auf den M3 und folge ihm nach Südamerika.«[172]

Auf diesen Wanderungen ist ein Teil der ohnehin schon geringen Unterschiede zwischen den Menschen verloren gegangen. Denn immer, wenn sich eine Gruppe besonders mutiger Familienmitglieder aufgemacht hat und weitergezogen ist, hat sie nur einen Teil des Genpools, also der Gesamtheit aller Gene in einer Bevölkerung, mitgenommen. Deshalb unterscheiden sich heute die Ureinwohner Südamerikas voneinander weniger als die Nachkommen der in Afrika gebliebenen Menschen, die den gesamten Genpool zur Verfügung hatten, um sich genetisch »auseinanderzuleben«.[173]

Diese verringerte genetische Vielfalt ist grundsätzlich nachteilig. Wenn eine relativ kleine Gruppe von Menschen in neues, unbesiedeltes Gebiet vorstößt, können sich in der aus den Nachkommen entstehenden zukünftigen Bevölkerung des jeweiligen Landstrichs ungünstige Gene der Gründerväter verbreiten – Genvarianten, die es in der alten Heimat nicht geschafft hätten, sich gegen dort schon vorhandene vorteilhaftere Varianten durchzusetzen.[174]

> Wenn eine kleine Gruppe von Menschen in neues, unbesiedeltes Gebiet vorstößt, können deren Nachkommen ungünstige Gene der Gründerväter verbreiten – solche, die es in der alten Heimat nicht geschafft hätten, sich gegen vorteilhafte Varianten durchzusetzen.

Kultur schlägt Evolution

Gleichzeitig hat sich wahrscheinlich ebenfalls in der Zeit der Ausbreitung auf dem Planeten und der Eroberung neuer Lebensräume während der letzten 50 000 Jahre die Evolution des Menschen enorm beschleunigt.[175] Mit der globalen Expansion ist er insgesamt vielfältiger geworden. Der Hauptgrund hierfür ist das schnelle Bevölkerungswachstum. Denn je mehr Menschen da sind, desto mehr Gene sind auch in Umlauf und desto größer ist die Chance, dass sich bei einem davon eine genetische Veränderung ergibt, die einen wirklichen Unterschied macht, also einen echten Vorteil bietet, und sich daher ausbreitet. Der zweite Grund sind natürlich die rapiden Veränderungen in der Umwelt, die eine ständige Anpassung erforderlich machten. Beides trifft insbesondere auf die allerjüngste Vergangenheit, also die letzten Jahrhunderte, zu. Unser Erbgut ist also heute mehr im Fluss denn je.

Wie passt diese Annahme einer beschleunigten Evolution während der globalen Ausbreitung des Menschen mit der Behauptung zusammen, wir verfügten nach wie vor über ein altes »Jäger-und-Sammler-Genom«, das nicht mit dem modernen Leben in Einklang stehe und uns daher für viele Krankheiten anfällig mache? Beides ist richtig. Unser Körper hat sich während der letzten Jahrtausende in vielen Details verändert. Aber die grundsätzlichen Eigenschaften sind die gleichen geblieben. Zudem sind viele der drastischsten Veränderungen in der Lebensweise erst in den letzten Jahrzehnten aufgetreten. Und das ist ein zu kurzer Zeitraum, als dass beim Menschen eine evolutionäre Anpassung hätte erfolgen können.

Noch widersprüchlicher scheint es, das Ende der menschlichen Evolution zu verkünden. Doch auch hierfür gibt es Argumente. Zwar ist unser Genom in den letzten Jahrtausenden an vielen Stellen in Bewegung geraten. Es gibt eine Vielzahl von Genvarianten, die es zu einer gewissen Verbreitung gebracht haben. Doch im Verlauf des 20. Jahrhunderts haben all diese kleinen biologischen Unterschiede zumindest in den Industrieländern ihre evolutionäre Relevanz weitgehend verloren. Sie haben keine Auswirkungen mehr auf den Reproduktionserfolg. In unserer modernen Gesellschaft erreicht dank Wohlstand, Hygiene und medizinischer Versorgung fast jeder das fortpflanzungsfähige Alter. Die natürliche Auslese spielt aufgrund von zivilisatorischer und kultureller Überlagerung eine deutlich geringere Rolle. Das ist zuallererst natürlich eine gute Nachricht und eine großartige Errungenschaft. So belegt das 1978 zur Welt gekommene erste Retortenbaby, dass noch nicht einmal mehr Genvarianten, die weitgehend unfruchtbar machen, der natürlichen Selektion unterworfen sind. Die Sache hat aber auch einen Haken: Die kommenden Generationen müssen möglicherweise mit diesen »schlechten Genen« leben. Oder sie müssen sie durch bewusstes Eingreifen in das menschliche Erbgut von Hand eliminieren. Damit wurde auf individueller Ebene längst begonnen, und es wird sicher in naher Zukunft erheblich ausgeweitet werden. Diese durch den wissenschaftlichen Fortschritt ermöglichten Eingriffe in die Evolution werden zurzeit intensiv diskutiert. Sie stellen eine Herausforderung dar, die in verschiedenen Kulturen und politischen Systeme sehr unterschiedlich bewertet wird.

Das Linkshänder-Gen

Mit den Methoden der modernen Genomforschung werden mittlerweile in schneller Folge immer wieder neue Genvarianten identifiziert, die noch relativ jung sind. Sie haben sich in den letzten Jahrtausenden im menschlichen Genpool festgesetzt und sorgen für eine Reihe von Unterschieden zwischen den Menschen, von denen viele auch für die Gesundheit relevant sind.

Wenn wir diese Genvarianten und ihre Entstehungsgeschichte untersuchen, zeigt sich, dass ihre Verbreitung größtenteils mit Klima, Ernährung, Infektionskrankheiten, Partnerwahl und Kultur zu tun haben. Das ist nicht verwunderlich. Denn das sind die Bereiche, in denen die Auseinandersetzung von Körper und Umwelt stattfindet. Unsere Vorfahren mussten immer dem Wetter trotzen, mit lebensbedrohlichen Infektionen kämpfen, Partner für sich gewinnen, das Beste aus den zur Verfügung stehenden Nahrungsmitteln machen. Dies hat zu

»Handicap Rechtshänder«
Bei Sportarten, bei denen zwei Wettkämfer gegeneinander antreten,
sind Linkshänder überproportional erfolgreich.

Veränderungen in ihrem Genom geführt, die einen evolutionären Vorteil in Bezug auf Überleben und Reproduktion hatten. Die Genvarianten mussten aber auch mit
dem kulturellen Fortschritt Schritt halten und reagierten
auf gesellschaftliche Faktoren. Nicht nur die Natur führt
zur Auswahl der am besten Angepassten, sondern auch
die Kultur. So kann man sich beispielsweise fragen, weshalb Linkshänder insgesamt selten, in manchen Regionen
jedoch sehr viel häufiger als in anderen anzutreffen sind.
Einen Hinweis gibt der Sport. Bei Sportarten, bei denen
zwei Wettkämpfer gegeneinander antreten, etwa beim
Tennis oder beim Fechten, sind Linkshänder überproportional erfolgreich. Und zwar genau deshalb, weil sie seltener sind, ihre Gegner daher mehr Erfahrung mit Rechts-
händern haben und besser auf diese eingestellt sind. 163

Wenn man nun vom Sport als spielerischem Kampf die Brücke zum ernsten Überlebenskampf in einem Krieg schlägt, dann kann man folgern, dass Linkshänder in kämpferischen Kulturen einen Überlebensvorteil haben. Ethnologische Untersuchungen konnten dies bestätigen. Es ergab sich bei Naturvölkern ein klarer Zusammenhang zwischen häufiger Kampfpraxis und der Anzahl von Linkshändern.[176]

An diesem Beispiel kann auch wieder die kulturelle Überlagerung der Evolution deutlich gemacht werden. In deutschen Schulen wurde bis in die Nachkriegszeit grundsätzlich die Auffassung vertreten, dass mit der rechten Hand geschrieben werden muss. Auf genetisch veranlagte Linkshänder wurde keine Rücksicht genommen, und die rechtshändige Schreibweise wurde zum Teil in die armen Kinder »hineingeprügelt.« In Deutschland gibt es in den älteren Generationen daher kaum Menschen, die mit links schreiben.

Der Mensch ist, was er isst

Was Menschen essen, hängt davon ab, wann und wo sie leben. So veränderte sich natürlich auch der Speiseplan der Menschen während der Ausbreitung auf der Erde. Sie mussten sich jeweils auf das einstellen, was es dort gab, wo sie hingelangten. Solange sie allerdings Jäger und Sammler blieben, hatten diese Ernährungsumstellungen wahrscheinlich wenige Konsequenzen. Ob Gazelle, Känguru oder Karibu, ob Vogel Strauß, Taube oder Dodo – Fleisch ist Fleisch, und es dürften kaum Leute krank oder unfruchtbar geworden sein, weil sie an das Fleisch neuer Beutetiere nicht angepasst waren. Wichtiger als diese geografischen Besonderheiten, heute würden wir sagen: die regionale Küche, waren die großen Umbrüche, die mit dem Übergang zur Landwirtschaft einhergingen und auf die wir im Kapitel »Allesfresser« bereits eingegangen sind.

Zwei verbreitete Merkmale der heutigen Ernährung, die noch sehr jung sind, sind große Mengen Fett und hoch konzentrierter Kohlenhydrate, insbesondere in Form von Zucker. Offenbar gibt es große Unterschiede darin, ob Menschen diese vertragen. Und es könnte sein, dass die Anpassung daran (zumindest bei denen, die sie vertragen) in wenigen Hundert Jahren erfolgt ist.

Noch bis vor wenigen Jahrzehnten kam die Kombination von starkem Übergewicht und Diabetes bei einigen Völkern der neuen Welt, etwa den Bewohnern der Südseeinsel Nauru oder den Pima-Indianern in Nordamerika, praktisch nicht vor. Nachdem sie aber damit begannen, »westliche« Ernährungsgewohnheiten zu übernehmen, verbreitete sich die Erkrankung epidemisch und nahm ein weit größeres Ausmaß an als in Europa. In Nauru waren auf dem Höhepunkt der Epidemie rund 40 Prozent der Erwachsenen an Diabetes erkrankt.[177]

Warum kommt aber zum Beispiel ein Deutscher besser mit dieser Ernährung zurecht als ein Bewohner von Nauru? Es könnte daran liegen, dass wir Europäer uns in der jüngeren Vergangenheit genetisch bereits etwas an die heute sogenannte »westliche« Ernährung angepasst haben und uns daher bestimmte moderne Nahrungsmittel weniger Probleme bereiten.[178] Besonders schlecht angepasst wären dagegen jene, deren Ernährung noch bis vor Kurzem nicht durch diese Nahrungsmittel geprägt war. Sie sind deutlich anfälliger für chronisch-degenerative Erkrankungen wie Bluthochdruck, Übergewicht, Diabetes und Arteriosklerose. Im Gegensatz zu hierzulande sind etwa auf Nauru auch jugendliche Patienten keine Seltenheit, und der Krankheitsverlauf ist insgesamt schwerer. Oft werden auch Nieren, Augen und das Herz in Mitleidenschaft gezogen. Die verdächtigen Nahrungsbestandteile sind natürlich Zucker (Saccharose[179]) und

Fett. Beides war immer Bestandteil unserer Nahrung, aber eben früher in sehr viel geringeren Konzentrationen. Zucker kam nicht höher konzentriert vor als in reifen Früchten. Und er wurde stets in Kombination mit einer bestimmten Menge von Kalium konsumiert, das für den Zuckerstoffwechsel sehr wichtig ist.[180] Zucker an sich scheint dieser Hypothese zufolge nicht das Problem zu sein, sondern die Art und Weise, wie und mit welchen Begleitstoffen er konsumiert wird. Heute gibt es eine Vielzahl von Produkten mit hohem Zuckergehalt. Hierzu zählen insbesondere auch süße Getränke, deren Verbrauch auch in der zweiten Hälfte des 20. Jahrhunderts gewaltig angestiegen ist. Europäer scheinen allerdings genetisch zumindest teilweise besser auf Zucker vorbereitet zu sein als Menschen anderer Regionen. Während dieser auch in Europa erst ab dem 17. Jahrhundert größere Verbreitung fand, wurde schon lange davor eine ganze Menge Honig gegessen. So finden sich beispielsweise in einem römischen Kochbuch 468 Rezepte, von denen rund die Hälfte Honig verlangt. Und dieser unterscheidet sich nicht wesentlich von Zucker.

Für ein anderes »unnatürliches« Nahrungsmittel sind Genvarianten bekannt, die es vielen von uns ermöglichen, es dennoch zu konsumieren: für die Milch. Milch, Käse und Joghurt gehören heute so selbstverständlich zum Essen, dass man leicht vergisst, dass sie erst recht spät auf den menschlichen Speiseplan kamen. Erst vor rund 9000 Jahren begannen unsere Vorfahren damit, Kühe, Ziegen und Schafe zu domestizieren. Davor bekamen nur Babys Milch von der Mutter, und alle Menschen verloren nach dem Abstillen die Fähigkeit, Milchzucker zu verdauen. Plötzlich wurde Milch von Haustieren in größeren Mengen verfügbar. Das war für Menschen, denen der Verzehr nur wenig oder keine Beschwerden bereitete, ein Vorteil, der schnell dazu führte, dass sich entsprechende Genvarianten verbreiteten. Sie sorgen dafür, dass das Enzym

Laktase, das zum Abbau des Milchzuckers (Laktose) erforderlich ist, auch nach dem Abstillen weiter gebildet wird. Heute kann man sehr deutlich sehen, dass überall dort, wo in der Vergangenheit Milchviehhaltung eine Rolle spielte, Milch gut vertragen wird, in anderen Regionen der Welt, insbesondere in Asien, dagegen nicht. Ein Zeichen dafür, wie wichtig der Vorteil war, Milch trinken zu können, ist die Tatsache, dass entsprechende Genvarianten unabhängig voneinander an verschiedenen Orten der Welt entstanden und sich schnell verbreiteten.[181] Eine davon tauchte erstmals in der sogenannten Trichterbecherkultur[182] in der nordeuropäischen Tiefebene vor 5000 bis 6000 Jahren auf. Sie ist wohl dafür verantwortlich, dass heute praktisch alle Holländer und 99 Prozent der Schweden sowie die meisten Deutschen laktosetolerant sind und alle Milchprodukte gut verdauen können. Bei den Holländern ist daraus eine florierende Käseindustrie entstanden, und auch die Franzosen haben die Kultur der Käseherstellung zu großer Blüte getrieben. Andere Genvarianten, die ebenfalls zur Laktosetoleranz führten, sind in drei verschiedenen Regionen Afrikas entstanden.

Europäer vertragen mehr Alkohol

Schon sehr viel länger als Milch ist Alkohol regelmäßiger Bestandteil unseres Essens. Schon vor mindestens 40 Millionen Jahren gehörte er zur Ernährung unserer Affenvorfahren. Denn diese aßen vorzugsweise Obst. Und Obst beginnt, wenn es reif ist, zu gären. Dabei entsteht Alkohol. Leicht vergärtes, alkoholisiertes Obst haben schon unsere Vor-Vorfahren offensichtlich gerne verzehrt. Ob es richtige Partys gab, ist nicht überliefert. Wir hatten also recht lange Zeit, uns an den Verzehr von geringen Mengen Alkohol zu gewöhnen und ihn zu unserem Vorteil zu nutzen.[183]

Dies erklärt die mittlerweile durch eine Vielzahl von Studien bestätigte Tatsache, dass moderater Alkoholkonsum der Gesundheit zuträglich ist.[184] Bekanntlich bekommt aber Alkohol nicht allen Menschen. Insbesondere im asiatischen Raum vertragen viele Menschen Alkohol sehr schlecht. Die Ursachen hierfür sind wiederum in der jüngeren Vergangenheit zu suchen. Verantwortlich ist unter anderem ein Enzymdefekt. Dieser bewirkt, dass ein giftiges Zwischenprodukt beim Abbau von Alkohol nicht schnell genug umgewandelt wird. Die Folge: ein roter Kopf, Schwindel und beschleunigter Puls. Schaut man, in welchen Regionen dieser Enzymdefekt auftritt, so ergibt sich eine Übereinstimmung mit der Häufigkeit der Hepatitis-B-Infektion. Es kann gefolgert werden, dass sich in den asiatischen Ländern, vor allem China und Japan, diese Genvariante verbreitet hatte, weil sie die Menschen davor bewahrte, viel zu trinken, auf deren Gesundheit sich starker Alkoholkonsum aufgrund häufiger Hepatitis-Infektion besonders ungünstig auswirkte.[185]

Schließlich dürften auch kulturelle Gründe eine Rolle gespielt haben, dass Europäer Alkohol in der Regel besser vertragen als Asiaten. Denn bis ins 19. Jahrhundert war der Konsum von alkoholischen Getränken ein wichtiger Schutz vor Infektionen, die durch schmutziges Wasser übertragen werden. Alexander der Große soll seinen Pferden Alkohol ins Trinkwasser gegeben haben, um sie vor Infektionen zu schützen. Wegen diesen und anderen Vorteilen war Bier in vielen westlichen Kulturen ein Grundnahrungsmittel. In England wurden in der zweiten Hälfte des 17. Jahrhunderts etwa drei Liter Bier pro Kopf und Tag verbraucht (die Kinder eingeschlossen!). Hierzu trugen

Alkohol bekommt bekanntlich nicht allen Menschen. Insbesondere viele Asiaten vertragen ihn sehr schlecht. Ein giftiges Zwischenprodukt beim Abbau von Alkohol wird bei ihnen nicht schnell genug umgewandelt. Die Folge: ein roter Kopf, Schwindel und beschleunigter Puls.

neben der für die Ernährung typischen Biersuppe auch Trinkgelage bis zum Umfallen bei, die seit über tausend Jahren sehr regelmäßiger Bestandteil der Alltagskultur waren. Mitte des 18. Jahrhunderts, während der sogenannten »Branntwein-Epidemie«, wurden in England rund acht Liter Schnaps pro Jahr und Kopf getrunken.[186] Ähnlich wie Infektionskrankheiten dürfte auch diese aus den gesellschaftlichen Verhältnissen erwachsene »Epidemie« zu einer Auslese geführt haben, in der Leute, die Alkohol schlecht vertrugen, ihn aber dennoch konsumierten, samt ihren Genen auf der Strecke blieben. Es ist daher plausibel, dass umgekehrt Genvarianten entstanden und sich verbreiteten, die starken Alkoholkonsum ermöglichten.

Tödliche Infektionen

Wir können heute beobachten, dass manche Menschen trotz intensiven Kontakts zu Krankheitserregern nicht erkranken, andere dagegen sehr schnell. Diese unterschiedliche Anfälligkeit hat viel damit zu tun, welche Seuchen die jeweiligen Vorfahren in der Vergangenheit zu überstehen hatten. Den wahrscheinlich stärksten Selektionsdruck in der jüngeren Vergangenheit hat, vor allem in Afrika und Südostasien, die Malaria ausgeübt. Da sie in hohem Maße Kinder betrifft und erheblich zu deren Sterblichkeit beiträgt, hatten alle Genvarianten, die Schutz boten, eine sehr starke Auswirkung auf die Chancen, das fortpflanzungsfähige Alter zu erreichen und selbst Kinder zu bekommen.[187]

Erstaunlicherweise finden wir aber auch Resistenzen gegen Krankheiten, die für den Menschen neu sind. Hier ist Aids das beste Beispiel. Der Aids-Erreger ist erst Mitte des 20. Jahrhunderts vom Affen auf den Menschen übergesprungen. Wir hatten also noch keine Zeit, schützende Genvarianten zu verbreiten. Dennoch sind offenbar eine ganze Menge Menschen immun gegen das HI-Virus. Das verantwortliche Gen ist mittlerweile identifiziert. Es hört auf den Namen CCR5. Wir treffen die schützende Variante, die sich wahrscheinlich vor 700 bis 1000 Jahren verbreitet hat, heute am häufigsten, bei bis zu 15 Prozent der Bevölkerung, in Nordeuropa an und leider weitaus seltener in Afrika und Asien, also den Gebieten, die von Aids besonders betroffen sind. Es herrscht noch keine Einigkeit, was damals zur Verbreitung der Genvariante geführt hat. Sie könnte vor der Pest oder auch vor den Pocken Schutz geboten haben.[188] Das Beispiel zeigt, dass Genvarianten im Wandel der Zeit ihre Bedeutung verändern können – ein häufig zu beobachtendes Vorkommnis in evolutionären Abläufen.

Es ist eine medizinische Herausforderung, diese natürliche Immunität zu nutzen, um Aids zu heilen. Im Jahr 2008 vermeldeten Forscher an der Berliner Charité erstmals die Heilung eines HIV-positiven Patienten. Der Mann, der zusätzlich an Leukämie erkrankt war, hatte eine Knochenmarkstransplantation von einem Spender erhalten, der die schützende CCR5-Variante aufwies. Nun möchten Forscher eine entsprechende Gentherapie bei Aids-Patienten, bei denen eine medikamentöse Behandlung keine Wirkung mehr zeigt, anwenden, wobei die im Blut enthaltenen T-Zellen – wichtige Bestandteile des Immunsystems – isoliert, das CCR5-Gen entfernt[189] und anschließend in verstärkter Konzentration wieder in den Körper des Erkrankten zurückgegeben werden.[190]

Auch die Frage, wie stark man von einer Infektionskrankheit getroffen wird, hat mit einzelnen Genen zu tun. So wurde für HIV eine Mutation identifiziert, die zu einer schwächeren Immunabwehr führt. Berliner Wissenschaftler haben insgesamt 1279 Studienteilnehmer untersucht, davon 734 HIV-Positive. Ein Viertel aller Probanden wies die spezielle Mutation auf. Diejenigen, die das Virus in sich trugen und die Mutation aufwiesen, hatten einen deutlich beschleunigten Krankheitsverlauf und eine höhere Viruslast.[191] Ähnliche Auswirkungen hatten das gleiche beziehungsweise verwandte Gene auch schon bei Hepatitis C und Tuberkulose gezeigt.

Gifte und Medikamente

Extrem weit in die Vergangenheit reichen die Wurzeln der Reaktion unseres Körpers auf Gifte und damit auch auf Chemikalien und Medikamente, die zum größten Teil natürliche Extrakte oder künstliche Nachbildungen pflanzlicher Gifte sind. Der Aspirinwirkstoff Acetylsalicylsäure (ASS), der ursprünglich aus Birkenrinde gewonnen wurde, ist das bekannteste Beispiel. Ob und wie stark ein Medikament wirkt und ob, welche und wie starke Nebenwirkungen auftreten, ist von Mensch zu Mensch sehr verschieden. Diese Unterschiede sind die Konsequenz aus 2,5 Milliarden Jahren der Auseinandersetzung von Lebewesen mit Giften.

Von besonderer Bedeutung sind die letzten 400 Millionen Jahre, seit die ersten Tiere das Meer verließen und damit begannen, sich von Landpflanzen zu ernähren. Seitdem ist das sogenannte Pflanzen-Herbivoren-Wettrüsten in vollem Gange. Pflanzen sind beständig darum bemüht, durch »Erfindung« immer neuer Gifte zu vermeiden, aufgefressen zu werden. Alle Pflanzenfresser (Herbivoren) müssen daher ebenso beständig ihre Entgiftungsmechanismen weiterentwickeln und besitzen mittlerweile ein umfangreiches Arsenal.[192] Jeder von uns verfügt über eine einzigartige Zusammensetzung der für diese meist in der Leber aktiven Enzyme verantwortlichen Gene.

Das Zusammenwirken der verschiedenen Enzyme kann dazu führen, dass ein Mensch einen Naturstoff oder ein Medikament 30-mal schneller abbaut als sein Nachbar. Es ist auch ein Grund dafür, dass wir auf krebserregende

Substanzen sehr unterschiedlich reagieren. Jeder Raucher atmet eine Vielzahl solcher Gifte ein, aber nur einer von zehn erkrankt an Lungenkrebs. Da spielen sicher der Zufall und eine Vielzahl weiterer Umweltfaktoren eine Rolle, aber eben auch die individuelle Fähigkeit, mit Giften umzugehen.[193, 194]

Aus diesen Erkenntnissen hat sich eine ganz neue medizinische Wissenschaft entwickelt, die Pharmakogenetik. Durch umfassende Analyse der Gene, die für die Wirkung und den Abbau von Naturstoffen, Chemikalien und Medikamenten verantwortlich sind, können Vorhersagen getroffen werden, welche Substanzen in welcher Dosierung bei welchem Patienten am besten wirken. Die Arzneimittelsicherheit wird damit erhöht und die Nebenwirkungen der Medikamente verringert. In Zukunft kann sich daraus eine noch weiter personalisierte Medizin entwickeln. Die methodischen Fortschritte, die es erlauben werden, das Genom eines Menschen in wenigen Jahren für unter tausend Euro zu sequenzieren, werden tief greifende Veränderungen der Therapie bewirken.

Das Ende der natürlichen Auslese

Intelligenz ist zweifellos ein herausragendes menschliches Merkmal. Und, wie auch immer man sie definiert, eine genetische Komponente ist unzweifelhaft. Wir können davon ausgehen, dass im Verlauf der Menschwerdung in Afrika Gehirnwachstum, Intelligenz und Kultur Hand in Hand gingen. Beide sind untrennbar verbunden. Die Geschichte des *Homo sapiens* ist die Geschichte der Nutzbarmachung und Überwindung der Natur. Der Mensch ist auch Natur, aber er ist nicht mehr nur Natur.

Entsprechend können wir auch einen Übergang von der natürlichen Auslese hin zur kulturellen Auslese beobachten. Und ein Faktor in diesem Prozess ist sicher auch – vereinfacht gesagt – der Übergang vom »Überleben der Stärksten« zum »Überleben der Intelligentesten«.[195] Keineswegs durchgängig, aber zu vielen Zeiten und an vielen Orten hat eine überdurchschnittliche Intelligenz zum Erfolg im Leben beigetragen und auch dazu, wie viele Kinder jemand bekam.[196]

Wenn wir die Zivilisation und Zukunft der Menschheit ins Auge fassen, kann man die Hypothese wagen, die Evolution allein durch natürliche Auslese werde bald ausgedient haben. Unsere heutigen Gene sind das Erbe der Vergangenheit. Sie sind ein unerschöpfliches Forschungsobjekt, und sie werden über kurz oder lang auch zum Kulturgut werden. Die Analyse der Genome von Pflanzen, Tieren und Menschen ist heute eine Kulturtechnik, die uns viele Informationen über unsere Vergangenheit und unseren Körper liefert. Dabei wird es nicht bleiben. Die Kultur wird sich der Natur auch so weit bemächtigen, dass Menschen gestaltend ins Genom eingreifen. In einigen Ländern wird dieses unter ganz bestimmten und eng regulierten Bedingungen bereits praktiziert. In Deutschland ist es beim Menschen verboten. Wenn unsere Nachfahren in tausend Jahren über gute Gene und schlechte Gene nachdenken, werden sie sich in ganz anderen Dimensionen bewegen als wir heute. Wie weit unsere Gesellschaft es zulässt, dass unser Genpool nicht nur durch natürliche Mechanismen der Evolution, sondern auch durch Eingriffe in das Erbgut (die technisch zum Teil bereits heute möglich wären) verändert wird, ist nicht vorherzusagen. Entscheidend ist, dass solche Diskussionen in einer offenen Gesellschaft transparent, verantwortungsvoll und bewusst geführt werden. Auch dazu soll dieses Buch beitragen.

173

Herz in Not

Die Evolution hat uns mit Zigtausenden Kilometern Blutgefäßen ausgestattet und mit einem Herzmuskel, der Tag für
Tag, Jahr für Jahr ununterbrochen und zuverlässig arbeitet. Die
Pumpe pumpt. Das Blut kreist. Aber auch der Zahn der Zeit
nagt. Herz-Kreislauf-Erkrankungen sind Todesursache Nummer eins. Dabei kann man das Risiko leicht senken.

Knapp die Hälfte aller Menschen in den Industriestaaten
stirbt an Herz-Kreislauf-Erkrankungen. Wir neigen offenbar dazu, Probleme mit drei für den Kreislauf wichtigsten Organen, dem Herzen, den Blutgefäßen und den
Nieren, zu entwickeln. In diesem Kapitel rekapitulieren
wir in groben Zügen deren Funktion und Vorgeschichte,
um zu sehen, woher die Schwachstellen im System stammen.

Ver- und Entsorgung

Die Zelle ist die kleinste lebende Einheit eines jeden Organismus. Und jedes Lebewesen hat einen Stoffwechsel,
muss also im Austausch mit der Umgebung stehen. Die
Entwicklung von Herz und Blutgefäßen sind eine Voraussetzung dafür, dass mehrzellige Tiere nicht mehr darauf angewiesen waren, mit all ihren Zellen Kontakt zur
Außenwelt zu halten, um die Ernährung sicherzustellen und Schlackenstoffe abzutransportieren. Eine Zelle,
die keinen direkten Kontakt mit der Umwelt mehr hat,
braucht einen anderen Mechanismus, um die Lebensvor-

gänge sicherzustellen. Bei sehr einfachen Tieren konnte zunächst Flüssigkeit mit Nährstoffen noch ausreichend durch einige Zellschichten durchsickern. Plattwürmer besitzen beispielsweise noch kein Kreislaufsystem. Ihr Mund führt in ein verästeltes Verdauungssystem, aus dem Nährstoffe und Sauerstoff wegen der Flachheit des Wurmes direkt in alle Zellen diffundieren können. Schon etwas elaborierter sind die Verhältnisse bei den Regenwürmern. Diese besitzen ein geschlossenes System, bei dem die blutähnliche Körperflüssigkeit mittels mehrerer herzähnlicher Pumpen durch den Körper geleitet wird. Bei Tieren, die größer sind als Regenwürmer, ist das Ganze dann zumeist mit einer richtigen zentralen Pumpe, dem Herzen, versehen.

Je größer das Tier, desto umfassender das Rohrleitungssystem. Jede einzelne Zelle im Tier- wie in unserem Körper muss mit Nährstoffen und Sauerstoff versorgt werden. Und sie muss die Schlackenstoffe loswerden, die beim Stoffwechsel entstehen und von ihr nicht wiederverwertet werden können. Deshalb ist praktisch überall im Körper Blut. Sobald man sich piekt, kratzt oder schneidet, kommt es zum Vorschein. Es scheint, als sei das Blut gleichmäßig verteilt. Tatsächlich fließt es aber bei uns Menschen in einem geschlossenen System von Schläuchen verschiedener lichter Weite, den Arterien, den Kapillaren und den Venen. Wir sind bis auf den letzten Millimeter von diesen Blutgefäßen durchwirkt. Die Gesamtlänge der deutschen Autobahnen beträgt 12500 Kilometer, die der Blutgefäße in unserem Körper 50000 bis 100000 Kilometer. Die dünnsten von ihnen, die Kapillargefäße, sind weniger als ein Hundertstel Millimeter dick. Sie stehen im Kontakt zu den Zellen und ermöglichen deren Ver- und Entsorgung. Ihre Wände bestehen aus einer flachen Schicht von Zellen, den Endothelzellen, durch deren Fugen der Austausch mit den angrenzenden Zellen stattfindet. Bei größeren Gefäßen ist die Endothelschicht noch mit einer Schicht von Muskelfasern überzogen, die wiederum von Bindegewebe umgeben ist. Insgesamt beträgt die Gesamtfläche der Blutgefäßwände bei einem Menschen rund 4000 bis 7000 Quadratmeter. Ob wir gesund sind oder krank, hängt stark davon ab, in welchem Zustand sich diese fast fußballfeldgroße Fläche befindet. Denn die wichtigste Ursache für Herz-Kreislauf-Erkrankungen ist die Atherosklerose. Sie zeichnet sich durch Ablagerungen und Verhärtung der Gefäßwände aus. Etwas flapsig gesagt: Die Gefäßwände der Arterien »vermüllen«, indem sich allerlei Material dort anlagert, und verwuchern. Das kann schon im Kindesalter losgehen und wird über die Jahrzehnte immer stärker.

Wie schnell es zu diesen Ablagerungen, damit verbundenen Entzündungen und schließlich zu gefährlichen Gefäßverengungen kommt, wird von etlichen Faktoren bestimmt. Wenn viel »Müll« im Blut zirkuliert, lagert sich auch viel ab. Das hängt natürlich unter anderem davon ab, was wir essen und wie wir es verwerten. Aber auch der Druck, der in unseren Arterien herrscht, trägt dazu bei, dass die Schlackenstoffe an den Arterienwänden festkleben und dort Schaden anrichten. Im Verlauf der Evolution ist eines zum anderen gekommen. Richtig kritisch wurde es indes erst durch die moderne Lebensweise mit ungesunder Ernährung und zu wenig Bewegung. Das heißt aber auch: Wir können einiges tun, um unser Krankheitsrisiko erheblich zu senken.

Verkalktes Leitungsnetz

Mittlerweile sind weit über 200 Risikofaktoren für Herz-Kreislauf-Erkrankungen ermittelt worden. Das ist natürlich ein recht unübersichtlicher Wust, an dem man sich im Alltag nicht leicht orientieren kann. Deshalb sollte man sich davon auch nicht verrückt machen lassen. Nur wenige sind wirklich praktisch bedeutsam: Die Top drei sind zu hoher Blutdruck, zu viel Fett im Blut und das Rauchen. Letzteres handeln wir mit einem Satz ab: Wer aufhört zu rauchen, lebt statistisch gesehen viele Jahre länger. Die anderen Übeltäter schauen wir uns genauer an.

Hoher Blutdruck, ungünstige Blutfettwerte, verbunden mit chronischer Entzündung, prägen den komplexen Prozess der stetigen Verwüstung der Arterien, der Atherosklerose. Sie beginnt mit kleinen Verletzungen an der inneren Auskleidung der Arterienwände, zum Beispiel durch den zu hohen Blutdruck. Dort lagert sich überschüssiges Cholesterin (die sogenannten LDL-Partikel,[197] gemeinhin als »böses Cholesterin« bekannt) ab und oxidiert (verrostet also beziehungsweise wird »ranzig«). Das ist wahrscheinlich der entscheidende Schritt hin zu den entzündlichen Veränderungen in der Gefäßwand. Spezielle Fresszellen des Blutes nehmen das oxidierte LDL-Cholesterin auf und quellen dabei auf. Diese sogenannten Schaumzellen verursachen dann eine Entzündungsreaktion, welche auch tiefere Schichten der Gefäßwand in Mitleidenschaft zieht. So entstehen allmählich Geschwulste in der Gefäßwand, die als Plaque bezeichnet werden: massenhaft aufgeschwollene oder schon abgestorbene Schaumzellen, Cholesterinablagerungen und Bindegewebe. Bisweilen nistet sich auch noch eine Vielzahl verschiedener Bakterien dort ein.[198] Dabei könnte ein Erreger der Lungenentzündung, *Chlamydia pneumoniae,* eine Rolle spielen,[199, 200] für den Menschen mit einer bestimmten Genvariante besonders anfällig sind.[201]

Das Blut kann an diesen Plaques nicht mehr frei zirkulieren, es kommt zu Strömungswirbeln, verlangsamter Fließgeschwindigkeit und schließlich zu Blutgerinnung

Mittlerweile sind weit über 200 Risikofaktoren für Herz-Kreislauf-Erkrankungen ermittelt worden. Nur wenige sind wirklich praktisch bedeutsam: Die Top drei sind zu hoher Blutdruck, zu viel Fett im Blut und das Rauchen.

177

und lokalen Blutgerinnseln auf dem Plaque, die die Arterie noch weiter einengen. Besonders gefährlich sind sogenannte Soft Plaques, weiche Ablagerungen, die cholesterinreich und noch nicht verhärtet sind. Sie können zum einen bersten, was Verletzung und Blutgerinnung nach sich zieht, wenn Gerinnungsfaktoren mit dem darunterliegenden Gewebe der Gefäßwand in Kontakt kommen. Zum anderen können sich Teile ablösen und an anderen Stellen zu Gefäßverschlüssen führen. Durch den ständigen Gewebeumbau wird die empfindliche Gefäßinnenwand langsam zerstört und durch Narbengewebe ersetzt. Das Endstadium bezeichnen wir gemeinhin als »Arterienverkalkung« (obwohl Kalk nur eine untergeordnete Rolle spielt). Sind unsere Gefäße erst einmal in einem so beklagenswerten Zustand, ist die Gefahr groß, dass es zu kompletten Gefäßverschlüssen kommt. Dann wird es ernst. Wird ein Teil des Herzmuskels aufgrund eines solchen Gefäßverschlusses nicht mehr mit Blut versorgt, erleiden wir einen Herzinfarkt. Wird das Gehirn nicht mehr richtig versorgt, resultiert daraus ein Schlaganfall. Meist ist die Ursache ein Blutgerinnsel, das an einer Engstelle den Blutfluss vollständig blockiert.[202]

Wenn die Blutgefäße im Gehirn selbst durch Arteriosklerose geschädigt sind, können sie bei hohem Blutdruck auch einreißen, und es blutet aus dem Gefäß in das Hirngewebe. Ein solcher blutiger Schlaganfall kann tödlich enden.

Schauen wir uns die Hauptschuldigen und ihre Vergangenheit genauer an, wird klar, weshalb wir heute erstens anfällig für Herz-Kreislauf-Erkrankungen sind und weshalb zweitens diese genetische Anfälligkeit erst durch einen Lebensstil, der in einigen wichtigen Punkten stark von dem unserer Vorfahren abweicht, zum Entstehen der Krankheit führt.

Evolution des Blutdrucks

Die häufigste Diagnose, die Hausärzte heute stellen, lautet: erhöhter Blutdruck. Schätzungen zufolge leiden eine Milliarde Menschen weltweit darunter. Das ist nicht ganz korrekt. Sie leiden nicht. Sie wissen oft noch nicht einmal, dass ihr Blutdruck in einem Bereich über 140 zu 90 Millimeter Quecksilbersäule liegt und sie damit den üblichen Definitionen entsprechend einen zu hohen Blutdruck haben. Hoher Blutdruck ist meist nicht unangenehm. Er ist heimtückisch und fällt nicht auf.[203] Trotzdem kann er zu einem vorzeitigen Tod führen. Er ist der wichtigste Risikofaktor für Herz-Kreislauf-Erkrankungen, und er ist die Hauptursache für Schlaganfall, Herzinfarkt und Nierenversagen.

Menschen benötigen einen höheren Blutdruck als zum Beispiel unsere Vorfahren, die Fische, bei denen das Blut den Körper auf gemächliche Art und Weise durchströmt. Das Fischherz pumpt – anders als das des Menschen – ausschließlich venöses, also sauerstoffarmes Blut. Dieses wird erst in den Kiemen, und nicht wie beim Menschen in der Lunge, mit Sauerstoff angereichert. Doch beim Übergang zu warmblütigen Säugetieren wurde schon etwas mehr Druck nötig, damit bei starker körperlicher Anstrengung schnell genug Sauerstoff zur Verfügung gestellt werden konnte. Die Arterienwände wurden daher dicker und elastischer, um dem erhöhten Blutdruck standhalten zu können. Je größer die Tiere wurden, desto weiter musste auch der Druck anwachsen.[204]

Solange sich das vorwiegend in der Horizontale abspielte, war dies problemlos machbar. Mit dem Übergang zum aufrechten Gang verschärfte sich jedoch das Problem für den Menschen auf zweifache Weise. Erstens

179

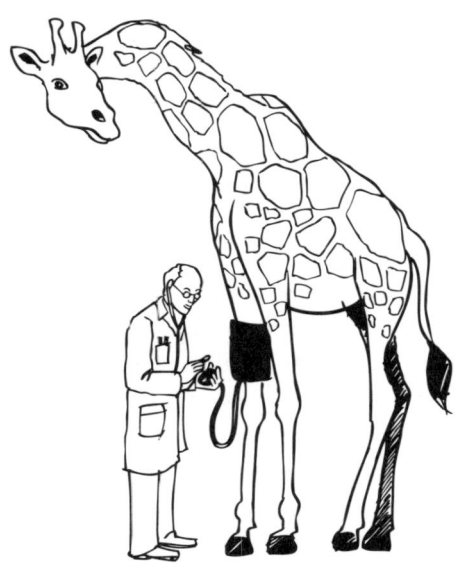

»Haben Sie sich gerade aufgeregt?«
Die Entwicklung des aufrechten Gangs erfordert, dass Blut gegen die
Schwerkraft nach oben ins Gehirn gepumpt wird. Heute ist hoher Blutdruck
einer *der* Risikofaktoren für Herz-Kreislauf-Erkrankungen.

musste nun auch Blut mit einem Druck von 80 bis 120 Millimeter Quecksilbersäule gegen die Schwerkraft nach oben in den Kopf gepumpt werden. Bei der Giraffe etwa beträgt der Blutdruck sogar über 200 Millimeter Quecksilbersäule, um ausreichend Blut durch den langen Hals in den Kopf zu pumpen, und das Herz ist etwa zwölf Kilo schwer. Zweitens wuchs bekanntlich unser Gehirn – das Organ, das am meisten Sauerstoff und Nährstoffe braucht – erheblich an. Da die permanente verlässliche Versorgung des Hirns für uns unerlässlich ist, musste sichergestellt werden, dass ausreichend Druck dafür da ist. Wir können daher davon ausgehen, dass sich in der Zeit vor rund fünf Millionen Jahren der Blutdruck unserer Vorfahren erhöht hat – obgleich es damals natürlich noch keine Hausärzte gab, die regelmäßig den Blutdruck kontrolliert haben. Die Wissenschaft lebt auch hier von Hypothesen.

Es könnte auch anders gewesen sein. Möglicherweise erfolgte die Erhöhung des Blutdrucks als Nebenwirkung einer Anpassung, die eigentlich der besseren Speicherung von Wasser und Salz diente, wodurch der aufrechte Gang erst ermöglicht wurde. Hier spielen die Nieren eine entscheidende Rolle.

Salz, Wasser – und die Rolle der Nieren

Die Niere sorgt dafür, dass Salz (genauer gesagt: Kochsalz) und Wasser im Körper genau reguliert werden, denn der Verlust von Salz führt zu Wasserverlust, Verminderung von Blutvolumen und damit Blutdruckabfall bis hin zur Ohnmacht. Zu viel Salz hält hingegen Wasser im Körper zurück, erhöht das Blutvolumen und steigert den Blutdruck. Bei vielen von uns hat die Niere Schwierigkeiten, überschüssiges Salz aus dem Körper zu entfernen. Der Grund dafür könnte mit unserer evolutionären Vergangenheit zu tun haben.

Die Nieren haben heute verschiedene sehr wichtige Aufgaben. Sie entfernen Schlacken und Fremdstoffe, auch Medikamente, aus dem Blut und sorgen gleichzeitig dafür, dass nützliche Stoffe wie Glukose nicht ausgeschieden werden. Sie haben aber auch noch ihre ursprüngliche Funktion, nämlich die Kontrolle der Salz- und Wasserausscheidung, beibehalten. Die ist entstanden, als Fische vor etwa 400 Millionen Jahren das Meer verließen. Sie mussten dafür sorgen, dass die Salzkonzentration in ihren Zellen aufrechterhalten blieb. Sie war so hoch wie die des damaligen Meerwassers.[205] Daran waren die Vorgänge in der Zelle angepasst und sind es bei uns noch heute.[206] Zudem mussten sie sicherstellen, dass kein überschüssiges Wasser in die Zellen strömte. Genau das passierte aber, weil

Wasser immer dorthin geht, wo die Salzkonzentration höher ist. Sie entwickelten deshalb kleine Pumpen, die Wasser nach draußen, Natrium hingegen in die Zelle beförderten. Wenn in der Zelle die richtige Salzkonzentration vorlag, wurden die entsprechenden Kanäle geschlossen. Da diese molekularen Pumpen beständig Wasser aus den Zellen pumpten, sammelte es sich zwischen den Zellen an, was auf die Dauer auch nicht gut gehen konnte. Tiere, die Mechanismen entwickelten, um besonders wirksam mit Salz und Wasser umzugehen, hatten einen klaren Überlebensvorteil. Ein solches Organ ist die Niere, die sich evolutionär bis zum Menschen zu einer hochkomplexen Struktur entwickelt hat.[207] Sie sorgt jetzt dafür, dass das Wasser aus dem Körper weggeschafft werden kann. Allerdings waren die Nieren über viele Millionen Jahre bis vor Kurzem an eine Salzaufnahme durch Nahrung von nicht mehr als einem Gramm pro Tag gewöhnt. Einen Überschuss gab es nicht. Der tauchte erst viel später auf, und nur beim Menschen. Heute nehmen in Deutschland Männer im Schnitt 8,78 Gramm und Frauen 6,33 Gramm Salz pro Tag zu sich.[208] Und einige weitaus mehr. So geraten unsere Zellen in eine salzreiche Umgebung, an die sie nicht angepasst sind. Da sie über eine ausreichende Menge Salz verfügen, nehmen sie kein Salz auf. Stattdessen dringt Flüssigkeit aus den Zellen heraus und gelangt in die Venen. Durch die zusätzliche Flüssigkeit steigt die Blutmenge an. Fließt diese vermehrte Blutmenge zum Herzen, muss dieses stärker pumpen, um sie durchzuschleusen. Dies hat zur Folge, dass der Blutdruck steigt.

So müsste eine salzreiche Ernährung grundsätzlich zu hohem Blutdruck führen. Das ist jedoch nicht notwendig der Fall. Denn wir haben ja die Nieren, die Schwankungen beim Salz ausgleichen. Sie regulieren zudem das Blutvolumen und damit den Blutdruck, indem sie Wasser einbehalten oder durch den Urin ausscheiden.[209] Da Bluthochdruck in der Vergangenheit kein Problem war, hat die Niere vor allem die Aufgabe, darauf zu achten, dass der Blutdruck nicht zu sehr fällt. Denn dies gefährdet die Blutversorgung des Gehirns und anderer wichtiger Organe. Sind Blutdruck beziehungsweise Blutvolumen zu niedrig, schüttet sie ein Hormon namens Renin aus, das über verschiedene Stationen dazu führt, dass sich die Gefäße verengen und mehr Salz und Wasser ins Blut zurückgeführt wird. Beides hat zur Folge, dass der Blutdruck ansteigt.

Diese Mechanismen, die uns Landtieren dazu dienten und heute noch dienen, Wasser und Salz im Körper zu halten, waren ein großer Evolutionsvorteil. Sie neigen heute bei dauerhaft sehr hoher Salzzufuhr jedoch dazu, dass sich der Blutdruck tendenziell zu sehr auf der » sicheren «, nämlich » hohen « Seite befindet. Und dies ist offenbar verstärkt bei Menschen der Fall, deren Vorfahren Erfahrung mit Salz- und Wassermangel machten – das ist die genetische Seite des hohen Blutdrucks.[210, 211]

Wer ist gefährdet?

Schauen wir, wie sich die Häufigkeit von Bluthochdruck auf die verschiedenen Länder der Welt verteilt. Ergebnis: Menschen, deren Vorfahren aus wärmeren Klimazonen stammen, sind anfälliger als solche, die aus kühleren Regionen kommen. Wo es heiß ist, müssen Menschen, die körperlich aktiv sind, ein effektives System zur Kühlung entwickeln. Unsere Vorfahren in der Savanne wurden daher zu wahren Meistern im Schwitzen. Denn Schweiß kühlt uns, wenn er verdunstet. Schweiß ist aber salzig. Wir verlieren also beim Schwitzen Salz. Die Nahrung unserer Vorfahren war jedoch ausgesprochen salzarm.[212] So dürfte sich für Individuen, die eher in der Lage waren, das Salz im Körper zu behalten, ein Selektionsvorteil ergeben haben. Salz war knapp, und Körper profitierten davon, wenn sie das kostbare Gut nicht verschwendeten. Einige Genvarianten, die dies ermöglichen, sind inzwischen identifiziert worden.[213]

Die Situation änderte sich im Verlauf der letzten 50 000 Jahre, als die Menschen in kühlere Klimazonen wanderten und dort weniger schwitzten. Je weiter nach Norden sie kamen, desto weniger mussten sie gegen Wasser- und Salzverlust gefeit sein. In der Folge verbreiteten sich Genvarianten, die die Ausscheidung von Salz erleichterten und einen niedrigeren Blutdruck ermöglichten.[214, 215] Wer in der heutigen Welt diese Genvarianten aufweist, ist im Hinblick auf Bluthochdruck und die damit verbundenen Krankheiten besser dran. Denn für unser heutiges Leben sind die alten, salzsparenden Genvarianten eher ungünstig, weil wir zu viel Salz mit der Nahrung aufnehmen.

> Wir verlieren beim Schwitzen Salz. Die Nahrung unserer Vorfahren war ausgesprochen salzarm, deshalb hatten Individuen, die vermehrt das Salz im Körper behalten haben, wahrscheinlich einen Selektionsvorteil. Salz war knapp, und Körper profitierten davon, wenn sie das kostbare Gut nicht verschwendeten.

Das Salz in unserem Essen spielt eine große Rolle. Der Hauptgrund für den stark wachsenden Salzkonsum in der Zeit, als sich die Landwirtschaft ausbreitete, war, dass man mit Salz Nahrungsmittel sehr gut haltbar machen konnte. Das war von großer Bedeutung. Insbesondere Fleisch verdirbt schnell. Die Konservierung mit Salz ermöglichte die Aufbewahrung und den Handel. So ist es kein Wunder, dass die wahrscheinlich salzigste Ernährung aller Zeiten im 15. Jahrhundert in Schweden zu finden war. Berechnungen zufolge könnte der Pro-Kopf-Verbrauch an Salz damals bei 100 Gramm pro Tag gelegen haben, was vor allem durch gesalzenen Fisch zustandekam.[216] Im Vergleich dazu ernähren wir uns heute – nicht zuletzt dank Kühlschrank und Tiefkühltruhe – mit sieben bis acht Gramm pro Person und Tag noch relativ salzarm. Dennoch ist es weit mehr, als wir benötigen.

Die Nieren sind mit der Aufgabe betraut, überschüssiges Salz im Urin auszuscheiden. Und das gelingt ihnen bei fast allen von uns zumindest in der ersten Lebenshälfte zumeist gut, bei sehr vielen jedoch mit zunehmendem Alter nicht mehr in gleichem Maße. Dann steigt der Blutdruck an, und es kann zu krankhaftem Bluthochdruck kommen.

Im Prinzip könnte man mit einer konsequent salzarmen Ernährung bei kochsalzempfindlichen Menschen Bluthochdruck effektiv bekämpfen. Eine solche Ernährung ist heutzutage aber schwer durchzuhalten, und nicht alle Menschen sind salzempfindlich. Deshalb wird Bluthochdruck meist zusätzlich medikamentös behandelt. Wenn der Blutdruck abgesenkt ist, kann salzarme Kost gemeinsam mit anderen Maßnahmen eventuell dazu beitragen, dass auf die weitere Einnahme von Blutdrucksenkern verzichtet werden kann.[217]

Süße Gefahren

Wenn wir oben gesagt haben, dass Menschen in Jäger-und-Sammler-Kulturen kaum Salz aßen, so können wir ebenso gut darauf hinweisen, dass sie auch kaum Zucker und andere konzentrierte Kohlenhydrate zu sich nahmen. Betrachten wir also den zweiten Verdächtigen: Zucker. Der deutsche Chemiker Carl von Voit stellte 1860 als Erster fest, dass zuckerreiche Nahrung dazu führt, dass der Körper Wasser zurückhält. Auch hier ist die Niere im Spiel. Die Kohlenhydrate bewirken einen Anstieg des Insulinspiegels. Dieser wiederum hat zur Folge, dass in der Niere Salz aus dem Primärharn wieder ins Blut zurückbefördert und somit weniger Salz ausgeschieden wird.[218] Und genau das führt zum Blutdruckanstieg, denn nicht nur die Aufnahme des Salzes ist entscheidend, sondern auch die unzureichende Ausscheidung.[219] Eine Reihe weiterer Mechanismen werden diskutiert.[220] Es ist jedoch umstritten, ob erhöhte Insulinwerte auch langfristig zu hohem Blutdruck führen.[221]

Eine besondere Bedeutung könnte dem Fruchtzucker (Fruktose) zukommen. Dieser treibt zum Beispiel bei Ratten den Blutdruck so verlässlich in die Höhe, dass man mit Fruktose gefütterte Ratten zur Testung von blutdrucksenkenden Mitteln einsetzt.[222] »Fruchtzucker führt offenbar zu einem Anstieg des Harnsäurespiegels und dieser wiederum zum Anstieg des Blutdrucks. Obgleich spekulativ, schlagen wir vor, dass die weltweite Epidemie bei Bluthochdruck, Fettsucht und dem metabolischen Syndrom seine Wurzeln im deutlichen Anstieg der Aufnahme von Fruchtzucker und dem daraus folgenden Anstieg des Harnsäurespiegels haben könnte, der sowohl in den Entwicklungsländern als auch in den Industriestaaten im letzten Jahrhundert beobachtet wurde«, fassen Forscher aus den USA und Mexiko ihre Überlegungen hierzu zusammen.[223] Daraus abzuleiten, Obst sei ungesund, ist sicher falsch. Der hohe Konsum an Fruchtzucker ist heute vor allem auf Haushaltszucker und das Süßungsmittel HFCS (*High Fructose Corn Syrup*) zurückzuführen, mit dem seit Ende der 1970er-Jahre eine Vielzahl von Fertigprodukten wie Joghurts, Kekse und so weiter und Limonaden gesüßt werden.

Fett und böses Cholesterin

Der zweite große Risikofaktor neben dem Bluthochdruck sind die Blutfette. Dazu gehören Cholesterin und die eigentlichen Fette, verschiedene Fettsäuren, die als Triglyceride im Blut transportiert werden. Das Thema wird oft noch sehr vereinfacht dargestellt. Fett gilt vielen pauschal als ungesund. Wenn wir gesund bleiben wollen, achten wir auf fettarme und »cholesterinbewusste« Ernährung. Aber senken wir damit wirklich unser Risiko für Atherosklerose? Seit einiger Zeit ist das *low fat*-Dogma ins Wanken gekommen. Die ursprüngliche Annahme, dass wer viel Fett isst, seinen Cholesterinspiegel in die Höhe treibe, löste sich vor allem deshalb auf, weil die Wissenschaft feststellte, dass Fett nicht gleich Fett und Cholesterin nicht gleich Cholesterin ist.[224]

Diese differenzierte Sicht lässt nun nicht mehr zu, Fett und Cholesterin pauschal als Sündenbock hinzustellen. Heutzutage bekommt man leicht den Eindruck, Cholesterin sei eine Art Schadstoff – tatsächlich ist der Stoff für uns aber ungemein wertvoll und absolut unverzichtbar. Deshalb befinden sich in der Leber und in der Darmschleimhaut Cholesterin»fabriken«, die die Versorgung des Körpers unabhängig davon, was wir essen, sicherstellen. Nur etwa zehn Prozent des von uns benötigten Cholesterins nehmen wir mit der Nahrung auf. Die Höhe des Cholesterinspiegels hängt vor allem von der körpereigenen Produktion ab. Das Gehirn, das einen besonders hohen Bedarf daran hat, stellt das Cholesterin, das es benötigt, fast komplett selbst her und recycelt es sehr effizient.[225]

Ob eine sehr cholesterinreiche Nahrung zu einer Erhöhung des Cholesterinspiegels führt, ist von Mensch zu Mensch unterschiedlich. Die immer wieder verbreitete Behauptung, der Cholesterinspiegel spiele für das Herzinfarktrisiko keine Rolle, ist damit ebenso falsch wie die Verteufelung des Cholesterins – dies zeigen nicht nur Medikamentstudien, sondern auch genetische Untersuchungen. So weisen elf Prozent aller Europäer eine Genvariante auf, die für einen verringerten Cholesterinspiegel verantwortlich ist: Diese Glücklichen haben ein um 23 Prozent geringeres Herzinfarktrisiko.[226]

Zwischen ungünstigen Blutfettwerten und der Menge

an Fett und Cholesterin, die wir zu uns nehmen, gibt es also keinen klaren und einfachen Zusammenhang. Gleichzeitig haben Forscher in den letzten Jahren auch verstärkt die Rolle des Zuckers unter die Lupe genommen und sind zum Schluss gekommen, dass ein hoher Zuckerkonsum verantwortlich für ungünstige Blutfettwerte sein kann. [227] Was die Erforschung des Zusammenhangs von Ernährung und Herzgesundheit betrifft, ist also noch einiges im Fluss. Es gibt daher heute aus wissenschaftlicher Sicht auch nur in Teilen Einigkeit über Ernährungsempfehlungen.

Das Risiko senken

Herz-Kreislauf-Erkrankungen sind in westlichen Industrienationen die Todesursache Nummer eins. Doch sie haben immerhin den großen Vorteil, dass man relativ leicht das Risiko senken kann. Denn außer den eigenen Genen lassen sich alle wichtigen Risikofaktoren mit wenig Aufwand vermeiden oder positiv beeinflussen.

Ein Rauchstopp im Alter von 30, 40, 50 oder 60 Jahren verlängert das Leben um zehn, neun, sechs beziehungsweise drei Jahre. Nichtraucher haben gegenüber Rauchern ein um 75 Prozent vermindertes relatives Risiko für den ersten Herzinfarkt.

Die Ernährung spielt, wie oben dargestellt, eine große Rolle. Wer den Blutdruck senken und die Blutfettwerte günstig beeinflussen möchte, kann etwas experimentieren, um herauszufinden, was bei ihm funktioniert. Ausgangspunkt kann die Orientierung an der Ernährung unserer Vorfahren sein. Die Reduktion von Salz kann helfen, ebenso die Reduktion von Zucker und anderen Kohlenhydraten. Die Rolle von Fett ist umstritten. Obst und Gemüse sind vor allem positiv, weil sie über Kaliumzufuhr den Blutdruck senken können und teilweise Stoffe wie Flavonoide enthalten, die antioxidativ und gefäßschützend wirken.[228, 229]

Ganz wichtig für die Herzgesundheit ist im Übrigen, wie allgemein bekannt und wie wir im Kapitel »Das Leben zwischen Fahrstuhl und Sitzgruppe« bereits beschrieben haben, körperliche Aktivität und das Vermeiden der Dickbäuchigkeit.

Der Feind im eigenen Körper

Krebs ist uns nicht geheuer. Er ist tückisch und entwickelt sich weitgehend unbemerkt. Selbst nach erfolgreicher Behandlung kann man nie sicher sein, dass er nicht wieder auftaucht. Wir werden besser verstehen, warum das so ist und wie in Zukunft Therapien entwickelt werden können, die wirkliche Heilung bedeuten, wenn wir auch Krebs im Lichte der Evolution sehen.

Vor 1,5 bis 1,2 Milliarden Jahren begannen sich in den primitiven mehrzelligen Lebewesen einzelne Zellen zu spezialisieren. Damit war die Grundlage für jene Krankheit gelegt, die heute die meisten Menschen fürchten wie sonst keine. Denn Krebs entsteht, wenn Zellen in einem Organismus aus der Reihe tanzen und ein Eigenleben führen. Krebs ist eine alte Krankheit. Der älteste bekannte Tumor wurde in einem fossilen, 150 Millionen Jahre alten Dinosaurierknochen diagnostiziert. Wir müssen davon ausgehen, dass es schon seit vielen Hundert Millionen Jahren Krebs gibt. Er tritt bei allen Wirbeltieren auf und sogar bei einigen Schnecken. Das ist nicht verwunderlich, denn Krebs beruht eben auf sehr alten und für die Entwicklung des Lebens unerlässlichen Mechanismen der Kontrolle des Wachstums und der Zelldifferenzierung.

Jede Zelle reagiert auf die Umwelt. Sie ist Belastungen ausgesetzt und versucht, diese zu überstehen, um zu überleben. Die unbelebte Natur setzt uns mit energiereicher Strahlung aus verschiedenen Quellen zu, die das Erbgut schädigen kann. Tiere und Pflanzen bilden allerlei Giftstoffe, die Mutationen auslösen können. Wenn organisches Material verbrennt, also bei jedem Feuer, entstehen unzählige Erbgut schädigende Substanzen, die wir mitunter einatmen. Auch der Körper selbst sorgt dafür, dass das Erbgut in den Zellen strapaziert wird. Verantwortlich dafür ist oxidativer Stress, der entsteht, wenn die Reaktion von Sauerstoff- und Wasserstoff im Körper unvollständig abläuft und sich sogenannte »freie Radikale« bilden. Diese attackieren unter anderem das Erbgut und sorgen für Mutationen. Nicht zuletzt macht auch die kleine Maschine, die in jeder Zelle dafür verantwortlich ist, das Erbgut zu kopieren, immer wieder Fehler.

Alle Lebewesen sind also schon immer damit konfrontiert, dass die Baupläne in ihren Zellen geschädigt werden. Und das nicht zu knapp: Jeden Tag treten im Erbgut jeder Zelle unseres Körpers mehrere Zehntausend Beschädigungen auf.[230]

Ständiger Reparaturbetrieb

Damit das Erbgut nicht in kurzer Zeit komplett zerschossen ist, sind schon sehr früh in der Evolution Reparaturmechanismen entstanden. Es wird unablässig geflickt. Aber manchmal kommt es dennoch zu irreparablen Schäden, die dazu führen können (aber nicht müssen), dass die Zelle nicht mehr richtig funktioniert. Diese bleibenden Schäden nennt man Mutationen. Sie sind weniger problematisch, als es auf den ersten Blick scheint. Denn Zellen werden ohnehin periodisch erneuert. Ist eine kaputt, wird sie eliminiert oder stirbt von allein. Heikel wird es, wenn aufgrund einiger seltener Mutationen eine Zelle nicht stirbt, sondern sich munter vermehrt und nicht mehr an die strenge Hausordnung in unserem Körper hält. Solche Entgleisungen sind selten. Da aber die Vermehrung das (im mehrzelligen Organismus nur unterdrückte) Urinteresse jeder Zelle ist, sind sie letztlich auch unvermeidbar.

Vom ersten Ausscheren bis zur lebensbedrohlichen Krebserkrankung ist es ein weiter Weg. Viele Mutationen müssen sich ansammeln. Es vergehen in der Regel Jahrzehnte. Beim Menschen, und nur beim Menschen und erst seit dem 20. Jahrhundert, ist Krebs eine der häufigsten Todesursachen geworden. Dass er heute so häufig ist und dass es so immens schwer ist, ihn zu besiegen, hat jedoch sehr viel damit zu tun, dass Krebs im Grunde schon uralt ist.

Risikofaktor Alter

Tiere bekommen Krebs. Unsere Vorfahren in der Steinzeit bekamen Krebs. Und wir bekommen Krebs. Aber heute ist die Krankheit weit häufiger als früher. Jeder Dritte von uns erfährt irgendwann aus dem Mund eines Arztes, dass bei ihm ein Krebsleiden festgestellt wurde, und 20 Prozent aller Menschen sterben daran. Dafür gibt es eine einfache Erklärung. Wir werden heute sehr alt. Wir geben damit dem Krebs die Zeit, die er braucht, damit sich aus jener ersten mutierten Zelle ein expansiver Klon bilden kann, der sich im ganzen Körper ausbreitet, oft in mehrere Organe hineinwuchert und diese zerstört, Tochtergeschwülste in weiteren Geweben bildet und uns schließlich tötet. Diese Zeit hatte er nicht, als die durchschnittliche Lebenserwartung der Menschen bei 20, 30 oder 40 Jahren lag. Deshalb ist es in der Evolution nur selten dazu gekommen, dass krebsbegünstigende Genvarianten aussortiert wurden. Krebs trifft uns in aller Regel erst, wenn wir unsere Gene längst an unsere Kinder weitergegeben haben. Das ungewöhnlich hohe Alter, das wir heute durchschnittlich erreichen, ist also ein wesentlicher Grund dafür, dass Krebs so häufig vorkommt. Doch auch Umweltfaktoren tragen ihren Teil dazu bei.

Es gibt somit zwei Möglichkeiten, um vielleicht dem

Krebs zu entgehen. Die erste: früh an etwas anderem zu sterben. Das ist die sicherste und zugleich die schlechteste Variante. Die zweite: verstehen, welche Umweltfaktoren Krebs am meisten begünstigen, und diese in der persönlichen Lebensführung berücksichtigen. Das ist machbar und führt dazu, dass die Krebssterblichkeit weiter sinken wird. Für den Einzelnen bietet es jedoch keine Sicherheit. Auch wenn man das Risiko senkt, kann es einen erwischen. Denn letztlich spielt auch der Zufall eine große Rolle – wer Krebs bekommt, hat häufig auch einfach Pech. Deshalb ist es sinnlos, die Frage nach dem »Warum« zu stellen, nachdem man die Diagnose erfahren hat. Es gibt nie eine einfache Antwort auf diese Frage. Krebs ist komplex: keine einfachen Ursachen, keine Wundermittel, die schützen, keine Universaltherapien, die heilen. Man kann aber etwas dagegen tun. Und wenn wir dafür sorgen, dass immer weniger Menschen solches Pech haben, dann ist schon einiges erreicht. Einen wichtigen Beitrag leistet natürlich auch die Medizin, insbesondere die Früherkennung.

Die Ursprünge einer Zivilisationskrankheit

Krebs beginnt in den meisten Fällen mit einer Veränderung des Erbgutes in einer Zelle – einer Genmutation. Ist eine Eizelle oder ein Spermium betroffen, dann kommt der damit gezeugte Mensch bereits mit der entsprechenden Mutation in allen seinen Körperzellen zur Welt und hat ein sehr stark erhöhtes Krebsrisiko. In den meisten Fällen tritt die entscheidende Mutation aber lange nach der Geburt in einer einzelnen Körperzelle auf.

Die Häufigkeit von Mutationen steigt an, wenn mutagene Chemikalien oder Strahlen einwirken. Doch Mutationen gehören zum Leben. Denn ohne Veränderungen im Erbgut gäbe es keine Evolution. Wenn sich ein hypothetisches erstes Lebewesen stets fehlerfrei repliziert hätte, dann bestünde alles Leben aus identischen Kopien dieses ersten Einzellers. Genau genommen hätte sich sogar dieser nicht bilden können. Am Anfang von Krebs steht damit ein Grundmechanismus der Evolution und des Lebens. In gewisser Hinsicht sind somit auch die erbgutschädigenden Faktoren wie Strahlung und Gifte wichtige Bestandteile des evolutionären Prozesses. Kosmische Strahlung, natürliche radioaktive Strahlung des Gesteins, UV-B- und UV-C-Strahlung der Sonne, Infektionserreger, natürliche Insektizide, Pestizide und Fungizide der Pflanzen und sonstige Giftstoffe schädigen seit jeher das Erbgut. Hinzu kommt noch der Sauerstoff. Aber auch der ist bekanntlich nicht aus unserem Leben wegzudenken. Er kam als Abfallprodukt der Photosynthese der Cyanobakterien, die vor 3,5 Milliarden Jahren zu den ersten Lebewesen zählten, in die Welt. Die Konzentration stieg allmählich, und Sauerstoff entwickelte sich zu einer üblen Luftverschmutzung. Denn er ist sehr reaktionsfreudig und war für damals lebende Organismen, denen es nicht gelang, Abwehrmechanismen zu entwickeln, tödlich. Heute benötigen fast alle Tiere und die meisten Pflanzen Sauerstoff zum Leben. Wir nutzen ihn zur Energiegewinnung in den Zellen und haben gelernt, mit den schädlichen Nebenprodukten dieses Prozesses umzugehen. Denn in seiner freien Form, als sogenanntes Radikal, ist Sauerstoff krebserregend.

Ohne Veränderungen im Erbgut gäbe es keine Evolution. Wenn sich ein hypothetisches erstes Lebewesen stets fehlerfrei repliziert hätte, dann bestünde alles Leben aus identischen Kopien dieses ersten Einzellers. Genau genommen hätte sich sogar dieser nicht bilden können.

Vermehrung, Differenzierung und Wanderschaft

Das nächste große Problem liegt darin, dass wir Mehrzeller sind – so ungefähr Hundertbillionenzeller. Legte man die durchschnittlich nur 40 tausendstel Millimeter kleinen Zellen eines einzigen Menschen aneinander, reichten sie vier Millionen Kilometer weit – oder 100-mal um die Erde. Die Zellen in unserem Körper haben unterschiedliche Jobs, bilden unterschiedliche Organe und Gewebe. Jeder von uns fängt aber als Einzeller an. Um zu wachsen und zu einem Menschen mit allem Drum und Dran zu werden, müssen die Zellen sich vermehren, sich verwandeln, differenzieren und an andere Orte im Körper wandern. Das hört sich ziemlich nach Krebs an, oder? Es sind im Grunde auch die gleichen Prozesse. Und sie gehören seit gut einer Milliarde Jahren zum Leben. Nicht nur um Krebs zu verhindern, müssen diese Vorgänge extrem gut kontrolliert werden, sondern auch, um sicherzustellen, dass aus dem Embryo ein gesundes Baby wird.

Kein Kontrollmechanismus ist jedoch so perfekt, dass in Milliarden von Zellen alles nach Plan läuft. Bei jeder Zellteilung und der dabei notwendigen Verdopplung der über drei Milliarden Bausteine des menschlichen Genoms entstehen ungefähr zwölf Fehler. Das ist ein sehr präziser Kopierprozess. Bei 100 Billionen Zellen tritt aber dennoch die enorme Menge von 1,2 Billiarden Fehlern auf. Die Entstehung von Krebs ist daher letztlich unvermeidbar. Wäre unser Leben nicht aus anderen Gründen zeitlich begrenzt, würden wir vermutlich alle irgendwann an Krebs erkranken. Der britische Krebsforscher Mel Greaves fasst zusammen: »Unsere Gewebe sind so konstruiert, dass sie sich im Prinzip ständig am Rande des Chaos bewegen, und das Pendel kann in genau diese Richtung ausschlagen, wenn Zellen oder Gewebe chronischem oder lange andauerndem Stress, natürlichen oder endogenen DNA-schädigenden Substanzen oder Mutationen ausgesetzt sind. Daher sind kleine Tumoren und auch ein gewisses Maß an Krebserkrankungen unvermeidlich und entsprechend in der gesamten Natur verbreitet.«[231] Das klingt fatalistisch, deutet aber auch schon darauf hin, dass man sein Risiko reduzieren kann, wenn man Stress vermeidet. Mit »Stress« ist dabei nicht das gemeint, was wir üblicherweise darunter verstehen. Es geht um Stress für die Zellen. Und in welchem Maße dieser entsteht, hat viel mit unserer Lebensweise zu tun – wobei ein vermeintlich »stressfreies«, also gemütliches Leben für das Erbgut in der Zelle durchaus sehr stressig sein kann.

Evolution in uns

Wenn Lebewesen sich vermehren, dabei leicht verändern und sich über viele Generationen die Varianten, die an die jeweilige Umwelt besser angepasst sind, stärker ausbreiten als die Varianten, die weniger gut angepasst sind, dann haben wir es mit Evolution zu tun. Da die Zellen in unserem Körper alle nur eine begrenzte Lebensdauer haben, gleichzeitig aber die Gesamtzahl von Tausenden von Milliarden einigermaßen stabil bleiben muss, werden permanent neue Zellen gebildet. In jeder Sekunde sind es unter anderem über eine Million Blutzellen und ebenso viele Darmzellen. Und jede von ihnen ist ein potenzieller Ausreißer, der dem Kontrollsystem entkommen kann. Darum sind Blutkrebs und Darmkrebs keine Seltenheiten.

Eine Zelle ist im Grunde ein eigenständiges Lebewesen. Sie kann sich in einem geeigneten Lebensraum beliebig fortpflanzen und eine Evolution durchlaufen. Unser Körper ist ein solcher Lebensraum. Besser als jede Kulturschale kann er Zellen mit Nahrung, Wärme und Sauerstoff versorgen. Grundsätzlich sind daher in unseren Organen die Umweltbedingungen genau kontrolliert. Überleben und sich vermehren dürfen nur die Zellen, die am richtigen Ort zur richtigen Zeit die richtige Genaktivität aufweisen. Eine Zelle, die an den falschen Ort gerät oder sich nicht in der vorgesehenen Weise benimmt, wird vom Körper normalerweise eliminiert. Aber die Kontrolle kann nie perfekt sein.

Immer wieder macht sich eine Zelle selbstständig und schafft es, durch eine Mutation Tochterzellen hervorzubringen, die nicht eliminiert werden und sich im Körper besser vermehren als andere Zellen, mit denen sie in Konkurrenz stehen. Dann entsteht ein Zellklon – der erste Schritt auf dem Weg zum Tumor. Die dazugehörigen Zellen vermehren sich wie Parasiten in unserem Körper. Aber sie gelangen auch schnell an ihre Grenzen. Nach und nach müssen weitere Mutationen hinzukommen, die die Kinder und Kindeskinder der abtrünnigen Zellen immer gefährlicher machen und es ihnen erlauben, Kontrollmechanismen auszuschalten und noch aggressiver zu wachsen. So dauert es meist Jahre und Jahrzehnte, bis die Nachkommen jener einen Zelle, die irgendwann aus der Gemeinschaft unserer Körperzellen ausgetreten ist, einen eigenen Tumor bilden, der über tausend Milliarden Zellen umfassen kann und als Krebserkrankung manifest wird. Wenn die Abwehrmechanismen des Körpers versagen, kann dieser Prozess auch sehr viel schneller ablaufen.

Millionen Anläufe

Es ist extrem selten, dass es so weit kommt. Erforderlich sind wahrscheinlich fünf bis zehn entscheidende Mutationen, die es dem Tumor ermöglichen, verschiedene Hürden zu nehmen und die Kontrollmechanismen auszuschalten. Doch stets reicht eine einzige Zelle, bei der sich die Mutationen finden müssen, um in die nächste Runde zu gelangen. Am Anfang besteht der Zellklon vielleicht nur aus zehn Millionen Zellen. Wenn eine Einzige von diesen die passende Mutation aufweist, wird sie für die weitere Expansion sorgen, während die restlichen 9 999 999 als harmloser Minitumor zurückbleiben oder auch wieder absterben.

Millionen Mal wird von irgendeiner Zelle der erste Schritt getan. Aber fast nie ist der entstehende Klon so »erfolgreich«, dass er am Ende seinen Wirt (und damit auch sich selbst) tötet. Denn natürlich versucht unser Körper, den Aufstand zu verhindern. Die wichtigste Maßnahme gegen entartete Zellen ist der sogenannte programmierte Zelltod (Apoptose), eine Art Selbstmordprogramm, das aktiviert wird, wenn die vorgegebene Lebenszeit der Zelle abgelaufen ist oder DNA-Schäden auftreten. Um Killer zu werden, müssen Krebszellen also zunächst das Merkmal der Sterblichkeit ablegen. Ist das geschafft, kann ein Tumor entstehen, der jedoch weitere Hürden nehmen muss. Wenn er größer als zwei Kubikmillimeter werden will, muss er seine eigene Blutversorgung mit kleinen Blutgefäßen organisieren. Will er weiterwachsen, muss er Barrieren durchbrechen, um in andere Gewebe einzudringen. Und er muss sich vor allem so »asozial« verhalten, dass er nicht auf die Signale der ihn umgebenden Zellen reagiert. Bei den Tumorzellen handelt es sich, wie Mel Greaves sagt, um Zellen, die den »evolutionär entwickelten Gesellschaftsvertrag« brechen.[232]

Ein Tumor verhält sich »asozial«, da er nicht auf die Signale der ihn umgebenden Zellen reagiert. Tumorzellen brechen den »evolutionär entwickelten Gesellschaftsvertrag«.

Stammzellen im Visier

Offensichtlich gibt es eine Reihe von Organen, die sehr häufig von Krebs befallen werden. Dies hat seine Gründe. Gefährdet sind Gewebe, die sich häufig erneuern oder nach Verletzung regenerieren müssen. Sie verfügen über ein Reservoir von Stammzellen, die speziell dazu da sind, neue Zellen hervorzubringen. Sie sind langlebig, selbst noch wenig spezialisiert, unbegrenzt teilungsfähig und prinzipiell in der Lage, im Körper zu wandern. Wenn die für diese Eigenschaften verantwortlichen Gene, die in den Stammzellen aktiv sind, mutieren, dann können solche Zellen einen großen Überlebensvorteil bekommen. Das macht sie gefährlich und zum idealen Ausgangspunkt für die Tumorbildung.

Wenn Stammzellen entarten, bringen sie mutierte Zellen hervor, die sich besser vermehren, gleichzeitig weniger auf hemmende Signale reagieren, ihr Selbstmordprogramm deaktiviert haben und nicht richtig zu differenzierten Körperzellen ausreifen. Weil sie nicht ausreifen, bilden sie kein reguläres Gewebe, sondern wuchern einfach nur, verdrängen dabei zunehmend andere Körperzellen und mutieren munter weiter. Es entstehen immer neue Varianten, darunter auch solche, die aggressiver oder resistenter gegen die Abwehrversuche des Körpers sind. Diese vermehren sich besser als andere und machen immer größere Teile des Tumors aus. Er wird zu einem Verband von unsterblichen, aber vollkommen orientierungslosen Superzellen.

In Muskeln, Knochen, Augen und anderen Geweben sind Stammzellen nur so lange in hohem Maße aktiv, wie der Körper im Wachstum begriffen ist. Deshalb treten entsprechende Krebserkrankungen insbesondere in der Kindheit auf, Knochenkrebs vor allem bei Jugendlichen in der Phase schnellen Wachstums. Bei Erwachsenen und damit insgesamt häufiger sind Tumoren in Geweben, in denen Stammzellen das ganze Leben über sehr aktiv sind und für Zellnachschub sorgen: in der Lunge, im Magen, im Darm, in Drüsen (Brust und Prostata), in Eierstöcken, Gebärmutter und Gebärmutterhals sowie im Blut. Die Überlegung, dass Krebs bevorzugt aus der Entartung von Stammzellen hervorgehen könnte, ist noch relativ neu.[233] Wenn sie zutrifft, fordert dies ein Umdenken in der Krebstherapie. Denn die bisher üblichen Behandlungsmethoden richten sich vor allem gegen Zellen, die sich schnell teilen. Insbesondere dadurch unterscheiden sich Tumorzellen von anderen Zellen des Körpers. Die Stammzellen selbst sind jedoch gar nicht sehr teilungsaktiv. Sie produzieren nur relativ wenige Tochterzellen. Und erst diese Tochterzellen vermehren sich schnell über lange Zeit, um den Nachschub an spezialisierten Körperzellen hervorzubringen. »Es könnte sein, dass viele Therapieverfahren gegen Krebs deshalb so wenig erfolgreich sind, weil sie sich schlicht auf die falschen Zellen stürzen, die Hauptschuldigen aber ungeschoren lassen«, vermutet der Stammzellforscher Gerd Kempermann.[234] Die Krebsstammzellen entkommen dem Angriff und beginnen ihre Machenschaften nach Ende der Behandlung von Neuem. Das klingt wenig ermutigend. Doch die Erkenntnis, dass die Entstehung von Krebs nach den Regeln der Evolution verläuft, gepaart mit dem schnell wachsenden Wissen über die Differenzierungsprozesse von Stammzellen, bietet vielversprechende Ansätze, um endlich effektive Therapien zur Behandlung von Krebs zu finden.

Problemfaktor resistente Krebszellen

Eine zweite große Herausforderung ist die Resistenzbildung von Krebszellen. Es müssen Therapien gefunden werden, die nicht zu einer künstlichen Selektion und zur

Herausbildung von noch hartnäckigeren Tumoren führen. Das Risiko, dass es dazu kommt, ist bei herkömmlichen Chemotherapien deshalb so hoch, weil bei diesen entweder in der Natur vorkommende Gifte oder Nachbildungen beziehungsweise Varianten derselben eingesetzt werden. Das bedeutet jedoch, dass es in der Natur auch Mechanismen gibt, um solchen Giften zu widerstehen. Das schaffen zum Beispiel kleine Pumpen in der Zellmembran, die das Gift einfach sofort wieder aus der Zelle hinauspumpen. Und die Chance, dass zumindest einige wenige Tumorzellen durch Mutationen in den Besitz solcher Mechanismen gelangt sind, ist groß.

Bekämpft man Krebszellen mit Gift, sogenannten Zytostatika, oder Strahlung, so passiert im Grunde das Gleiche wie bei der Antibiotikabehandlung einer Infektion. Ein großer Teil der Zellen stirbt. Es überleben lediglich die, die gegen die Bestrahlung oder das Chemotherapeutikum resistent sind. Sie können sich anschließend besser vermehren. Der Krebs kann zurückkehren und muss mit neuen Waffen bekämpft werden, da die alten stumpf geworden sind. Das Spiel läuft also genauso ab, wie wir es auch in der Landwirtschaft kennen. Man erfindet ein Insektizid und tötet damit Schädlinge. Ein paar von ihnen sind aber – wie es der evolutionäre Zufall will – resistent und überleben. Sie können sich nun prächtig vermehren. Das Gleiche gilt für Unkraut und eben auch für Krebszellen: Die Evolution pfuscht hier dem Menschen ins Handwerk und macht seine Bemühungen leicht zunichte. Aber wir sind lernfähig, und die Krebsforschung arbeitet daran, Achillesfersen des Krebses zu erkennen und ganz gezielt auszunutzen. Etwa indem man zu verhindern versucht, dass sich Blutgefäße bilden, die den Tumor mit Nahrung und Sauerstoff versorgen. Dann würde er ausgehungert. Man kann auch versuchen, das Selbstmordprogramm wieder zu aktivieren, das in den Krebszellen zwar nicht reagiert, aber prinzipiell noch vorhanden ist. Man kann die Kommunikation zwischen den Zellen stören. Man kann vieles tun, was erfolgversprechender als Zellgifte und radioaktive Strahlen ist. Es ist allerdings alles andere als einfach, und es dauert lange. Wissenschaftlicher Fortschritt erscheint einem Krebspatienten, der darauf wartet, unendlich langsam. Bis aus einer neuen wissenschaftlichen Idee ein Medikament entwickelt wird, vergehen in der Regel mindestens zehn Jahre. Es wird an vielen neuen Ideen geforscht. Davon führen leider nur sehr wenige zu neuen Therapien. Alle tragen aber dazu bei, dass das Wissen anwächst und die Voraussetzungen für weitere Versuche sich verbessern.

Risikofaktoren vermeiden

Während in der Krebsforschung noch immer die ganz großen Durchbrüche ausstehen, müssen wir nicht untätig warten. Neben der Medizin gibt es eine zweite Front gegen den Krebs. Und an dieser muss man nicht Experte für Molekularbiologie sein, um seinen Beitrag zu leisten. Auch hier weist uns die Evolutionstheorie den Weg. Krebs ist heute häufiger als früher. Er tritt in modernen Gesellschaften häufiger auf als bei Naturvölkern. Krebs hat offenbar etwas mit dem modernen Leben zu tun, damit, dass einige Merkmale unseres Lebensstils in Widerspruch zu unseren Genen stehen. Welche sind es? Und können wir daran etwas ändern?

Die Abhängigkeit von Umweltfaktoren zeigt sich eindrucksvoll darin, dass zu verschiedenen Zeiten und an verschiedene Orten ganz unterschiedliche Krebsarten vorherrschen. Wir gehen gleich noch genauer darauf ein. Heute dominieren in ärmeren Ländern Leber-, Lungen-, Magen- und Speiseröhrenkrebs. In reicheren Ländern herrschen indes Brust-, Prostata-, Dickdarm- und Hautkrebs vor. Wandern Menschen aus armen Ländern in reiche Länder ein, so nehmen sie ihr Genom mit, ihr spezifisches Krebsrisiko lassen sie jedoch größtenteils zurück und erhalten dafür das in ihrer neuen Heimat vorherrschende typische Risikoprofil. Das ist ein deutlicher Hinweis auf die wichtige Rolle der Umweltfaktoren. Wenn es uns gelingt, möglichst genau jene Einflüsse dingfest zu machen, die dazu führen, dass die eine oder die andere Krebsart verstärkt auftritt, dann können wir Maßnahmen ergreifen, um sie zu vermeiden.

Chemie im Essen

In den 1960er- und 70er-Jahren stellten Wissenschaftler fest, dass viele chemische Substanzen, wenn man sie in ausreichenden Mengen an Ratten verfütterte, zur Bildung von Tumoren führten. Schnell verbreitete sich der Glaube, es seien vor allem solche künstlichen, von Menschen gemachten Substanzen, die die Hauptschuld an Krebs trügen: Konservierungsmittel, Farbstoffe, Abgase. Diese Auffassung ist noch heute häufig anzutreffen. Es mag vorteilhaft sein, solche Einflüsse zu meiden und Umweltverschmutzung insgesamt möglichst gering zu halten. Unter Wissenschaftlern herrscht jedoch Einigkeit, dass derartige Umweltbelastungen nur einen sehr geringen Anteil am Gesamtrisiko haben und maximal für fünf Prozent der Krebstodesfälle verantwortlich sind. Denn etliche Tausende von natürlichen Substanzen, die wir mit der Nahrung aufnehmen, sind in entsprechenden Dosen ebenso krebserregend wie die künstlich hergestellten. Schätzungen zufolge sind 99,9 Prozent aller Giftstoffe, die wir aufnehmen, natürliche Bestandteile unserer Nahrungsmittel.[235] Und wie Studien gezeigt haben, reagieren

Etliche Tausende von natürlichen Substanzen, die wir mit der Nahrung aufnehmen, sind in entsprechenden Dosen ebenso krebserregend wie die künstlich hergestellten.

wir auf natürliche und künstlich hergestellte Gifte vergleichbar.[236]

Die Evolution hat uns mit Abwehrmechanismen ausgestattet, und diese sind nicht spezifisch für jede chemische Substanz, sondern breit angelegt. Sie kommen mit vielen unterschiedlichen Giften zurecht und sind entstanden, weil es große Vorteile bot, wenn man bei der Erschließung neuer pflanzlicher Nahrungsquellen nicht jedes Mal neue Abwehrmechanismen gegen die darin enthaltenen Giftstoffe entwickeln musste. Doch ist diese Abwehr leider keineswegs perfekt. Eine Vielzahl natürlicher Substanzen, insbesondere Schimmelpilzgifte, viele chemische Elemente (Blei, Cadmium, Nickel, Chrom und so weiter) und verschiedene Substanzen aus Tees und Kräutern sind bis heute in manchen Regionen für erhöhtes Auftreten von Krebs verantwortlich.

Letztlich kommt es aber auch bei Krebs auf die Dosis an.[237] Und da zeigt sich, dass beispielsweise Pflanzenschutzmittel keine nennenswerte Rolle spielen. Was wir heute in Deutschland an Rückständen von Pflanzenschutzmitteln in einem Jahr aufnehmen, ist so gering, dass in einer einzigen Tasse Kaffee schon ebenso viele bekannte, im Tierversuch mit Ratten als krebserregend eingestufte Stoffe enthalten sind, sagt der Toxikologe Bruce Ames.[238] Dennoch gilt Kaffeetrinken zu Recht nicht als ungesund. Und dieser gute Ruf wird auch durch zahlreiche Studien untermauert, die sogar gesundheitsförderliche Wirkungen zeigen konnten.[239] Wenn uns heute geraten wird, wir sollten viel Obst und Gemüse essen, dann wird uns damit indirekt dazu geraten, viele potenziell krebserregende Substanzen aufzunehmen. Dennoch ist es ein guter Rat. Denn unser Körper kann mit diesen Giften umgehen.

Der tiefe Zug

Unter den krebsbegünstigenden Umwelteinflüssen sind Übeltäter Nummer eins eindeutig Zigaretten. Jeder weiß, dass sie das Risiko für Lungenkrebs drastisch erhöhen. Andererseits ist Rauch nichts Neues. Ein wichtiger Schritt in der Menschwerdung war die Beherrschung des Feuers. Spätestens mit dem Übergang zum *Homo sapiens* vor 150 000 bis 200 000 Jahren wurde daher Rauch zum Beiprodukt der menschlichen Kultur. Wir hatten Zeit, uns daran zu gewöhnen. Offenes Feuer in Höhlen, Hütten und sonstigen Behausungen sorgte über lange Zeit für eine starke Belastung mit unzähligen krebserregenden Stoffen. Wir verfügen daher über sehr leistungsfähige Entgiftungsmechanismen, dank denen wir eine ganze Menge Rauch gut vertragen. Doch auch die stoßen irgendwann an ihre Grenzen.

Dass der Tabakgenuss das Risiko für Krebs erhöht, ist schon seit dem 18. Jahrhundert bekannt. Damals hatte man es jedoch noch mit Schnupftabak und daher eher mit Nasenkarzinomen zu tun. Etwas später kamen das Pfeifenrauchen und damit mehr Lippen- und Zungentumoren auf. In Südostasien wird seit über 2500 Jahren bis heute Kautabak konsumiert, der ebenfalls das Risiko für Tumoren im Mundraum deutlich erhöht.

Die Lunge ist erst seit der ersten Hälfte des 20. Jahrhunderts immer häufiger betroffen – eine Entwicklung, die mit der industriellen Massenproduktion von Zigaretten einherging. Heute erkrankt etwa jeder zehnte Raucher bis zu seinem 75. Geburtstag an Lungenkrebs und wird damit Opfer einer Gewohnheit, auf die unser Körper nicht eingestellt ist. Weitere 13 Krebsarten treten bei Tabakgenuss überdurchschnittlich häufig auf.

Die Schuldfrage

Bei allen anderen Krebsarten ist es weit schwieriger, Schuldige zu benennen. Es gibt viele Tausende von Studien, die einen statistischen Zusammenhang zwischen Umwelt- beziehungsweise Lebensstilfaktoren und Krebshäufigkeit belegen. Es scheint, als ließe sich für fast jeden Faktor irgendeine Krebsart finden, deren Risiko sich dadurch erhöht. Doch in aller Regel sind die Effekte eher gering. Es ist sehr schwer zu sagen, was wirklich eine Rolle spielt.

Einigkeit herrscht, dass neben dem Rauchen auch die Ernährung, Infektionen und Bewegungsmangel wichtig sind. Übergewicht gilt ebenfalls als bedeutsamer Risikofaktor. Aber der ist nur schwer von Ernährung und Bewegungsmangel zu trennen. Letztlich bezahlen wir auch beim Krebs teilweise dafür, dass wir nicht mehr so leben und uns nicht mehr so ernähren wie unsere Jäger-und-Sammler-Vorfahren.

Wie wir schon angedeutet haben, gibt es Zeiten und Gegenden, in denen das Risiko für manche Krebsarten um vieles höher war oder noch ist als in anderen. So war zu Beginn des letzten Jahrhunderts Magenkrebs die häufigste Tumorerkrankung in vielen westlichen Ländern. Schuld war wahrscheinlich die Konservierung von Lebensmitteln durch Einsalzen. Mit dem Übergang zu modernen Konservierungsmethoden und der Verbreitung von Tiefkühltruhen ist Magenkrebs vergleichsweise selten geworden. Auch die Belastung mit krebserregenden Schimmelpilzgiften ist dadurch erheblich zurückgegangen. Nachdem man schließlich noch erkannte, dass der Keim *Helicobacter pylori* hauptverantwortlich für Magengeschwüre ist, die man erfolgreich mit Antibiotika behandeln kann, ist Magenkrebs noch seltener geworden. Im Jahr 2008 machte er in den USA nur noch 1,5 Prozent der neuen Krebserkrankungen aus. In anderen Teilen der Welt liegt der

Anteil aufgrund der hohen Durchseuchung mit *Helicobacter pylori* noch deutlich höher. Speiseröhrenkrebs ist in Teilen Zentralasiens sogar rund hundertmal so häufig wie in Europa. Verantwortlich gemacht werden verschiedene Bräuche und Nahrungsmittel, darunter quarzhaltige Hirse, Schimmelpilzgifte, das Trinken von sehr heißem Tee, der Verzehr von Tabakresten aus der Opiumpfeife und eine auf Brot, Ziegen- und Schaffleisch basierende Ernährung.[240] Auch Liebhaber hochprozentiger Spirituosen in anderen Gegenden der Welt sind besonders gefährdet. Schaut man in verschiedene Winkel der Erde, findet sich noch der eine oder andere regional bedingte Krebsverursacher. Doch mit zunehmender Globalisierung und Angleichung des Lebensstils setzt sich mehr und mehr das »westliche Krebsmuster« durch. Dieses ist gekennzeichnet durch die Dominanz von drei Krebsarten, die rund die Hälfte aller Fälle ausmachen. Die Spitzenreiter sind heute beim Mann Prostata (25 Prozent), Lunge (15 Prozent), Darm (10 Prozent) und bei der Frau Brust (26 Prozent), Lunge (14 Prozent) und Darm (10 Prozent).[241] Während beim Lungenkrebs der Hauptübeltäter bekannt ist, ist bei den anderen führenden Krebsarten die Beweislage nach wie vor nicht wirklich klar.

Brustkrebs durch Geburtenrückgang?

Bei Brust- und Prostatakrebs spielen Hormone eine Schlüsselrolle. Es dürften zwar auch allgemeine Faktoren wie Ernährung und Bewegung mitwirken, doch wahrscheinlich hat die Häufigkeit beider Krankheiten ziemlich viel mit dem heutigen Sexual- und Fortpflanzungsverhalten zu tun.

Schon im 17. und 18. Jahrhundert fiel auf, dass Nonnen sehr viel häufiger an Brustkrebs erkrankten als andere

»Wenige Kinder, viel Brustkrebs?«
Dieser Zusammenhang scheint denkbar. Denn bei der Entstehung
von Brustkrebs spielen Hormone eine Schlüsselrolle.

Frauen. Damals konnte man sich keinen Reim darauf machen. Aber heute liegt der Gedanke nahe, dass Nonnen in einer Hinsicht vielleicht der Prototyp der modernen Frau des späten 20. Jahrhunderts waren: Sie waren größtenteils kinderlos. In Deutschland schwankt die durchschnittliche Kinderzahl in den letzten 20 Jahren zwischen 1,3 und 1,4.[242] Das ist nicht null, aber doch deutlich näher an der Kinderlosigkeit als an den durchschnittlich sechs Kindern, die früher normal waren. Wenige Kinder, viel Brustkrebs? Warum sollte da ein Zusammenhang bestehen?

Eine kleine Rechenübung verdeutlicht, worin das Problem liegen könnte. Der weibliche Zyklus besteht darin, dass Monat für Monat Hormone ausgeschüttet werden, die unter anderem auf das Brustgewebe wirken und die Zellen der Brustdrüsen zur Vermehrung anregen, um sie auf eine mögliche Schwangerschaft vorzubereiten. Diese ganzjährige und nicht saisonal begrenzte Fortpflanzungsbereitschaft dürfte bei unseren weiblichen Vorfahren zu einer Gesamtzahl von 150 bis 200 Menstruationszyklen in ihrem Leben geführt haben. In der Zeit zwischen dem 17. und 45. Lebensjahr bekamen sie sechs Kinder, die sie jeweils rund drei Jahre stillten. Während des Stillens ist der Eisprung durch das Hormon Prolaktin unterdrückt. So sorgt die Evolution dafür, dass kein weiteres Kind kommt, solange das letzte noch sehr klein und versorgungsbedürftig ist. Und sie schützt Frauen vor einer Überlastung durch permanente Schwangerschaften.[243] Bei einer modernen Frau ist die fortpflanzungsfähige Zeit nur unwesentlich länger. Doch die Unterbrechungen durch Schwangerschaft und Stillzeit sind weitaus geringer. Sie kommt daher auf 400 bis 450 Zyklen. Die hormonelle Belastung des Brustgewebes (und ebenso von Eierstock und Gebärmutter) ist deutlich höher. Dies könnte maßgeblich zur Häufigkeit des Brustkrebses beitragen.

Hinzu kommt, dass auch die Menge an Östrogen pro Zyklus durch die üppige Ernährung zugenommen hat. Moderates Hungern senkt das Risiko deutlich. Der Zusammenhang zwischen Östrogen und Brustkrebs ist unstrittig, er zeigt sich auch darin, dass die Entfernung der Eierstöcke das Brustkrebsrisiko drastisch senkt. Ebenso ist das Risiko bei Leistungssportlerinnen und Balletttänzerinnen verringert, die oft keine regelmäßige Menstruation haben. Umgekehrt hat Übergewicht einen negativen Effekt, der unter anderem darauf beruht, dass Fettzellen auch nach der Menopause weiter Östrogen produzieren.

Brustkrebs scheint somit im Wesentlichen nicht auf äußere krebserregende Einwirkungen zurückzuführen zu sein, sondern auf ganz normale Abläufe im weiblichen Körper. Für die meisten Frauen dürfte es indes keine überzeugende Präventionsstrategie sein, gut 20 Jahre mit Gebären und Stillen zuzubringen. Daher ist die medizinische Forschung gefordert, Wege zu finden, sinnvoll auf die hormonellen Prozesse einzuwirken, um Brustkrebs vorbeugen zu können.

Enthaltsamkeit gegen Prostatakrebs?

Auch die zweithäufigste Krebsart beim Mann, Prostatakrebs, könnte mit der Reproduktion zu tun haben. Die weltweit große Verbreitung deutet zumindest darauf hin, dass keine ortsabhängigen, sondern für den Mann des 21. Jahrhunderts allgemein geltende Faktoren wichtig sind.[244] Betrachtet man die Statistiken, so kommt man leicht zu dem Schluss, dass Prostatakrebs für Männer schlicht normal ist. Bei etwa zehn Prozent der Männer zwischen 20 und 30 Jahren finden sich bereits Vorstufen. Rund 30 Prozent der Männer über 50 und über die Hälfte der Männer über 80 Jahren weisen Tumoren auf. Ein solcher entwickelt sich allerdings langsam, bleibt lange symptomlos und unbemerkt. Deshalb ist es wohl auch irreführend, wenn davon gesprochen wird, die Erkrankung nehme in den letzten Jahrzehnten rasant zu. Sie nimmt zu, aber es ist wohl insbesondere ihre Entdeckung durch hierzulande verbreitete Vorsorgeuntersuchungen, die rasant zunimmt und gemeinsam mit der steigenden Lebenserwartung für die hohen Fallzahlen sorgt.

Wie beim Brustkrebs auf das Östrogen, richtet sich beim Prostatakrebs ein Verdacht auf das Testosteron. Prostatakrebs braucht das » männliche « Sexualhormon zum Wachsen. Bei kastrierten Männern tritt der Krebs nicht auf. Mel Greaves hat die Hypothese formuliert, dass Brust- und Prostatakrebs möglicherweise beide ihren Ursprung in der ganzjährigen Fortpflanzungsfähigkeit der Menschen haben. Frauen sind im Gegensatz zu den meisten anderen weiblichen Säugetieren ganzjährig empfängnisbereit, und sie senden zudem keine Signale für die Männer aus, die anzeigen, wann die fruchtbaren Tage sind. Es gibt viele Überlegungen, weshalb das so ist. Plausibel ist etwa, dass dadurch eine engere Bindung des Mannes erreicht wird. Denn Männer haben ein Interesse daran, dass die Kinder, die sie mit aufziehen, auch wirklich von ihnen sind. Ein

Mann muss seine Frau also immer im Auge behalten, wenn sie empfängnisbereit ist. Bleibt im Dunkeln, wann das der Fall ist, kann er nur sicher sein, wenn er sehr eng mit ihr zusammenlebt. Die Konsequenz für die Männer ist, dass sie nicht wie viele Tiere nur an einigen, durch Signale der Frau klar erkennbaren Tagen die Chance haben, ihre Gene, in Spermien verpackt, auf die Reise in die nächste Generation zu schicken. Vielmehr müssen sie davon ausgehen, dass sie 365 Tage im Jahr Kinder zeugen können, wenn sie es denn durch Vollzug des Geschlechtsakts versuchen.

Dies ist wahrscheinlich die Ursache dafür, dass die Prostata des Mannes, die eine wichtige Hilfsfunktion hat, indem sie die Samenflüssigkeit beisteuert, im Laufe der Evolution sehr groß geworden ist – größer als bei einem tausend Kilogramm schweren Bullen. Eine noch größere Vorsteherdrüse hat nur der Hund. Und Hunde sind auch die einzigen Tiere, die ebenfalls im Alter an Prostatakrebs erkranken. Prostatakrebs wäre demnach eine Nebenwirkung des normalen männlichen Reproduktionsverhaltens. Greaves geht noch weiter, indem er als besonderen Risikofaktor Sex im Alter nennt. Unter den Säugetieren sei es nur der Mensch, der auch sexuell aktiv bleibt, wenn er längst keine Chance mehr hat, mit Jüngeren zu konkurrieren.»Der dominante Löwe, Hirsch oder Gorilla erlebt einen rauschenden Frühling, bis er von Konkurrenten abgelöst wird und daraufhin recht bald stirbt. Der Mensch dagegen, der sexuelle Aktivität inzwischen weitgehend von der Fortpflanzung entkoppelt und gleichzeitig den Zeitpunkt des Todes immer weiter nach hinten verlegt hat, genießt – in unterschiedlichem Ausmaß – bis ins Alter die Früchte des Vergnügens.«[245] Doch immer wenn sich der Inhalt

Männer können im Prinzip 365 Tage im Jahr Kinder zeugen. Dies ist wahrscheinlich die Ursache dafür, dass die Prostata, die die Samenflüssigkeit beisteuert, im Laufe der Evolution sehr groß geworden ist – größer als bei einem tausend Kilogramm schweren Bullen.

der Prostatadrüse entleert, sorgt der Körper durch hormonelle Stimulation für die Neuproduktion. Das Risiko für Mutationen und Krebsentstehung könnte dadurch steigen. So die Theorie – Erhebungen hinsichtlich der Häufigkeit von Ejakulationen und dem Auftreten von Prostatakrebs konnten sie allerdings bisher nicht bestätigen.[246] Auch hier liegt es uns daher fern, für Enthaltsamkeit als Präventionsstrategie zu plädieren. Die Medizin ist gefordert, durch immer bessere Früherkennung und Therapie dafür zu sorgen, dass die schon sehr niedrige Sterberate beim Prostatakrebs noch weiter sinkt.

Gemüse, Bier und Grillfleisch

Einen schlechten Ruf in Bezug auf Krebs hat das sommerliche Grillen. Aber auch hier ist es schwer, ein definitives Urteil zu fällen, wie das folgende Beispiel zeigt: Forscher vom Deutschen Institut für Ernährungsforschung in Potsdam haben sich gefragt, warum Rosenkohl (und andere Kohlsorten) das Risiko für einige Krebserkrankungen (in Lunge, Magen und Dickdarm) offenbar senken. Sie kamen zum Ergebnis, dass der Verzehr von Rosenkohl weiße Blutkörperchen vor Zellschäden schützt, die möglicherweise durch krebserregende Stoffe entstehen. Zu diesen zählen neben oxidativen Substanzen auch sogenannte Amine, die sich beim Braten oder Grillen von Fleisch bilden.[247]

Das ist eine gute Nachricht für Grillfreunde. Alljährlich vor der Grillsaison werden wir gewarnt: Gegrilltes Fleisch, insbesondere leicht angekokeltes, sei krebserregend und möglichst zu vermeiden. Vielleicht reicht es ja, immer eine Portion Broccoli dazu zu essen? Vielleicht reicht aber auch schon ein Bierchen zum Steak? Japanische Forscher verabreichten Mäusen Bierextrakte zum Grillteller. Diese reduzierten dabei die Schäden am Erbgut von Lunge, Leber und Nieren der Tiere um bis zu 85 Prozent.[248] Ist das noch zu übertreffen? Ja, denn vielleicht kann man auch ganz Entwarnung geben. Mittlerweile wird nämlich auch infrage gestellt, ob die sogenannten heterozyklischen aromatischen Amine, die beim scharfen Anbraten und Grillen entstehen, überhaupt krebserregend sind. Spanische Wissenschaftler werteten die Fachliteratur der vergangenen zehn Jahre aus. Das Ergebnis war negativ. Sie fanden keinen Beleg dafür, dass unser sommerliches Grillvergnügen auch unser spezifisches Krebsrisiko erhöht.[249]

Wir müssen umdenken

Da bisher außer dem Rauchen kein wirklich ernsthafter, massenwirksamer Täter aus unserer Ernährung oder unserer Umwelt dingfest gemacht werden konnte, müssen wohl in Zukunft auch noch ganz andere Denkansätze verfolgt werden. Einer besteht darin, sich von der Fixierung auf Mutationen und alles, was Mutationen auslösen kann, abzuwenden. Könnte es sein, fragen sich mittlerweile einige Forscher, dass all die krebsauslösenden, mutagenen Substanzen vielleicht nur eine Rolle dafür spielen, welche Art von Krebs jemand bekommt, aber nicht dafür verantwortlich sind, dass er überhaupt Krebs bekommt?

Wir haben gesehen, dass die Krebsentstehung auf uralten Mechanismen beruht, dass Mutationen unvermeidbar sind, und die Gesetze der Evolution in unserem Körper dafür sorgen, dass es irgendwann bei jedem Menschen zur Tumorbildung kommt, wenn er nur lange genug lebt. Wenn dem so ist, dann ist die entscheidende Frage vielleicht nicht, ob man Krebs bekommt, sondern wie schnell dieser wächst. Wächst er schnell, erkrankt man mit 50, 60, 70 oder 80 Jahren. Wächst er langsam, dann würde

213

er sich erst bemerkbar machen, wenn wir 100, 110 oder 120 Jahre alt wären. Und wen würde das dann noch stören?

Zellwachstum hat viel mit Hormonen zu tun, insbesondere mit Insulin und dem *Insulin-like growth factor 1* (IGF, auf Deutsch: insulinähnlicher Wachstumsfaktor).

Diese könnten gewissermaßen der Treibstoff sein, der die Krebszellen befeuert. Die Konzentration von IGF-1 ist bei wachsender Körpergröße und -fülle aufgrund üppiger Ernährung erhöht. Das bedeutet eine erhöhte Zellteilungsrate, mehr Zellen, weniger Zelltod, besseres Krebswachstum. Es gibt mittlerweile viele Hinweise darauf, dass gerade bei den häufigen Krebserkrankungen der Brust[250] und der Prostata[251] IGF-1 und damit Ernährung und Lebensstil eine Rolle spielen.[252] Wenn diese Überlegungen stimmen, dann wäre die beste Ernährungsempfehlung schlicht, wenig zu essen.[253]

Ein zweiter Ansatz vermutet chronische Entzündungen an zentraler Stelle der Krebsentwicklung. »Der genetische Schaden ist das Streichholz, das den Brand entfacht, und die Entzündung das Benzin, das ihn nährt«, schreibt der Wissenschaftsautor Gary Stix.[254] Auch hierfür spricht vieles. In diesem Fall würde uns sozusagen unser Immunsystem auf die Füße fallen, das im Verlauf der Evolution im Wesentlichen zur Verteidigung gegen Krankheitserreger optimiert wurde, sich von dem modernen Feind Krebs aber ins Bockshorn jagen und teilweise sogar instrumentalisieren lässt. Sollte sich diese Sichtweise bekräftigen lassen, gäbe es indes auch Anlass zu Optimismus. So könnten vielleicht entzündungshemmende Therapien das Ausbrechen oder die Metastasenbildung von Krebs verhindern.

Neue Gegenstrategien

Die wichtigste Erkenntnis im Hinblick auf Heilungsmöglichkeiten von Krebs ist aus unserer Sicht, dass eine Therapie, wenn sie wirklich erfolgreich sein will, berücksichtigen muss, dass Krebs in unserem Körper wie ein eigenständiger Organismus eine Evolution durchläuft. Neuartige Therapien könnten versuchen, diese Evolution zu lenken. Der amerikanische Krebsforscher Carlo C. Maley schlägt zwei Ansätze vor, mit denen der Krebs überlistet werden könnte. Erstens wäre es denkbar, mit einem Medikament gutartige Tumorzellen zu stärken, sodass sie sich besser vermehren als ihre bösartigen Geschwister und schließlich statt eines aggressiven Tumors eine gutartige Geschwulst heranwächst. Zweitens könnte man die Zellen stärken, die empfindlich für die Chemotherapie sind, sodass die resistenten Zellen, denen das Medikament nichts anhaben kann, wegen geringerer Fitness aussterben. Die Chemotherapie hätte somit gute Chancen auf hohe Wirksamkeit.[255]

Diese Überlegungen ähneln jenen, die wir in Zusammenhang mit der Domestizierung von Krankheitserregern im Kapitel »Zähmung und Resistenz« vorstellen werden. Es sind bisher nur Ideen. Aber Jahrzehnte intensiver Forschung im »Krieg gegen den Krebs« haben gezeigt, dass solche neuen Ideen notwendig sind. Denn eines wissen wir: Krebs ist nach wie vor eine der größten medizinischen Herausforderungen. Die Verbindung von Evolutionsbiologie und molekularer Medizin kann vielleicht dazu beitragen, dass wir darin einen entscheidenden Schritt weiterkommen.

Vier Milliarden Jahre Sonnenschein

Ohne Sonnenlicht gäbe es kein irdisches Leben. Alle Lebewesen haben gelernt, das Licht für sich zu nutzen, sich aber auch vor zu viel zu schützen. Trotzdem gibt es immer mehr Hautkrebs. Sonnencremes und getönte Brillengläser sollen schützen. Aber wussten Sie, dass Sonnenbrillen einen Sonnenbrand begünstigen können?

Die Sonne war immer schon da. Die gesamte Evolution des Lebens – einmal von dem in der Tiefsee abgesehen – hat in ihrem Licht stattgefunden. Entsprechend ist jede Pflanze, jedes Tier, natürlich auch der Mensch, auf Licht und Sonne eingestellt. Der Gedanke, Sonnenstrahlung könne per se gefährlich sein, mutet deshalb aus evolutionärer Sicht zunächst seltsam an. Dennoch hat der Ruf der Sonne in den letzten beiden Jahrzehnten gelitten. Grund dafür ist vor allem die Zunahme von Hautkrebs, für den die Sonne als Hauptverursacherin ausgemacht worden ist.

Wie kommt es, dass Hautkrebs immer häufiger wird, wo wir doch über Millionen von Jahren Zeit hatten, uns an die Sonne zu gewöhnen? Folgen wir bei jedem Sonnenbad nur dem Diktat eines falschen Schönheitsideals und schalten unseren Instinkt aus, der signalisieren müsste, wie gefährlich die Sonne für uns nackte Affen eigentlich ist? Oder verhält es sich mit der Sonne vielleicht wie mit Süßem: Es war einst von evolutionärem Vorteil, sie zu lieben, heute aber schadet uns diese Neigung? Oder ist unser Sonnenhunger schlicht eine über

Jahrtausende erfolgte Anpassung, die uns tun lässt, was gut für uns ist?

Ohne Frage: Die Sonne ist für uns einerseits sehr wichtig. Wer zu wenig an seine Haut lässt, muss mit Mangelerscheinungen und einem erhöhten Risiko für eine Vielzahl von Krankheiten rechnen. Wer andererseits falsch dosiert, kann sich einen Sonnenbrand und sogar Krebs einhandeln. Dies kann heute in der Tat leichter passieren als früher.

Rot, braun, schwarz

Seit jeher haben Pflanzen und Tiere darauf achten müssen, die passende Dosis Sonne abzukommen, wobei es hier vor allem um die ultraviolette (UV-)Strahlung geht. Das Haarkleid beziehungsweise Fell der Säugetiere oder das Federkleid der Vögel ist ein sehr effektiver Schutz gegen diese Strahlung, da sie sie weitgehend absorbieren und reflektieren. Bei uns muss die Haut diese Aufgabe übernehmen. Um damit fertig zu werden, haben wir eine Fähigkeit entwickelt, die es bei anderen Tieren nicht gibt: Wir werden braun. Manche mehr und manche weniger, es kommt auf den Hauttyp an, der üblicherweise in sechs Kategorien eingeteilt wird. Diese geben an, wie die entsprechende Haut auf eine 30-minütige Sonneneinstrahlung reagiert:

Das Fell oder das Federkleid schützt Tiere gegen die schädliche UV-Strahlung. Bei uns muss die Haut diese Aufgabe übernehmen. Um damit fertig zu werden, haben wir eine Fähigkeit entwickelt, die es bei anderen Tieren nicht gibt: Wir werden braun.

Typ I: sofortige Rötung, keine Bräunung
Typ II: sofortige Rötung, leichte Bräunung
Typ III: manchmal Rötung, schnelle Bräunung
Typ IV: keine Rötung, schnelle Bräunung

Typ V: intensive Bräunung, von Natur aus gebräunte Haut

Typ VI: von Natur aus dunkle bis schwarze Haut

Die Vermutung liegt nahe, dass unsere Vorfahren in der afrikanischen Savanne Schwarze des Hauttyps VI waren. Doch dem ist nicht so. Der Mensch war von Natur aus dunkelhäutig, aber er entsprach Typ V. Die dunkle Haut hat sich wahrscheinlich im Verlauf der Menschwerdung mit dem Verlust des Fells vor etwa 1,2 Millionen Jahren entwickelt.[256] Der plausibelste Grund dafür ist, dass Dunkelhäutigkeit einen guten Schutz vor der ultravioletten Strahlung der Sonne und ihren schädlichen Wirkungen bietet. Eine Folge übermäßiger Strahlungsintensität besteht zum Beispiel darin, dass UV-Licht Folsäure (Vitamin B9) zerstören kann, die eine wichtige Rolle bei der Zellteilung spielt.[257] Folsäuremangel ist ein bedeutender Risikofaktor für Fehlbildungen beim Embryo und kann auch die Spermienbildung beeinträchtigen.[258] Die Dunkelhäutigkeit brachte dem werdenden Menschen aber noch weitere Vorteile: Wahrscheinlich schützte sie ihn vor bakteriellen und Pilzinfektionen.[259]

Wenn dem so ist, muss es aber einen ebenso guten Grund dafür geben, warum ein großer Teil der Menschheit später in der Evolution hellhäutig geworden ist. Offenbar »verzichteten« die Vorfahren der Europäer und die Menschen in vielen anderen Weltregionen irgendwann weitgehend auf den Schutzmechanismus dunkler Haut. Warum hat diese Aufhellung stattgefunden?

Ganz grundlegend hat sie damit zu tun, dass Europa weit weniger sonnig ist als Afrika. Und als die frühen Menschen vor 30 000 bis 40 000 Jahren in unsere Breitengrade vordrangen, herrschte in Europa Eiszeit, die erst vor etwa 11 000 Jahren zu Ende ging. In den kältesten Phasen des Eiszeitalters betrugen die Durchschnittstemperaturen im Juli lediglich zwischen plus fünf und zehn Grad Celsius.

Sowohl der Süden als auch der Norden Deutschlands waren ebenso wie Skandinavien, Ostrussland sowie große Teile der Britischen Inseln und der Nordsee von Gletschern bedeckt. Die Gefahr, sich einen Sonnenbrand zu holen, zählte damals folglich nicht zu den größten Sorgen der Europäer. Vielmehr galt es, die Sonnenstrahlen, die man abkriegen konnte, möglichst gut zu nutzen. Man könnte denken, eine dunkle Hautfarbe sei auch hierfür ideal gewesen, denn dunkle Oberflächen reflektieren Licht wenig und erwärmen sich besonders gut. Aber was nützte das schon, wenn es bitterkalt war und der größte Teil des Körpers in dicke Felle gehüllt werden musste. Die Haut bekam deshalb damals sehr wenig Sonnenstrahlung ab.

Das allein machte unseren Vorfahren aber noch lange keine helle Haut. Dafür sorgte über biologische Umwege sehr wahrscheinlich der Mangel an Vitamin D, der sich in den kalten, sonnenarmen eiszeitlichen Regionen als klarer Nachteil für die neuen Menschen erwies.

Das Sonnenvitamin

Das lebenswichtige Vitamin D wird in unserer Haut aus Cholesterin gebildet – aber nur mithilfe der Sonne und ihrer ultravioletten B-Strahlung.[260] Schon seit 750 Millionen Jahren wird das Vitamin von Kalkalgen (*Emiliania huxleyi*) im Meer produziert. Vor 400 Millionen Jahren, als unsere Fischvorfahren das Meer verließen, war die Fähigkeit zur Vitamin-D-Herstellung wohl schon nötig, um an Land die Knochen in Schuss zu halten.[261] Weitere Funktionen kamen hinzu. Ohne Vitamin D sind eine ganze Menge Abläufe im Körper gestört. Ein Mangel wirkte sich bei unseren Vorfahren zweifellos auf die Fitness und den Fortpflanzungserfolg aus. Und Gleiches galt und gilt wohl für alle Säugetiere. Forscher, die Mäuse gentechnisch so verändert hatten, dass ihre Gewebe nicht mehr auf Vitamin D reagierten, konnten an den Tieren eine Vielzahl von Krankheitssymptomen beobachten.[262]

Vitamin D scheint das Risiko für eine ganze Reihe von Krebsarten zu senken beziehungsweise das Tumorwachstum zu bremsen, darüber hinaus regt es die Bildung von bestimmten körpereigenen Antibiotika an und trägt so zur Bekämpfung von Infektionen bei.[263, 264] Es ist sogar denkbar, dass die Fähigkeit, das Wachstum von Tumoren zu hemmen, direkt mit der Entstehung von Vitamin D in der Haut zusammenhängt. Dies passiert jedoch nur, wenn die Sonne, das heißt UV-B-Licht, auf die Haut einstrahlt. Das erscheint widersprüchlich, denn Hautkrebsspezialisten betonen nicht zu Unrecht, dass das UV-B-Licht das Erbgut der Hautzellen schädigen und damit wiederum zur Tumorbildung führen kann. Die Evolution hat jedoch dazu geführt, dass unser Organismus hiermit einigermaßen umgehen kann. Direkt mit dem Eintreffen der gefährlichen UV-B-Strahlen wird nämlich in unserer Haut ein Reparaturmechanismus in Gang gesetzt, bei dem durch Zellen des Hautimmunsystems Vitamin D in eine aktive Form umgewandelt wird.[265] Diese sorgt dafür, dass andere Immunzellen angelockt werden und in einer Art Feuerwehreinsatz die neuen Brandherde löschen. So entsteht der scheinbar paradoxe Effekt, dass Sonne, in Maßen genossen, sogar vorbeugend gegen Hautkrebs sein könnte.[266] Gut und Böse liegen eben in der Natur häufig eng zusammen – auf die Dosis kommt es an. Zudem reagiert jeder Einzelne von uns auf die Sonne individuell. Die Hautfarbe ist allerdings ganz wesentlich im Spiel. Zum Beispiel erkranken Schwarze, die im Norden der USA leben, weitaus häufiger an Krebs als im Süden lebende Schwarze.[267] Warum? Weil dunkle Haut, wie wir bereits wissen, die UV-B-Strahlung abschirmt. Dunkelhäutige bilden deshalb im Vergleich zu hellhäutigen Menschen nur ein Sechstel der Menge an Vitamin D. Leben sie zudem in sonnenarmen Regionen, kann es leicht zur Unterversorgung kommen. In den USA und Kanada werden aus diesem Grunde Lebensmittel wie Milch und Margarine mit Vitamin D angereichert. Forscher sind der Meinung, dass in den USA jährlich über 20 000 Krebstodesfälle darauf zurückzuführen sind, dass die Menschen für ihren Hauttyp zu wenig Sonne abbekommen.[268]

Wenn auch unsere dunkelhäutigen Vorfahren nicht an Krebs gestorben sind, so hat der Sonnen- und Vitamin-D-Mangel doch zu Krankheiten und Selektionsnachteilen geführt. Vor diesem Hintergrund wäre es durchaus plausibel gewesen, dass sich bei der Besiedlung Europas einfach die Gene verbreitet hätten, die für hellere Haut sorgen. Haben sie aber offenbar nicht – zumindest lange Zeit nicht. Forscher haben ermittelt, wann entsprechende Genvarianten aufgetaucht sind. Ein japanisches Team identifizierte ein Gen, das erst gegen Ende der Eiszeit, vor etwa 13 000 Jahren, auftauchte und sich dann schnell verbreitete.[269] US-Forscher fanden ein anderes Gen, das ebenfalls um diese Zeit, vielleicht auch erst einige Tausend Jahre später, Verbreitung fand.[270] Die zu geringe Sonneneinstrahlung sorgte also wahrscheinlich erst sehr spät für eine Aufhellung der Haut, obwohl der anhaltende Mangel an Vitamin D fraglos ein bedeutender Nachteil war. Möglicherweise haben noch andere Gründe mit hineingespielt, zum Beispiel unser evolutionär erworbenes Verhalten bei der Partnerwahl.[271, 272] Aber das ist noch ein sehr spekulatives Feld.

Die Kehrseite der Mobilität

Die Verteilung der Hautfarbe auf der Erde entspricht bis heute bei den Einheimischen noch ziemlich genau der unterschiedlichen Intensität der Sonnenstrahlung. Allgemein gilt: je sonniger, desto dunkler die Haut. Eine verblüffende Ausnahme bestätigt diese Regel: Die Inuit im hohen Norden müssten eigentlich vor dem Hintergrund des bisher Gesagten kalkweiß sein. In Wirklichkeit sind sie aber relativ dunkelhäutig. Mutter Natur bietet eine Erklärung auch für diese Wendung: Die Inuit essen große Mengen fetten Fisches, und der ist sehr reich an Vitamin D. Sie haben so wohl aufgrund ihrer sehr speziellen Ernährungsweise ihre ursprünglich vorhandene Dunkelhäutigkeit bewahrt.[273]

Der vorherrschende Hauttyp in einer bestimmten Region ist also immer ein evolutionär ausgehandelter Kompromiss zwischen UV-Schutz und Vitamin-D-Versorgung – der je nach Sonnigkeit des jeweiligen Landstrichs unterschiedlich ausfällt. Die so erfolgte Anpassung an den jeweiligen Hauttyp funktioniert heute bei vielen Menschen nicht mehr. Und zwar schlicht und einfach deshalb, weil sie sich nicht mehr dort aufhalten, wo ihre Vorfahren lebten. Die Mobilität hat in den letzten Jahrhunderten enorm zugenommen. Weiße leben heute auch in sonnenverwöhnten Regionen in der Nähe des Äquators. Viele Afrikaner wurden zwangsweise als Sklaven an die trüben und regnerischen Küsten Nordamerikas verschleppt. Die australische Bevölkerung ist dagegen aufgrund der Kolonialgeschichte vorwiegend hellhäutig, während in Nordamerika und Großbritannien viele Schwarze leben. Für beide Gruppen, Weiße wie Schwarze, sind durch die Wanderungsbewegungen neue Gesundheitsrisiken entstanden.

Weiße leben heute in sonnenverwöhnten Regionen in der Nähe des Äquators. Viele Afrikaner wurden als Sklaven an die trüben und regnerischen Küsten Nordamerikas verschleppt. Für Weiße wie Schwarze sind durch die Wanderungsbewegungen neue Gesundheitsrisiken entstanden.

Effekte eines Sonnenbads

Wie reagiert unsere Haut, wenn wir uns in die Sonne wagen? Natürlich hängt auch dies wieder vom Hauttyp ab. Extrem hellhäutige Menschen haben es bekanntlich am schwersten. Sie sind immer auf der Suche nach schattigen Plätzchen, was ihnen die Lust auf einen Sommerurlaub im tiefen Süden rauben kann. Andere Typen sind mehr oder weniger gut in der Lage, mit biologischen Abschirmmechanismen auf direkte Sonneneinstrahlung zu reagieren: Zum einen verdickt sich im Sommer die Hornschicht der Haut und lässt weniger Strahlung durch. Doch das geht nicht von heute auf morgen, sondern dauert Wochen. Deshalb wird zum anderen der Sonnenschutz durch die Pigmente der Haut verstärkt, mit anderen Worten: dadurch, dass wir braun werden. Die eigentliche Bräunung beginnt jedoch erst etwa 72 Stunden nach einem Sonnenbad. Erst dann beginnen die Hautzellen, in denen der Farbstoff Melanin gebildet wird, die Produktion anzukurbeln. Melanin ist anschließend in der Lage, einen großen Teil der UV-Strahlung zu absorbieren.[274]

Die Bräunung ist ein evolutionär entstandener Mechanismus, der es uns ermöglicht, uns im Verlauf eines Jahres an die unterschiedliche Sonneneinstrahlung anzupassen. Der normale Mitteleuropäer wird im Winter blass und kann so trotz geringer Sonnenstrahlung noch genügend Vitamin D bilden. Beginnend vom Frühjahr bis in den Sommer wird seine Haut dunkler, um sich vor der zunehmenden Strahlung zu schützen. Hätte starke Sonnenstrahlung keine nachteilige Wirkung, gäbe es keinen Grund, dass sich die Haut mithilfe von Melanin schützt.

Angst vor Hautkrebs

Unsere Hauptsorge gilt heute dem Schutz vor Hautkrebs durch zu viel UV-Strahlung. In der Evolution dürfte diese Gefahr nur eine untergeordnete Rolle gespielt haben. Nicht nur, weil die Hauttypen in bestimmten Regionen mit den jeweiligen Sonnenverhältnissen besser zusammenpassten, sondern allein schon deshalb, weil Hautkrebs meist spät im Leben auftritt, wenn die Erkrankung keinen nennenswerten Einfluss mehr auf die Zahl der Nachkommen hat. Aus evolutionärer Sicht ergab sich folglich kein Selektionsdruck, der zu Schutzmechanismen gegen Hautkrebs hätte führen können.

Im Interesse eines langen gesunden Lebens ist es daher wichtig, die Ursachen von Hautkrebs und die Bedeutung der Sonnenstrahlung weiter zu erforschen. Es geht darum, die wachsende Zahl von Hautkrebserkrankungen zu erklären und das Erkrankungsrisiko niedrig zu halten. Wie wir gesehen haben, hält die Sonne auch viele positive Wirkungen für uns bereit. Es ist falsch, sie pauschal zu verteufeln. Auch müssen wir uns ein differenziertes Bild von den Gefahren machen. Hautkrebs ist nämlich nicht gleich Hautkrebs.

Im Wesentlichen unterscheidet man drei Hautkrebsarten: Basaliom, Spinaliom und Melanom. Basaliom und Spinaliom treten sehr viel häufiger auf, sind aber gleichzeitig deutlich weniger gefährlich als das Melanom. Sie bilden äußerst selten Metastasen und werden in der Regel einfach entfernt, ohne dass eine weitere Krebstherapie erforderlich ist. Nur etwa 0,2 Prozent aller Todesfälle durch Krebs werden auf Basaliome und Spinaliome zurückgeführt. Furcht erregender ist das Melanom, das die melaninbildenden Zellen betrifft. Jährlich erkranken in Deutschland etwa 13 700 Menschen an einem malignen Melanom der Haut, davon 7700 Frauen und 6000 Männer. Dieser sogenannte schwarze Hautkrebs macht in Deutschland etwa drei Prozent aller bösartigen Neubildungen aus und ist für etwa ein Prozent aller Krebstodesfälle verantwortlich. Die Heilungsrate ist zwar auch hier ausgesprochen hoch, dennoch sterben immerhin jährlich 2000 Menschen in Deutschland infolge dieser Hautkrebskrankheit.[275] Wenn man verdächtige braune oder schwarze Flecken auf der Haut bemerkt, die möglicherweise anfangen zu jucken oder einen rötlichen Hof bekommen, sollte man deshalb auf jeden Fall einen Arzt konsultieren.

Ist die Sonne gefährlich?

Während Basaliom und Spinaliom sehr häufig an Körperstellen auftreten, die stark von der Sonne beschienen werden (etwa Handrücken und Kopf), ist der Zusammenhang mit der Sonne beim Melanom weniger klar. An einem Melanom erkranken sogar häufiger Menschen, die den ganzen Tag im Büro sitzen, als solche, die im Freien arbeiten. Das Melanom tritt zudem öfter an Stellen auf, die häufig durch Kleidung bedeckt sind (Oberkörper und Beine), als im Gesicht oder im Nacken, und nicht selten auch an Stellen, die überhaupt kein UV-Licht abbekommen (etwa den Fußsohlen). Dennoch ist es wahrscheinlich, dass auch hier ein Zusammenhang zwischen Krebs und Sonnenstrahlung besteht. Ein Risikofaktor für die Entstehung von Melanomen sind Leberflecke. Diese Wucherungen pigmentbildender Zellen bilden sich vor allem in der Kindheit und sind wahrscheinlich eine Reaktion auf Sonneneinstrahlung. Da Melanin gegen Sonne schützt, vermehren sich die melaninbildenden Zellen. Doch diese schnelle Zellvermehrung ist riskant. Denn dabei kann es zu DNA-Schädigungen kommen, die letztlich zur Entstehung von Melanomen führen können. Für einen Zusammenhang zwischen Sonne und Melanomen spricht, dass Melanome beispielsweise in Australien deutlich häufiger auftreten als in Skandinavien. Dagegen spricht, dass in Europa die Häufigkeit von Süd nach Nord stark zunimmt. Die wenigsten Fälle werden in Griechenland, die meisten, nämlich rund viermal so viele, in Schweden und Dänemark vermeldet.[276] Dies liegt wohl daran, dass Griechen mehr schützendes, intaktes Melanin und damit eine dunklere Haut haben als Dänen. Auch scheint die Erkrankung bei Menschen schwerer zu verlaufen, je weniger Sonne sie abbekommen. Forscher der Universitätsklinik des Saarlands haben über 200 Melanompatienten auf ihre Vitamin-D-Spiegel hin untersucht und danach gefragt, wie oft sie ihre Haut der Sonne aussetzen. Das Ergebnis: Im Vergleich zu einer Kontrollgruppe von Gesunden hatten die Hautkrebspatienten zum Zeitpunkt der Diagnose etwas niedrigere Vitamin-D-Werte, was auf geringere Sonneneinwirkung hinweist. Und unter den Patienten waren diejenigen schwerer betroffen, die weniger Zeit in der Sonne verbracht und niedrigere Vitamin-D-Werte hatten.[277] Andere Forscher konnten zeigen, dass Menschen, die aufgrund einer bestimmten Genvariante weniger gut auf Vitamin D reagieren, häufiger schwarzen Hautkrebs bekommen. Diese Ergebnisse wurden sogar als Hinweis gewertet, dass Sonne vor Melanomen schützen könnte.[278]

Gesunder Menschenverstand

Welche Schlüsse sollen wir nun aus diesem komplexen Wechselsystem zwischen unserer Haut und der gesundheitlich ambivalenten Sonnenstrahlung ziehen? Auch wer die Sonne nicht fürchtet, sollte zunächst einmal darauf bedacht sein, Sonnenbrände zu vermeiden. Dabei ist abzuwägen, ob man eher auf natürlichen oder künstlichen Sonnenschutz setzt. Durch künstlichen Sonnenschutz wie Kleidung und Creme wird der natürliche Sonnenschutz, unsere Bräunung, ausgeschaltet. Letzterer hat jedoch den Vorzug, dass er verlässlicher und billiger ist. Geht man das ganze Jahr über nach draußen, wird die Haut, zumindest die unbekleideten Teile, während des Frühjahrs relativ gut auf die erhöhte Strahlung im Sommer vorbereitet. Schafft man das nicht und kommt stattdessen blass in den Sommer, sollte man darauf bedacht sein, zumindest anfangs nur wenig Sonne abzubekommen, auch wenn man doch pauschal Sonne, Strand und Vollpension gebucht hat. Sonst ist schnell eine Stelle, die beim Eincremen übersehen wurde, verbrannt. Kontraproduktiv kann es sein, die Anpassungsfähigkeit und die natürlichen Schutzmechanismen der Haut austricksen oder überfordern zu wollen. Wenn wir etwa durch eine Reise in den Süden während der Wintermonate plötzlich in den Sommer eintauchen, fehlt der Haut die Frühlingszeit, um ihren Sonnenschutz aufzubauen. Dann ist es wichtig, mit Sonnenschutzmitteln und Kleidung Sonnenbrände zu verhindern.

Doch Sonnencremes können sich auch als problematisch erweisen. Forscher haben festgestellt, dass handelsübliche Feuchtigkeitscremes bei Mäusen das Hautkrebsrisiko deutlich erhöhten.[279] Welche Bestandteile der Cremes verantwortlich waren, ist bis dato unklar. Randolph Nesse und George Williams gaben schon 1994 in ihrem grundlegenden Buch zur evolutionären Medizin zu bedenken: »Welche Ironie wäre es, würden wir eines Tages herausfinden, dass Hautkrebs – direkt oder indirekt – durch Sonnenschutzlotionen verursacht werden kann.«[280] Tatsache ist zumindest, dass die Zunahme von Hautkrebs gleichzeitig mit der wachsenden Verwendung

Die Zunahme von Hautkrebs erfolgte gleichzeitig mit der wachsenden Verwendung von Sonnencreme, sei es auch nur, weil man sich der Sonne leichtsinniger aussetzt. Unsere Vorfahren in der Savanne haben freilich keine Feuchtigkeitscremes benutzt, sondern sich eher ein kühles Plätzchen im Schatten gesucht.

von Sonnencreme beobachtet werden konnte, sei es auch nur, weil man sich der Sonne leichtsinniger aussetzt. Es versteht sich, dass unsere Vorfahren in der Savanne keine Feuchtigkeitscremes benutzten.

Deshalb sollten wir einen weiteren natürlichen Sonnenschutzmechanismus nicht außer Kraft setzen. Dieser besteht darin, wenn die Sonne sehr heiß vom Himmel brennt, dem gesunden Menschenverstand zu folgen und ein kühles Plätzchen im Schatten zu suchen. Das haben unsere Vorfahren sicher auch getan.

Sonnenbrille und Sellerie

Wenn es darum geht, einen Sonnenbrand zu vermeiden, sollte eine weitere Wirkungsweise des Lichts bedacht werden. Denn ob die Sonne lacht oder nicht, merkt nicht nur unsere Haut, sondern es merken auch unsere Augen. Die geben es über den Sehnerv weiter an die Hirnanhangdrüse, die Zirbeldrüse im Hinterkopf. Und diese schüttet dann das sogenannte Melanozyten stimulierende Hormon (MSH) aus. Dieses Hormon, das auch von Hautzellen selbst produziert wird, regt, wie der Name verrät, die Melanin produzierenden Zellen in der Haut an, mehr von dem schützenden braunen Farbstoff zu produzieren. Wenn wir jedoch eine Sonnenbrille tragen, schützen wir unsere Haut weniger vor der Sonne, denn wir verwehren unserem Gehirn und der Zirbeldrüse die Echtzeitkontrolle der Lichtverhältnisse. So bekommen wir leichter einen Sonnenbrand.

MSH ist evolutionär schon uralt. Es wird auch von Amphibien synthetisiert, hat dort aber eine andere Funk-

»Ohne Sonnenbrille weniger Sonnenbrand«
Sonnenstrahlen, die unsere Augen erreichen,
kurbeln die Melaninproduktion und damit körpereigenen Sonnenschutz an.

tion. Der Krallenfrosch bildet es, wenn er im Dunkeln ist. Seine Haut wird dann ebenfalls dunkler, und er ist besser getarnt. Viele hellhäutige Menschen bilden übrigens nicht weniger MSH als andere, ihre Zellen reagieren nur nicht so gut auf das Hormon. Deshalb können sie keine schützende Bräune aufbauen.

Es dürfte noch eine ganze Menge weiterer Faktoren geben, die Einfluss darauf haben, wie empfindlich wir auf Sonnenlicht reagieren. Bestimmte Medikamente wie Antibiotika und Duftstoffe in Parfüms stehen im Verdacht, die Lichtempfindlichkeit der Haut zu erhöhen. Bekannt ist auch das Phänomen, dass ein Inhaltsstoff von Sellerie uns einen Sonnenbrand bescheren kann. Sellerie betreibt nämlich, wie alle Pflanzen, eine kleine Giftküche, um Fraßfeinde abzuwehren. Es produziert dabei auch einen

Stoff namens Psoralen, der unter anderem dafür sorgt, dass man lichtempfindlicher wird. Bei normalen Verzehrmengen und handelsüblichem Sellerie ist das kein großes Problem. Wer jedoch viel Sellerie aus ökologischem Anbau zu sich nimmt, sollte die Sonne besser meiden. Denn hier kann es zu einem Phänomen kommen, das sehr schön zeigt, wie die Evolution funktioniert: Die Selleriepflanze haushaltet mit ihren Abwehrreserven, und wenn sie nicht bedroht ist, produziert sie wenig Gift. Wenn ihr hingegen Käfer und Raupen auf den Leib rücken, heizt sie die Psoralenproduktion an. Verzichtet also der Biobauer auf Pflanzenschutzmittel, dann herrscht in der Sellerie-Giftküche Hochbetrieb, und wir sollten dann besser den Strohhut aufsetzen.[281]

Umgekehrt schützen beispielsweise Tomaten durch das in ihnen enthaltene Lycopen vor Sonnenbrand,[282] ebenso Nahrungsmittel, die Beta-Carotin enthalten. Damit sind Karottenpüree und Tomatenmark eine Art Sonnencreme zum Essen.

Sonne und gute Laune

Der Einfluss der Sonne auf unsere Körperfunktionen ist zweifellos sehr komplex und vielschichtig. Sonne gehört zum Leben. Sie gehört zur Evolution des Lebens und hat ihren Teil dazu beigetragen, dass wir so sind, wie wir sind.

Wir sollten sie nicht fürchten. Wir sollten aber auch keinen Widerwillen vor Sonnencreme haben. Wir sollten den Wert von Vitamin D anerkennen und seine Bedeutung weiter erforschen. Wir brauchen uns aber nicht mit Vitamin-D-Tabletten vollzustopfen, die in zu hoher Dosis giftig sind.

Ein ganz wichtiger Einfluss der Sonne wurde in diesem Kapitel gar nicht behandelt, da er noch wenig erforscht ist: die Tatsache, dass sich fast jeder freut, wenn er morgens aufsteht und sieht, dass die Sonne lacht, und ebenso, wenn er am Abend Zeuge eines prächtigen Sonnenuntergangs werden darf. Niemand weiß, wie viele Liebesbeziehungen beim Sonnenuntergang ihren Anfang genommen haben. Und wenn wir einmal annehmen, dass unsere Hominiden-Vorfahren nicht weniger romantisch waren als wir moderne Menschen, dann dürfte sich die Sonne schon seit Langem positiv auf die Fortpflanzung ausgewirkt haben.

Sonnenlicht hält wach und ist gut gegen Verstimmungen, ja sogar hilfreich gegen Depressionen. Die Sonne wirkt also nicht nur auf die Haut, sondern auch auf die Psyche. Das ist vielleicht sogar ihr komplexester und zugleich wertvollster Beitrag zur Gesundheit.

Mit Haut und Haaren

Würden wir einem Tier begegnen, das nach Art des Menschen behaart ist, hielten wir es für ziemlich kurios. Doch als nackte, schwitzende Affen haben wir es weit gebracht. Ob allerdings auch eine Glatze von Nutzen ist? Wer weiß, vielleicht schützt sie ja vor Krebs.

Bei unserer jungen Elite scheinen derzeit Haare nicht gerade angesagt zu sein. Eine Studie an der Universität Leipzig, bei der 314 Studierende im Jahr 2008 befragt wurden, ergab, dass sich 97 Prozent der Frauen und 79 Prozent der jungen Männer regelmäßig Körperhaare entfernen, wobei der Bart nicht mitgerechnet wurde.[283]

Viele von uns scheinen offenbar bestrebt zu sein, noch ihr letztes Haar loszuwerden. Andere schmieren ihre Kopfhaut mit allerlei Mitteln ein, um den Haarausfall zu bremsen. Haut und Haare stellen uns vor vielfältige Herausforderungen. Sie sind schon deshalb Anlass genug, sich zu überlegen, welche Funktion sie eigentlich haben und vor allem, wie es überhaupt dazu gekommen ist, dass wir unsere Körperbehaarung, unser Fell, schon vor langer Zeit verloren haben. Das ist eigentlich sehr erstaunlich, denn Säugetiere ohne Fell sind eine Seltenheit. Aus dieser Tatsache lässt sich einerseits folgern, dass unser vereinsamtes Nacktwerden Nachteile mit sich gebracht haben muss. Sonst hätten andere Spezies mitgezogen. Andererseits wissen wir aber: Die Evolution lässt es nicht zu, dass sich Merkmale verbreiten, die die Reproduktionschancen senken. Unterm Strich muss es also für uns Menschen vorteilhaft gewesen sein, die dichte gegen eine lichte Behaarung zu tauschen.

Kein dickes Fell

Der Mensch ist ein Säugetier. Säugetiere begannen vor gut 200 Millionen Jahren die Erde zu bevölkern. Ihr wichtigstes Merkmal ist, dass sie den Nachwuchs lebend zur Welt bringen und säugen. Sie haben deshalb Milch produzierende Brustdrüsen. Die zweite wichtige Neuerung, die sie einführten, sind Haare. Fast alle Säugetiere haben ein Fell, durch das sie vor Verletzungen, Kälte und Nässe geschützt werden. Zu den wenigen Ausnahmen zählen außer dem Menschen das Nilpferd, der Wal, der Delfin, der Elefant, das Nashorn, der Nacktmull und das Hausschwein. Zum Teil ist es leicht nachvollziehbar, warum diese kein Fell besitzen. Bei Nilpferd, Wal und Delfin handelt es sich offenbar um eine Anpassung an das Leben im Wasser.[284] Beim Hausschwein hingegen war nicht die Evolution am Werk, sondern der Mensch als Züchter. Das sieht man am Wildschwein und an anderen domestizierten Sorten, die noch schön wollig sind. Nashörner und Elefanten sind mächtig groß und haben somit weniger Probleme, sich warm zu halten. Sie können deshalb auf Behaarung verzichten. Zudem bietet ihre dicke Haut Schutz vor Insekten und starker Sonnenstrahlung. Bleiben Mensch und Nacktmull. Warum haben sie ihr Fell verloren? Welcher Vorteil war es wert, auf die praktische Isolierung zu verzichten? Da beide ein sehr unterschiedliches Leben führen, ist davon auszugehen, dass sie auch unterschiedliche Gründe dafür hatten, diesem evolutionären Pfad zu folgen.

Doch werfen wir zunächst einen Blick in jene Zeit, als wir Säugetiere die Haare für uns entdeckten. Wann genau das war, ist nicht bekannt. Fest steht jedoch, dass sich Säugetiere aus Reptilien wie die Krokodile entwickelten, die bekanntlich mit Hornplatten oder Schuppen bedeckt waren (und sind). Es ist also denkbar, dass Haare, und auch Federn, sich aus diesen Schuppen entwickelt haben. Sie sind jedoch deutlich komplizierter und bestehen aus mehreren Zelltypen. Aber welche Vorteile bot die Behaarung? Die wichtigste Aufgabe des Fells ist der Schutz vor Kälte und Sonnenstrahlen.[285] Ein Pelzmantel hält nicht nur uns schön warm.[286] Säugetiere haben ihn nötig, denn sie sind im Gegensatz zu den wechselwarmen Amphibien und Reptilien, aus denen sie hervorgingen, gleichwarme Tiere. Sie halten ihre Körpertemperatur konstant und passen sie nicht der Umgebungstemperatur an.[287] Unsere innere Normaltemperatur liegt bei etwa 37 Grad Celsius, und wir regulieren sie in engen Grenzen. Gleichwarme Tiere haben damit einen entscheidenden Vorteil gegenüber wechselwarmen: Sie sind auch bei kühler Witterung schnell und beweglich. Diesen Vorteil erkaufen sie sich durch einen höheren Energiebedarf und durch ein Schutzbedürfnis von außen.

Das Fell hilft also, bei Kälte und Nässe vor einem zu starken Absinken der Körpertemperatur, bei Hitze vor einem zu starken Anstieg zu schützen. Und warum verzichten ausgerechnet Mensch und Nacktmull auf diese wichtige Erfindung der Natur? Dem Nacktmull fehlt sein Fell – so die vorherrschende Meinung –, weil er so Parasiten weniger Lebensraum bietet. Er kann sich das erlauben, da er in seiner unterirdischen Welt, in der er mit vielen Artgenossen ein eng gedrängtes Dasein fristet, vor größerer Abkühlung geschützt ist und auch keine Angst vor Sonnenbrand zu haben braucht. Beim Menschen dürften andere Gründe ausschlaggebend gewesen sein. Es gibt eine ganze Reihe von Theorien, weshalb wir zu nackten Affen wurden.

Denkbar ist zunächst natürlich schon, dass auch beim Menschen der Schutz vor Parasiten eine Rolle gespielt hat. So haben wir möglicherweise vor 500 000 bis 1,5 Millionen Jahren unser Fell abgelegt, um Krankheiten zu entgehen, die von Parasiten übertragen werden. Wir haben also den Läusen, Zecken und Mücken ihre Nischen auf

»Selektionsvorteil Rasur«
Glatte, reine Haut signalisiert dem
potenziellen Partner Gesundheit.

unserer Haut entzogen und uns vor allerlei Krankheiten wie Malaria, West-Nil-Fieber oder Schlafkrankheit geschützt. Das ist uns nur deshalb möglich gewesen, weil wir zwischenzeitlich schlau genug geworden waren, das Feuer zu nutzen und Kleidung herzustellen.[288] Das klingt nicht schlecht, gegen diese Theorie spricht allerdings, dass die nackte Haut uns zur gefundenen Blutmahlzeit für Mücken machte. Außerdem haben auch andere Säugetiere Mittel und Wege gefunden, um den Parasitenbefall in Grenzen zu halten. Man beobachte nur unsere engsten Verwandten, wie sie sich ausgiebig und effizient lausen.

Einige Forscher sind der Auffassung, dass wir in der Übergangszeit vom Affen zum Menschen nicht nur eine Zeit lang im flachen Wasser wateten, sondern zu regelrechten Wasserbewohnern wurden.[289] Unsere Nacktheit hätte dann die gleichen Gründe wie bei Wal oder Delfin.

Doch diese Wasseraffen-Hypothese ist eher eine Außenseiterposition.

Dauerläufer im Schweißbad

Plausibler erscheint eine weitere Theorie, die einen engen Zusammenhang mit unserem aufrechten Gang sieht. Im Kapitel »Das Kreuz mit dem Kreuz« haben wir erläutert, dass die Menschwerdung viel damit zu tun hatte, dass unsere Vorfahren in der afrikanischen Savanne zu Läufern wurden. Es ist zweifelhaft, ob sie das mit Fell hätten schaffen können. Vielleicht, weil es genug andere Beutetiere gab, vielleicht, weil sie die Kombination aus Vermeiden und Entwischen ausreichend gut beherrschten, konnten sie gerade noch mit den Raubkatzen koexistieren. Doch ans Leder gingen ihnen zunehmend die Hyänen und Wildhunde. Und genau hier wurde es vorteilhaft für unsere Vorfahren, das Fell abzulegen.

Am Leoparden kann man sehen, warum. Er ist zwar so schnell, dass keiner unserer Vorfahren je im Spurt mithalten konnte. Aber die Raubkatze hält ihr Tempo nicht lange durch. Nach 400 Metern ist Feierabend, weil das Tier überhitzt. Würde der Leopard nicht anhalten, fiele er tot um – oder zumindest ins Koma. Damit würde er selbst zur schutzlosen Beute für die wahren Herrscher der Savanne, die Hyänen. Hyänen jagen im Rudel und sind sehr ausdauernd. Sie haben diese Lebensweise in jener Zeit entwickelt, als auch unsere Vorfahren sich zu Läufern wandelten, und waren damit wahrscheinlich eine ernsthafte Bedrohung. Sie können über Stunden ausdauernd rennen und ihre Beute bis zur Erschöpfung hetzen, um sie dann praktisch bei lebendigem Leib zu zerfetzen.

Um nicht Opfer der Raubtiere zu werden, mussten unsere Vorfahren nicht nur zu schnellen, sondern auch zu extrem ausdauernden Läufern werden. Die Rettung brachte ihnen am Ende womöglich die Fähigkeit, zu schwitzen. Schweiß kühlt nämlich die Haut und hält die Körpertemperatur unten. Das System, das sich herausbildete, funktioniert folgendermaßen: Eine Vielzahl von Schweißdrüsen geben Wasser ab, Wasser verbraucht beim Verdunsten Energie und kühlt den Körper.

Um nicht Opfer der Raubtiere zu werden, mussten unsere Vorfahren nicht nur zu schnellen, sondern auch zu extrem ausdauernden Läufern werden. Die Rettung brachte ihnen am Ende womöglich die Fähigkeit zu schwitzen.

Das Leben in der afrikanischen Savanne hat also unter anderem unser effektives Kühlsystem hervorgebracht, das sich stark von dem anderer Säugetiere unterscheidet. Die meisten Säuger regulieren ihre Körpertemperatur über ihre Atmung. Wenn Sie viel Wärme abführen müssen, atmen sie heftig. Wir kennen das vom Hecheln des Hundes, der zusätzlich noch die Zunge aus dem Maul hängen lässt. Schweißdrüsen sind da schon deutlich praktischer. Zur Kühlung wird fast die gesamte Körperoberfläche genutzt. Und der Mensch ist im Schwitzen besonders gut. Kein Primat verfügt über eine so hohe Dichte von Schweißdrüsen wie wir – wir haben rund 100 pro Quadratzentimeter. Schwitzen kann man zwar auch mit Fell, aber ohne geht es deutlich besser. Denn auf nackter Haut kann Schweiß besser verdunsten und effektiver kühlen.[290]

Einige weitere Merkmale unseres Körpers könnten sich zumindest teilweise deshalb entwickelt haben, weil sie diese Temperaturregulierung noch unterstützen. Es kommt nämlich auch darauf an, dass der Schweiß auf der Haut bleibt und nicht heruntertropft. Hierbei helfen beim aufrecht rennenden Menschen zunächst horizontale Barrieren wie die Augenbrauen, die nach oben geneigte Oberlippe samt Bart, das Kinn und die Körperbehaarung an Stellen, wo der Schweiß am ehesten entsteht beziehungsweise den Körper hinunterrinnen würde. Der Vergleich des männlichen mit dem weiblichen Körper zeigt, dass die typische Behaarung jeweils so an die Anatomie des jeweiligen Geschlechts angepasst ist, dass sie möglichst gut als Tropfenfänger taugt. Auch das gekräuselte Kopfhaar von Afrikanern hat neben der Funktion als Sonnenschutz jene, Schweiß zu halten und gleichzeitig Luft daran zu lassen, sodass er verdunsten kann. Besonders schnell würde Wasser von den Handflächen heruntertropfen – von den Fußsohlen ganz zu schweigen. Deshalb wird dort kaum Schweiß gebildet.[291]

Unterm Strich muss uns der Kühleffekt sehr wichtig gewesen sein. Denn der Verzicht aufs Fell ging mit dem Verlust von Schutz und Isolation einher – bedeutende Nachteile, die offensichtlich in Kauf genommen wurden. Doch die Evolution fand auch hier Wege, die Nachteile etwas auszugleichen. Zunächst half eine Fettschicht unter der Haut, die unsere Vorfahren entwickelten. Später haben wir bekanntlich mit Kleidung (Fellen) und Heizung (Feuer) Möglichkeiten gefunden, die Schwächen zu kompensieren.

Anziehende Körperdüfte – oder doch Rasur?

Zurück zu den eingangs erwähnten enthaarungsfreudigen Studenten. Viele Menschen scheinen sich ihre Haare genau dort, wo sie noch verblieben sind, zu rasieren. Aber warum hat sich überhaupt auf dem Kopf, unter den Achseln und im Genitalbereich eine üppige Behaarung erhalten? Aus evolutionärer Sicht muss diese neben der Funktion als Tropfenfänger Vorteile für die Reproduktion durch natürliche oder sexuelle Selektion gebracht haben.

Die Kopfbehaarung ist nichts anderes als ein natürlicher Hut, der das Gehirn vor zu viel Hitze schützt. Bei den anderen verbliebenen Haaren ist es etwas komplizierter. Auffällig ist, dass sie sich an Stellen befinden, die über eine sehr hohe Anzahl von Schweißdrüsen verfügen und dass sie nicht glatt sind, sondern fein gekräuselt, was ihnen insgesamt zu einer großen Oberfläche verhilft. Beide Beobachtungen haben zur Hypothese geführt, dass diese Härchen auch dazu dienen könnten, den »Schweißgeruch« des Menschen gut zu verbreiten. Das mag bei der Partnersuche oder als Botenstoff in Gefahrensituationen oder bei Krankheit von Vorteil gewesen sein – zumindest bei unseren Vorfahren. Passend zu dieser Hypothese finden wir an besagten Stellen neben den Schweißdrüsen auch die sogenannten apokrinen Drüsen. Diese sind für den charakteristischen Geruch verantwortlich. Sie sondern ein fetthaltiges, trübes Sekret ab, das zunächst geruchlos ist. Der typische Geruch entsteht erst durch die Zersetzung des Sekrets durch Bakterien. Für diese Hypothese spricht, dass diese Drüsen erst in der Pubertät aktiv werden und im Alter ihre Tätigkeit wieder einschränken. Der Schweißgeruch hat oder hatte zumindest wahrscheinlich jene stimulierende Wirkung auf das andere Geschlecht, mit der paradoxerweise auch einige Deos werben, deren Funktion es aber bekanntlich ist, ihn zu überdecken. Vielleicht wirken sie ja dennoch, weil sie den Geruch der Ausdünstungen gewissermaßen nur schön verpacken, um seine Attraktivität zu erhöhen.[292]

»Da wir Säugetiere sind, benutzen wir wahrscheinlich Pheromone«, sagt der Pionier der Pheromonforschung Tristram D. Wyatt, räumt aber gleichzeitig ein, dass solche kommunikativen Botenstoffe derzeit noch nicht identifiziert sind.[293] Dennoch kann man längst angebliche menschliche Pheromone käuflich erwerben. Der

Möglicherweise dienen unsere gekräuselten Körperhärchen dazu, den »Schweißgeruch« des Menschen gut zu verbreiten. Das mag bei der Partnersuche oder als Botenstoff in Gefahrensituationen oder bei Krankheit für unsere Vorfahren von Vorteil gewesen sein.

Wunsch, dass Frauen oder Männer auf einen fliegen wie Motten in die Duftfalle, scheint bei vielen das Portemonnaie zu öffnen. Ganz abwegig ist der Gedanke, dass es solche Wunderstoffe gibt, nicht. Schließlich sind Signaldüfte im Tierreich weit verbreitet. Und auch beim Menschen sind Phänomene bekannt, die sich mit solchen Signalen erklären lassen, etwa dass sich bei Frauen, die eng zusammenleben, die Menstruationszyklen synchronisieren.[294] In Experimenten konnte außerdem ein direkter Einfluss von männlichem Achselschweißgeruch gezeigt werden: Er wirkte auf Frauen entspannend und sorgte über hormonelle Mechanismen zu einer Veränderung des Zyklus.[295]

Im Vergleich zu Mäusen, bei denen ein Drittel des Gehirns mit der Wahrnehmung von Gerüchen betraut ist, spielt bei uns jedoch in jeder Hinsicht das Sehen die weitaus größere Rolle. Ob wir uns von jemandem angezogen fühlen, lässt sich zwar auch nicht auf die äußerliche Erscheinung reduzieren, das Aussehen ist aber ziemlich sicher wichtiger als Duftsignale. Wenn die Möglichkeit zu effektiver Kühlung der erste Schritt zur Haarlosigkeit war, so mag die sexuelle Selektion ein Weiteres getan haben, um den Trend fortzusetzen. Glatte, reine Haut signalisiert dem potenziellen Partner Gesundheit. Je weniger Haare die Haut bedecken, desto reiner erscheint sie. Der Griff zum Rasierapparat oder die kosmetische Haarentfernung wären dann eine Fortsetzung dieser Entwicklung mit künstlichen Mitteln, die ebenfalls die Attraktivität erhöhen soll. Die Verbreitung des Schweißgeruchs beziehungsweise der Pheromone wird damit allerdings erschwert. Ein Sieg des visuellen über den olfaktorischen Reiz? Um das zu beantworten, müsste zunächst einmal geklärt werden, ob der geschlechtsreife Mensch über ein funktionierendes Geruchsorgan verfügt, um sexuelle Duftbotenstoffe überhaupt wahrnehmen zu können. Bei anderen Säugetieren gibt es ein solches sogenanntes Jacobson-

Organ, beim Menschen scheiden sich die Forschergeister.[296]

Was ins Ringen um körperliche Attraktivität überhaupt nicht passt, sind Unzulänglichkeiten der Haut wie Schuppen und Pickel. Selten sind sie dennoch nicht. Was hat sich die Natur dabei gedacht?

Schuppen gegen Eindringlinge

Schuppen sind lästig, und schuld an ihnen sind, so hört man häufig, trockene oder fettige Haut, zu häufiges oder zu seltenes Haarewaschen, ungesunde Ernährung, Stress oder irgendwelche Haarstylingprodukte. Doch die Hauptursache ist eine andere. Tatsächlich sind sie meist das Werk zweier eigentlich ganz friedlicher Bewohner unserer Kopfhaut: der Hefepilze *Malassezia globosa* und *Malassezia restricta*. Beide fühlen sich wohl auf unserem Schädel, weil unsere Kopfhaut ihnen ihre Lieblingsnahrung serviert: jenen Talg, der von den Talgdrüsen neben den Haarwurzeln ausgesondert wird und über die Haarfollikel an die Hautoberfläche gelangt.

Schuppen sind nichts anderes als abgelöste Stückchen der äußersten Schicht der Oberhaut, die gemeinsam mit Fetten einen wasserabstoßenden Schutz gegen Keime bilden. Diese werden mitsamt dem Stückchen Haut, auf dem sie sitzen, regelmäßig abgeschüttelt.

Der Talg sorgt dafür, dass die Haare und die oberste Hautschicht aus abgestorbenen, verhornten Zellen geschmeidig bleiben und ungewollte Eindringliche auf Abstand halten. Schuppen sind also nichts anderes als abgelöste Stückchen der äußersten Schicht der Oberhaut, die gemeinsam mit Fetten einen wasserabstoßenden Schutz gegen Keime bilden. Die Hornschicht kann je nach Körperregion zwischen zwölf und 200 Zellen dick sein. Außen fallen ständig Zellen ab,[297] im Inneren der Haut bilden sich immerzu neue. So wird sichergestellt, dass Mikroorganismen, die auf unserer Haut leben, nicht in den Körper eindringen können. Sie werden mitsamt dem Stückchen Haut, auf dem sie sitzen, regelmäßig abgeschüttelt.[298] Die Schuppung der Haut ist eine von vielen evolutionären Anpassungen im Wettlauf mit Mikroorganismen. Eine weitere Maßnahme ist die Siedlungspolitik. Grundsätzlich gestatten wir es ausgewählten, für uns harmlosen Arten, auf unserer Haut zu wohnen und profitieren damit zumindest indirekt. Denn so bleibt kaum Raum für gefährliche Keime. Auch die *Malassezia*-Hefen bereiten eher selten Probleme. Besonders prächtig gedeihen sie, wenn sie reichlich zu essen bekommen, die Talgdrüsen also besonders produktiv sind. Das geschieht erstmals wenige Stunden nach der Geburt mit einem Höhepunkt der Talgproduktion in der ersten Lebenswoche des Babys. Die Folge ist oft sogenannter Kopfgneis, auch Grind genannt,[299] der normalerweise wenige Monate später von allein wieder verschwindet. Dann ist in der Regel erst einmal Ruhe, bis mit beginnender Pubertät vor allem bei Jungen die Talgproduktion durch männliche Geschlechtshormone erneut angeregt wird. Die Besiedlung mit den beiden Hefepilzen nimmt zu, und bei vielen Männern und einigen Frauen beginnen die Schuppen zu rieseln.[300] Gefeit davor sind nur Eunuchen – also Männer, die einer Kastration unterzogen wurden. Bei ihnen ist die Hormonproduktion in den Hoden unterbunden. Entsprechend wird nur wenig Talg produziert, die *Malassezia* sind auf Diät, und der Kopf bleibt von Jucken und Schuppenbildung verschont.

Im Herbst 2007 haben Forscher im Auftrag eines großen Körperpflegekonzerns das Genom beider Hefepilze vollständig entschlüsselt und dabei eine Reihe von spezifischen Anpassungen an den Lebensraum »menschlicher Schopf« ermittelt.[301] Seither wächst die Hoffnung, schon bald mit kleinen Eingriffen das Zusammenleben von Pilz

und Mensch so weit zu normalisieren, dass uns Kopf-
schuppen nicht mehr zur Last werden. Was übrigens
genau geschieht, wenn das Jucken beginnt, ist noch unklar. Vermutlich sind es bestimmte Stoffwechselprodukte
der Hefepilze, die die Kopfhaut reizen. Wenn man sich
dann noch kratzt, wird die Kopfhaut umso mehr gereizt.
Sie wird empfindlicher für Entzündungen und Infektionen und bildet als Antwort auf die Reize verstärkt neue
Zellen, die dann auch wieder vermehrt abgestoßen werden.[302]

Pickel und Testosteron

Welchen Vorteil könnten hässliche Pickel haben, die
schon so manchen Heranwachsenden zur Verzweiflung
gebracht haben? Unstrittig ist, dass auch bei Teenagern,
die unter Akne leiden, häufig eine verstärkte Talgproduktion anzutreffen ist. Die größten Talgdrüsen befinden
sich im Gesicht und am Oberkörper. Und genau dort treten, wenn die Talgproduktion durch das pubertäre Hor-
monfeuerwerk angekurbelt wird, folglich am ehesten
dicke Pickel auf. Eine Rolle spielen auch Bakterien, die
auf den Namen Propioni hören. Sie sind die Hauptbewoh-
ner der Haarfollikel, die den Talg an die Hautoberfläche
führen. Bei sattem Talgnachschub können sie sich gut
vermehren und unschöne Entzündungen verursachen.[303]
Der Schlüssel zum evolutionären Pickelverständnis liegt
demnach, wie bei den Schuppen, bei der Talgproduktion,
die neben ihrer Bedeutung für die effektive »Schweiß-
kühlung« auch als Teil der Körperabwehr betrachtet wird.
Denn aus Talg und verhornten Hautzellen baut sich
der Körper eine Schutzschicht. Fette auf der Haut sind
in der Tier- und Pflanzenwelt weit verbreitet. Sie bilden einen lebensnotwendigen Schutzfilm gegen Austrocknung und Sonneneinwirkung. An behaarten Stellen

wirkt der Talg vor allem wasserabstoßend. Wo keine Haare sind, steht der Schutz vor Austrocknung im Vordergrund. Der Talg ist darüber hinaus ein wesentlicher Bestandteil des Säureschutzmantels der Haut. Er schützt vor UV-Strahlung, wirkt stark antimikrobiell, transportiert Antioxidantien (Vitamin E) an die Hautoberfläche und kann entzündungshemmend (aber auch -fördernd) wirken.[304] Außerdem spielen die Talgdrüsen eine wichtige Rolle im Hormonhaushalt und werden daher auch als »Gehirn der Haut« bezeichnet.[305] Viel Talg wird gebildet, wenn viele männliche Geschlechtshomone produziert werden. Testosteron ist das wichtigste Geschlechtshormon oder Androgen des Mannes, das aber in geringerer Dosis auch bei Frauen vorkommt. Es fördert Potenz, Muskelaufbau und körperliche Leistung und wird vor allem in den Lebensabschnitten ausgeschüttet, in denen die Fortpflanzung auf der Tagesordnung steht. Die Kehrseite: Testosteron macht anfälliger für Infektionen.

In der aktuellen Forschung gibt es die Vermutung, dass Akne und andere Hautprobleme, die mit hohen Androgenmengen in Verbindung stehen, Zivilisationserscheinungen sein könnten.

Wir leben nämlich in Verhältnissen, in denen wir wenig von Parasiten bedroht sind und zudem über Essen im Überfluss verfügen. Unser Immunsystem ist weniger unter Druck als früher. Wir können uns deshalb leichter mit einem Überangebot an Androgenen arrangieren und uns erlauben, Sexdrive und Muskelmasse auf Kosten der Immunabwehr etwas hochzufahren. Die Begleiterscheinungen bekämpfen wir dann bequem mit Schuppenshampoo und Aknecremes.

Auch die Ernährung scheint eine Rolle zu spielen. Neben Milch, die Hormone enthält, die sich auch im Blut der Kuh finden und auf die unser Körper nicht eingestellt ist, tragen wahrscheinlich auch konzentrierte Kohlenhydrate, die zu einem Ansteigen des Insulinspiegels führen, über mehrere Schritte dazu bei, die Talgproduktion zu erhöhen, und begünstigen so das Entstehen von Akne.[306, 307] Beide sind erst seit kurzer Zeit Bestandteil unserer Ernährung.

Männerprivileg Glatze

Da die Neigung zur Glatzenbildung unter Männern in den besten Jahren keineswegs selten ist, lohnt es sich, zu überlegen, ob sie in der Vergangenheit vielleicht Vorteile daraus gezogen haben. Die erste Vermutung: Glatze ist sexy. Manche Frauen würden zustimmen, viele aber auch nicht. Zweiter Versuch: Die Glatze lässt Männer älter aussehen. Da dürfte schon mehr Einigkeit herrschen. Vielleicht ist dies tatsächlich der Grund für ihr relativ häufiges Auftreten. Es gab nämlich in der Geschichte des Menschen Zeiten, in denen (zumindest in Bezug auf Männer) noch ganz andere Werte als jugendliches Aussehen hoch im Kurs standen. In Jäger-und-Sammler-Gemeinschaften genossen Ältere oft viele Privilegien und nahmen in der Hierarchie eine hohe Stellung ein. Sie hatten bei den Frauen, die Ausschau nach guten Genen und nach guten Versorgern für ihren Nachwuchs hielten, möglicherweise keine schlechten Chancen. Denn damals zumindest war es nicht prinzipiell falsch, zu denken: Wer unter so schweren Lebensbedingungen so alt wird, dass ihm schon die Haare ausfallen, trotzdem aber noch topfit ist, muss besonders lebenstüchtig sein. Die Gene des Glatzköpfigen sind genau die richtigen für meine Kinder! Wirklich gedacht hat dies natürlich niemand, aber unbewusst könnte die Natur unsere Erwägungen in diese Richtung geleitet haben.

> Eine Glatze lässt Männer älter aussehen – das ist vielleicht der Grund für ihr häufiges Auftreten. Es gab nämlich in der Geschichte des Menschen Zeiten, in denen ganz andere Werte als jugendliches Aussehen hoch im Kurs standen.

Auf die Glatze übertragen, könnte die Schlussfolgerung lauten: Da 40 Lebensjahre in den Urgemeinschaften der Menschen ein hohes Alter waren, kann es von Vorteil gewesen sein, schon mit 20 ordentliche Geheimratsecken zu haben, um ein höheres Alter vorgaukeln zu können. Es gibt aber noch eine zweite Erklärung. Nämlich die Tatsache, dass, wie oben bereits erläutert, in der Haut unter Sonneneinwirkung Vitamin D entsteht, das für eine Vielzahl von Funktionen im Körper wichtig ist. Die Glatze bietet eine ideale Sonnenterasse und sorgt dafür, dass die Vitamin-D-Produktion deutlich erhöht wird. Bei jungen Menschen wäre das noch recht riskant, denn gerade Sonnenbrände bei Kindern erhöhen das Risiko für Hautkrebs im späteren Leben. Wenn aber die Kopfhaut schon drei, vier Jahrzehnte im sicheren Schatten der Haare zugebracht hat, kann der Körper es schon riskieren, sie für die Sonnenbestrahlung frei zu machen, um sich für möglichst gute Gesundheit im Alter zu rüsten.

Glatze gegen Prostatakrebs?

Peter Kabai von der Universität Budapest hat eine weitere Hypothese geäußert, die sich auf die positive Wirkung von Vitamin D bei Prostatakrebs bezieht. Er glaubt, die Glatzenbildung beim Mann könnte eine natürliche Anpassung zur Verhinderung von Prostatakrebs sein. Und zwar aus folgendem Grund: Die frühzeitige Glatze wird bei Männern, die dafür anfällig sind, durch das Geschlechtshormon Testosteron ausgelöst. Es reagieren jedoch nicht alle Haarfollikel gleich auf das Hormon. Vorn und oben auf dem Kopf werden die Haare zunächst zu feinen Vellushaaren verkleinert, wie man sie auch am Körper hat, bevor sie schließlich ganz verschwinden. Die anderen Teile des Kopfhaars sind nicht betroffen. Diese unterschiedliche Reaktion scheint dabei für jedes Haarfollikel

vorbestimmt zu sein. Verpflanzt man nämlich eine Haarwurzel von der Seite auf den Oberkopf, dann wächst das
Haar auch dort normal.

Was genau vor sich geht, wenn die Haare verschwinden,
ist nicht endgültig geklärt. Es ist jedoch sehr gut möglich,
dass ein Enzym, das an der Haarwurzel Testosteron in das
stärker wirksame Dihydrotestosteron umwandelt, eine
wichtige Rolle spielt. Dieses Enzym kommt auch in der
Prostata, den Hoden, der Bläschendrüse und in der Leber
vor. Und interessanterweise schützt ein angeborener Mangel dieses Enzyms vor Glatzenbildung und führt zu einer
verkleinerten Prostata. So kommt es, dass es ein Medikament gibt, das sowohl zur Behandlung von Haarausfall als
auch bei einer vergrößerten Prostata wirkt, indem es
die Aktivität dieses Enzyms hemmt. Laut Kabai könnte
die Glatzenbildung demnach ein genetisch verankerter
Abwehrmechanismus sein, der gerade rechtzeitig einsetzt, bevor die Probleme mit der Prostata beginnen. Gegen diese Theorie spricht allerdings, dass Krebs insgesamt
relativ spät im Leben auftritt und sich damit nicht stark
auf die Zahl der Nachkommen auswirkt.

Für Frauen gilt die Logik der ersten These mit besseren
Reproduktionschancen als Folge von Geheimratsecken
übrigens definitiv nicht. In allen Kulturen der Welt gilt
volles, kräftiges Haar und ebenso jugendliches Aussehen
von Frauen als schön.[308] Denn beides ist ein relativ verlässlicher Hinweis auf einen insgesamt guten Gesundheitszustand. Eine genetische Veranlagung zur frühen Glatzenbildung bietet ihnen demnach keinen Vorteil. Eine der
bisher bekannten Genvarianten, die für frühe Glatzenbildung anfällig macht, wird zwar (vom Großvater) über die
Mutter an die Söhne vererbt, sie kommt aber bei ihr selbst
nicht zur Wirkung.[309] Eine zweite Genvariante wird dagegen direkt vom Vater auf den Sohn vererbt.[310]

Wir sehen: Ob Wuschelkopf, Geheimratsecken, Glatze
oder Wallehaar – die Evolution hat sich bei allem etwas

gedacht, als sie uns unseres Fells beraubt hat. Sie ist eben manchmal eine haarige Angelegenheit. Und abgesehen davon: Was wäre die Geschichte der Menschheit ohne Frisieren, Toupieren, Rasieren, Epilieren, Tönen, Färben, Hochstecken, Perückieren und Ondulieren?

Zähmung und Resistenz

Unser Körper ist dicht besiedelt von Mikroorganismen, mit denen wir zumeist in Eintracht leben. Erst durch unser enges Zusammenleben in großen Gemeinschaften haben wir für die Ausbreitung vieler Erreger gesorgt. Seit einem guten halben Jahrhundert können wir Bakterien mit Antibiotika bekämpfen. Doch die Erreger haben viele Hundert Millionen Jahre Erfahrung darin, wie man Gifte aller Art übersteht. Deshalb sind immer neue Waffen erforderlich. Aus Sicht der evolutionären Medizin fasziniert jedoch auch eine zweite Strategie: Wir könnten Krankheitserreger domestizieren und damit harmlos machen.

Wölfe sind in Deutschland selten. Seit einiger Zeit durchstreifen wieder einige Exemplare die Lausitz. Aber die Chance, einen zu Gesicht zu bekommen, ist doch recht gering, stimmt's? Nein, es stimmt nicht. Aus biologischer Sicht leben rund fünf Millionen Wölfe in Deutschland. Denn es gibt viele Unterarten des Wolfes: beispielsweise *Canis lupus arctos*, den Polarwolf, *Canis lupus albus*, den Tundrawolf, *Canis lupus communis*, den Russischen Wolf und auch *Canis lupus familiaris*, den Haushund. Sie alle gehören zu einer Art, *Canis lupus*, sie alle können untereinander Nachwuchs bekommen. Und im Einzelfall ist nicht unbedingt zu klären, ob ein Exemplar als Haushund oder als Wolf zu betrachten ist. Denn Haushunde sind domestizierte Wölfe. Ihre Eigenschaften sind nicht durch die natürliche Auslese entstanden, sondern durch künstliche Auslese nach den Kriterien der Züchter. Sie sind die besten Demonstrationsobjekte dafür, wie durch Selektion innerhalb recht kurzer Zeit, mitunter schon in einigen Jahrzehnten, erhebliche Unterschiede im körperlichen Erscheinungsbild und Verhalten zu erzielen sind. Einige der neueren Exemplare präsentieren sich als skurrile Schoßhunde oder düstere Kampfhunde. Der Hund ist also ein domestizierter Wolf. Was aber bedeutet eigentlich Domestizierung? Wie wird ein Tier zum Haus- oder Nutztier? Indem es durch den Menschen über Generationen hinweg von der Wildform genetisch isoliert gehalten und meist auch genutzt wird. Ein domestiziertes Tier ist also nicht nur ein gezähmtes einzelnes Tier, sondern ein domestizierter Zweig einer Art, der auch genetische Veränderungen aufweist, die das Zusammenleben mit dem Menschen erleichtern. In Hinblick auf die Evolution der Art heißt Domestizierung Übergang von der natürlichen Auslese zur künstlichen Auslese. Beim Hund wird dieser Übergang meist vor etwa 14 000 Jahren gesehen.[311] Bei der Katze viel später, vor etwa 3500 Jahren. Typische Veränderungen sind unter anderem ein weniger aggressives Verhalten und meist ein kleineres Gehirn. Kurz gesagt, domestizierte Tiere sind weniger gefährlich, und der Mensch kommt gut mit ihnen zurecht.

Aber warum sollen uns in diesem Buch nun auf einmal Katzen und Hunde interessieren? Ganz einfach. Wir wollen damit eine andere Frage beantworten. Seit jeher schlägt sich der Mensch mit allen möglichen Krankheitserregern herum. Wenn wir bei Hund, Katze und Kuh die Evolution recht erfolgreich in die eigene Hand nehmen konnten, warum können wir das nicht auch bei Lebewesen, die für uns weit gefährlicher sind, als es der Wolf je war: bei Viren und Bakterien?

Die Antwort des Evolutionsbiologen Paul Ewald lautet: Es ist einen Versuch wert, das auszuprobieren.[312] Schauen wir uns also das Verhältnis von Mensch und Krankheitserreger zunächst einmal etwas genauer an.

Geschluckt und wieder ausgespuckt

Vor zwei Milliarden Jahren bestand alles Leben aus Einzellern. Und auch heute sind Mikroorganismen omnipräsent. Ein Teil davon hat irgendwann das Leben in der freien Wildbahn aufgegeben und ist dazu übergegangen, andere Lebewesen zu befallen und auf deren Kosten zu leben. Dies war wahrscheinlich ein evolutionärer Prozess, den man sich etwa so vorstellen kann: Ein Mikroorganismus schluckt einen anderen, kann ihn aber nicht verdauen. Der Geschluckte schafft es, etwas Nahrung aus dem Inneren des Räubers zu stibitzen, bevor er wieder ausgespuckt wird. Das stellt für ihn einen Überlebensvorteil dar. Allmählich verbreiten sich Varianten von »Beuteorganismen«, die sich im Inneren von anderen einerseits gut gegen das Verdauen wehren, andererseits selbst Ressourcen vom Jäger abzwacken. Der Weg zum erfolgreichen Parasiten ist eingeschlagen. Und in vielen kleinen Evolutionsschritten finden sich neue und bessere Varianten des Eindringens, des Überdauern, des Schmarotzens und des Sichvermehrens.

So ging das über viele Hundert Millionen Jahre. Und als vor 700 Millionen Jahren die ersten Tiere entstanden und vor 500 Millionen Jahren die ersten Landpflanzen, ging es im Grunde ebenso weiter. Nur dass die Parasiten nun in immer größere Lebewesen eindringen konnten, die ihnen für Wochen, Monate und Jahre Nahrung boten. Daher verlief die Evolution verstärkt in Richtung längerer Verweildauer und schnellerer Vermehrung. Und außerdem konnten auch die Parasiten wachsen und selbst zu mehrzelligen Tieren werden. Auch als solche haben sie

251

mittlerweile eine große Artenvielfalt erreicht. So sind beispielsweise allein 5000 verschiedene Bandwurmarten bekannt.

Der Verteidigungsapparat

Auf der anderen Seite waren die befallenen Einzeller und später auch Tiere natürlich stets bemüht, sich die Parasiten vom Leib zu halten. Auch unter ihnen vermehrten sich jene Exemplare besonders gut, die entsprechende Mechanismen entwickelten. Alle unsere Vorfahren haben somit beständig neue Wege gefunden, um die Ausbeutung durch Parasiten im Zaum zu halten. Alle Erreger waren umgekehrt beständig bemüht, neue Tricks und Kniffe aufzutun, um der Abwehr zu entgehen. So war es und so wird es immer sein. Die erste wichtige Lektion, die die Wirte lernen mussten, war die Unterscheidung zwischen »eigen« und »fremd«. Unser Körper bildet eine Gemeinschaft von Zellen. Wollen wir parasitische Eindringlinge fernhalten, müssen wir sie zunächst als fremd erkennen können. Das ist Aufgabe der sogenannten angeborenen oder unspezifischen Immunabwehr, die über eine Vielzahl von Mechanismen verfügt und bei uns im Wesentlichen nicht anders als bei einfachen Tieren wie Insekten funktioniert.

Die zweite wichtige Neuerung war die Entwicklung der adaptiven beziehungsweise spezifischen Immunabwehr, die allmählich im Laufe der Entwicklung der Wirbeltiere aufgebaut wurde. Sie unterscheidet nicht nur »eigen« von »fremd«, sondern kann sich Eindringlinge auch merken und diese mit maßgeschneiderten Waffen bekämpfen. Auch dieses Abwehrsystem ist schon Hunderte von Millionen Jahren alt und existiert in ähnlicher Form bei Fischen.

Damit sind wir insgesamt gut gerüstet. Krankheitserreger haben allerdings bei diesem Dauerkampf einen entscheidenden Vorteil: Ihre Evolution verläuft im Vergleich zu unserer im Zeitraffer. Weil die Generationenzeit bei vielen Bakterien nur 20 Minuten beträgt, können sich Bakterienstämme innerhalb nur weniger Tage, bei entsprechend starkem Selektionsdruck, drastisch verändern. Wir Menschen haben indes eine andere, nicht minder bedeutende Stärke: Wir sind unendlich viel schlauer als die Mikroorganismen. Sie wissen nichts über uns, aber wir wissen schon sehr viel über sie. Das wird zwar nicht ausreichen, um in absehbarerer Zeit das Thema Infektionskrankheiten als gelöst abhaken zu können. Aber es sollte genügen, um uns regelmäßig als Sieger nach Punkten mit Zuversicht auf das nächste Gefecht vorzubereiten.

Moderne Infektionskrankheiten

Infektionskrankheiten, wie wir sie heute kennen, waren früher eine relativ unbedeutende Todesursache. Das änderte sich gegen Ende der letzten Eiszeit vor gut 10 000 Jahren. Die Welt blühte damals gewissermaßen auf, und der Mensch ergriff die Chance. Wir erschlossen üppige Nahrungsquellen, wir domestizierten die ersten Pflanzen und Tiere, und wir wurden immer mehr. Indem wir unsere Umwelt zunehmend aktiv gestalteten, änderten wir das Verhältnis von Mensch und Mikroorganismus. Das war die Geburtsstunde moderner Infektionskrankheiten.[313] Die Felder, die Getreidelager, Abfall und Fäkalien, die sich um dauerhafte Siedlungen häuften, zogen allerlei Getier von der Mücke bis zur Ratte an. Mäuse und Konsorten fanden hier ihr Paradies: Schutz vor Raubtieren und üppige Nahrung. Mit ihnen kamen viele Krankheitserreger, die den Menschen als neuen Wirt entdeckten. Da sich dieser neue Wirt schneller und schneller vermehrte, war auch ihre Zukunft gesichert. Vor dieser Zeit hatte es einfach zu wenige von uns gegeben. Wir lebten in recht kleinen Einheiten ohne festen Wohnort. Wenn sich tatsächlich einmal ein Erreger so veränderte, dass er von Mensch zu Mensch übertragen werden konnte, so raffte er entweder die ganze Gruppe dahin und landete so selbst in einer Sackgasse. Oder die natürliche Auslese sorgte dafür, dass nur einige wenige resistente Individuen überlebten und sich diese Resistenz schnell bei deren Nachkommen verbreitete. Damit hatte der Erreger ausgespielt.

Erst mit der Sesshaftigkeit und der Entstehung größerer Gemeinschaften wurden also die Voraussetzungen für den Erfolg von durch Viren oder Bakterien verursachten tödlichen Seuchen geschaffen, die dann auch periodisch die Bevölkerung erheblich dezimierten.[314] Mit der Zivilisation, so die Wissenschaftsautorin Jessica Snyder Sachs, »verloren die umgänglichen Mikroorganismen plötzlich ihr Beinahemonopol auf den menschlichen Körper, und ein neuer mikrobieller Lebensstil entstand – einer, in dem sich Virulenz auszahlte, denn die tödlichen Bakterien konnten darauf zählen, dass die Sterbenden Luft und Wasser kontaminierten, mit dem Tausende Gesunde in Kontakt kamen.«[315]

Nach der letzten Eiszeit erschlossen wir üppige Nahrungsquellen, wir domestizierten die ersten Pflanzen und Tiere, und wir wurden immer mehr. Indem wir unsere Umwelt gestalteten, änderten wir das Verhältnis von Mensch und Mikroorganismus. Das war die Geburtsstunde moderner Infektionskrankheiten.

Der neue »Lebensstil« war wirklich und in umfassendem Sinne neu. Der Mensch griff mit dieser Veränderung seiner Lebensweise also ganz gravierend in die weitere Evolution des Lebens auf der Erde ein.

Auch wir werden domestiziert

Der Medizin-Nobelpreisträger Joshua Lederberg sieht zu Recht in der Welt eine Doppelherrschaft: Mensch und Mikroorganismus sind die dominierenden Lebewesen. Er nutzt das Bild von der Domestizierung andersherum, wenn er sagt:»Warum also gibt es uns immer noch? Weshalb sind wir immer noch da und teilen uns die Herrschaft über den Planeten mit den Mikroben? Warum sie uns nicht ausradiert haben, liegt auf der Hand: Sie haben ein Interesse am Überleben und an der Domestizierung ihrer Wirte, also der Menschen und anderer Vielzeller. Der Krankheitserreger, der seinen Wirt tötet, findet sich in einer Sackgasse wieder. Der Grund, weshalb es uns immer noch gibt, besteht biologisch gesprochen darin, dass Mikroben lebendige Wirte für ihr eigenes Überleben brauchen.«[316]

Lederberg verdeutlicht damit, dass Mikroorganismen größtenteils friedliche Nutzer ihrer Wirte sind. Wie beim Menschen kommen auf viele friedliche Bürger nur wenige gefährliche Kriminelle. Wir Menschen führen also keinen Kampf gegen Bakterien, sondern nur einen Kampf gegen die wenigen, uns feindlich gesonnenen unter ihnen.

Der Weg von Wirt zu Wirt

Bei Weitem nicht jedes Virus, jedes Bakterium oder jeder Pilz macht uns krank. Woher kommen die Unterschiede? Warum sind manche gefährlicher als andere? Schließlich sind sie doch alle Lebewesen und folgen alle demselben zweifachen Imperativ, dem auch wir folgen: Überlebe und vermehre dich!

Die Frage lässt sich beantworten, wenn wir die Angelegenheit vom Blickwinkel des Krankheitserregers aus betrachten. Der muss von einem menschlichen Wirt zum

»Tödliche Mückenstiche«
Der Infektionsweg über die Mücke bedeutet, dass es für den Erreger gut ist,
wenn es dem Patienten schlecht geht. Denn wer krank darniederliegt,
kann sich weniger gegen Mückenstiche schützen.

nächsten gelangen. Und er ist nicht in der Lage, den Weg aus eigener Kraft zurückzulegen. Die entscheidende Frage lautet also: Sind Erreger auf den Wirt angewiesen, um in der Welt herumzukommen? Wenn dem so ist, können sie sich natürlich nicht erlauben, ihn außer Gefecht zu setzen, bevor sie sich verbreitet haben. Oder haben sie vielleicht andere Mittel und Wege, um sich zu verbreiten? Dann können sie uns hart und aggressiv angehen, und ihre Evolution verläuft so, dass sich diejenigen am besten vermehren, die ihre Wirte am brutalsten für die eigene Fortpflanzung ausbeuten.

Am Beispiel der Erreger von Durchfallerkrankungen wie Cholera und Typhus lässt sich das verdeutlichen. Sie können durch direkten Kontakt von Mensch zu Mensch, über Nahrungsmittel oder über Wasser übertragen werden. Der letztgenannte Weg ist aus Sicht des Menschen der schlechteste. Denn wenn der Erreger über Wasser zu neuen Wirten gelangt, ist es ihm egal, wenn es uns so schlecht geht, dass wir zu Hause im Bett liegen bleiben müssen. Über unsere Ausscheidungen findet er den Weg zum Wasser und zum nächsten Opfer. Betrachtet man alle Durchfallerreger, so ergibt sich daher ein klares Bild: Je erfolgreicher sie auf dem Wasserweg unterwegs sind, desto gemeiner sind sie zu ihren Opfern, desto mehr Todesfälle sind zu beklagen.

Hygiene und Antibiotika

Will man also diese Art Erreger eindämmen, muss man die Wasserwege kontrollieren, das heißt, man braucht ein gutes Abwasser- und Trinkwassersystem. Am Cholerabakterium sieht man, wie es geht. Dieses Bakterium ist besonders gefährlich, weil es ein Gift produziert, das zu starkem Durchfall führt. Je mehr Gift, desto schlimmer ist der Durchfall und desto mehr Cholerabakterien werden auf diesem Weg aus dem Körper gespült, um neue Wirte zu finden. In Ländern mit guter Trinkwasserversorgung sollte sich dieser Erreger folglich zu einer harmloseren Variante hin entwickeln. In Ländern, in denen Abwässer ungeklärt in die Flüsse gelangen, aus denen auch wieder Frischwasser bezogen wird, müsste genau das Gegenteil passieren. Die Erreger müssten aggressiver, giftiger werden.

Genau dieses Phänomen ließ sich 1991 in Südamerika beobachten. Damals gelangten Choleraerreger von Peru, einem Land mit noch unzureichend ausgebauter Trinkwasserversorgung, nach Chile, wo ein gutes Trinkwassersystem besteht. Und tatsächlich veränderten sich die entsprechenden Bakterienstämme innerhalb weniger Jahre. Sie durchliefen eine Evolution hin zu einer milderen Form, die weniger Gift produziert. In Ecuador geschah genau das Gegenteil: Dort war das Trinkwassersystem am schlechtesten, und entsprechend wurden die Bakterien dort aggressiver.[317]

Hygienemaßnahmen haben also einen doppelten Nutzen. Sie dämmen die Ausbreitung von Erregern ein. Und sie sorgen damit dafür, dass die Erreger harmloser werden. Denn das ist dann ihre einzige Chance. Sie können nur erfolgreich weiter im Menschen leben, wenn sie diesen gerade so krank machen, dass er noch fit genug ist, herumzulaufen und sie durch direkten Kontakt zu verbreiten.

Das ist noch nicht alles: Jeder weiß, dass heutzutage Antibiotika immer häufiger nicht wirken. Der Grund ist auch hier die Evolution. Unter den Erregern gibt es immer eine Vielzahl von Mutanten, die sich genetisch geringfügig voneinander unterscheiden. Es gibt immer Stämme, die gegen ein oder mehrere Antibiotika unempfindlich sind. Sie benutzen dafür eine Reihe von Mechanismen, insbesondere kleine Pumpen.[318] Diese funktionieren zum Beispiel nach dem Prinzip einer Quetschpumpe. Es sind kleine Röhren, die durch die Zellwand gehen. Sie sind zuerst nur an der zum Zellinneren gerichteten Seite geöffnet, um das Antibiotikum aus der Zelle zu fischen. Ist das Antibiotikum in der Röhre, wird die innere Tunnelöffnung geschlossen, und gleichzeitig wird der Tunnel an der Außenseite der Zelle geöffnet und das Medikament nach draußen befördert. Hinter ihm geht die Luke außen wieder zu und innen wieder auf, um das nächste Antibiotikummolekül hinauszubugsieren.[319]

Wenn eine Krankheit in der Regel schwer verläuft, dann werden Antibiotika auch häufiger verabreicht, um sie zu heilen. Das führt dazu, dass unter der Gesamtheit der Erreger allmählich diejenigen einen immer größeren Anteil ausmachen, denen diese Antibiotika nichts anhaben können, weil sie über entsprechende Pumpen verfügen. Sind die Stämme hingegen durchschnittlich weniger aggressiv, so werden auch seltener Antibiotika gegen sie eingesetzt, und der Druck, eine Resistenz zu entwickeln, ist geringer. Es könnte sich also durchaus lohnen, die Evolution von Krankheitserregern auf diese Weise zu lenken. Und der entscheidende Umweltfaktor ist der Übertragungsweg.

Sex und Mücken

Neben Wasser sind auch sexueller Kontakt und Insekten verbreitete Übertragungswege. Auch hier hängt die Evolution der Virulenz, also der Fähigkeit, eine Krankheit herbeizuführen, davon ab, wie leicht der nächste Wirt erreicht wird.

Ein Beispiel für einen Virulenzverlust im Verlauf der letzten Jahrhunderte ist Syphilis. Als in Europa 1495 erstmals die Syphilis wütete, waren die Symptome sehr schwer. Wahrscheinlich wurde der Erreger, *Treponema pallidum*, von Kolumbus aus der neuen Welt mitgebracht[320] und traf auf eine genetisch »unvorbereitete« Bevölkerung Europas.[321] Doch im Verlauf von 50 Jahren wandelte sich die Krankheit zu einem milderen, chronisch verlaufenden Leiden. Der Grund ist wahrscheinlich, dass schwere und gut erkennbare Symptome die sexuelle Verbreitung erheblich einschränkten. Die Menschen vermieden Sex mit offensichtlich Erkrankten. Und auch den Erkrankten, die enorme Schmerzen hatten, war wohl oft nicht nach Sex zumute. So nahmen schon nach wenigen Jahren Varianten zu, die zu weniger offensichtlichen und weniger schweren Symptomen führten. Heute bleibt die Krankheit fast in jedem fünften Fall wegen der sehr milden Symptome unbemerkt.[322]

Anders sieht die Situation bei der Malaria aus, der nach wie vor jährlich mindestens eine Million Menschen zum Opfer fallen. Hier nützt weder eine gute Trinkwasserversorgung noch sexuelle Enthaltsamkeit. Denn der Malariaerreger, ein kleiner Parasit, kommt über den Speichel von Stechmücken in unser Blut. Der Weg über die Mücke bedeutet, dass es für den Erreger gut ist, wenn es dem Patienten schlecht geht. Denn wer krank darniederliegt, kann sich weniger gegen Mückenstiche schützen. So können dann auch mehr Mücken den Erreger mit ihrer Blutmahlzeit aufnehmen und weitertransportieren. Das Mittel, um dies zu verhindern, sind Moskitonetze an den Fenstern. Wenn diese in Befallsregionen angebracht werden, müsste eine ähnliche Entwicklung eintreten wie bei der Cholera. Wenn die Mücken nicht ins Haus kommen, hat der Erreger nur eine Chance, sich zu verbreiten: Er darf sein Opfer nur so weit schwächen, dass es weiterhin im Freien herumlaufen kann.

Moskitonetze in den Fenstern schützen vor Malaria. Wenn die Mücken nicht ins Haus kommen, hat der Erreger nur eine Chance, sich zu verbreiten: Er darf sein Opfer nur so weit schwächen, dass es weiterhin im Freien herumlaufen kann.

In den 1930er-Jahren hat sich diese Strategie in den USA bewährt. Im nördlichen Alabama war damals Malaria zu einem großen Problem geworden. Hintergrund war der Bau einer Reihe von großen Staudämmen. Die Überträger von Malaria, die Anopheles-Mücken, legen ihre Eier in stehende Gewässer. Die Stauseen waren für sie ideal. Innerhalb kurzer Zeit hatte sich die Malaria so weit ausgebreitet, dass 30 bis 50 Prozent der Bevölkerung in der Region infiziert waren. DDT, das wirksamste Mittel gegen die Mücke, mit dessen Hilfe die Malaria um 1950 in den USA ausgerottet wurde, war noch nicht verfügbar.[323] So beschlossen die Behörden, alle Häuser mit Mückenschutzgittern oder -netzen auszustatten, und setzten diesen Plan innerhalb von drei Jahren um. Der Erfolg war durchschlagend: Die Malaria verschwand komplett.

Ein derartiges Vorgehen ist sicher bis heute nicht in allen Regionen der Welt umzusetzen. Doch selbst wenn es auf diese Weise nicht zur Ausrottung der Malaria kommen würde, könnte man zumindest erreichen, dass die Krankheit milder wird und nur noch selten tödlich endet. Es gibt einige Initiativen, die genau hierauf abzielen. Solche Versuche, die Evolution zu lenken, versprechen auf lange Sicht gewiss mehr als die Strategie, Anti-Malaria-Medikamente in allen betroffenen Regionen zur Verfügung zu stellen. Dies kann zwar zunächst für jedes Opfer die Rettung bedeuten. Betrachtet man die Evolution, hat ein solches Vorgehen aber wiederum negative Konsequenzen, weil die Herausbildung von Resistenzen des Erregers gegen die Medikamente gefördert wird.

Die Waffen scharf halten

Die Welt ist voller Antibiotika.[324] Und sie ist voller Abwehrmechanismen gegen Antibiotika. Jedes Tier, jede Pflanze, jeder Pilz wird von Bakterien befallen, und alle wehren sich dagegen. Nicht zuletzt produzieren vor allem auch Bakterien selbst Antibiotika, um damit andere Bakterien zu bekämpfen. Und sie entwickeln Resistenzmechanismen nicht nur, um unempfindlich gegen die Gifte der anderen Arten zu werden, sondern auch, um nicht durch die eigenen Antibiotika geschädigt zu werden.

Die Welt des Lebendigen ist also im Grunde eine mit chemischen Waffen und Abwehrmechanismen hochgerüstete Welt. Forscher untersuchten kürzlich 480 verschiedene Stämme von Bodenbakterien. Und sie fanden heraus, dass ausnahmslos jeder dieser Bakterienstämme gegen verschiedene Antibiotika resistent war. Kein Einziges der von Menschen genutzten Antibiotika wirkte gegen alle diese Bakterien.[325]

Seitdem 1945 Penicillin als das erste Antibiotikum auf den Markt gekommen war, konnten für die meisten dieser segensreichen Substanzen nach und nach Erreger angetroffen werden, denen das jeweilige Gift nichts mehr anhaben konnte. So mussten immer neue Antibiotika erfunden werden, um im Kampf gegen Bakterien die Oberhand zu bewahren.[326] Dabei war man zwar erfindungsreich, aber nicht unbedingt klug. Denn die schnelle Resistenzbildung ist im Wesentlichem dem sorglosen Umgang mit Antibiotika anzulasten. Das gilt vor allem für die ambulante Versorgung durch niedergelassene Ärzte, die vermutlich doppelt so viel verschreiben wie nötig. Theoretisch gilt: Je weniger Antibiotika im Einsatz, desto geringer der Selektionsdruck auf die Erreger, Resistenzen auszubilden. Intensivstationen der Krankenhäuser sind häufig Brutstätten für multiresistente Keime, denen kaum ein Antibiotikum mehr etwas anhaben kann – nicht deshalb, weil dort unnötig viel verabreicht wird, sondern weil Patienten wegen des zu häufigen Einsatzes von Antibiotika außerhalb des Krankenhauses bereits vorbelastet dorthin kommen. Notgedrungen züchten wir dort geradezu extrem hartnäckige Erreger. Und ausgerechnet dort liegen schwer kranke Patienten, die eine zusätzliche Infektion das Leben kosten kann. Jedes Jahr sind Millionen Menschen betroffen. Krankenhauserreger sind mittlerweile in reichen Ländern eine sehr häufige Ursache von Todesfällen durch Infektionen. Neue Strategien, um die Resistenzbildung zu verhindern, sind also dringend gefordert.

Weniger ist manchmal mehr

Wer eine Antibiotikabehandlung beginnt, sollte wissen, was in seinem Körper passiert: Mit jeder Gabe des Medikaments tötet er eine Menge Bakterien. Schon nach relativ kurzer Zeit sind von den eingedrungenen nur noch solche Erreger im Körper, mit denen das jeweilige Antibiotikum nicht ohne Weiteres fertig wird. Insgesamt ist deren Zahl nach einer Weile deutlich gesunken, und daher sind die

Krankheitssymptome auch schon stark zurückgegangen oder ganz verschwunden. In der Regel reichen jetzt die körpereigenen Abwehrkräfte, allen voran die Vernichtung durch Fresszellen, aus, um mit dem verbliebenen Rest fertig zu werden und die Heilung zu bewirken. Deshalb ist es wichtig, ein Antibiotikum nur über einen Zeitraum zu geben, der ausreicht, um die Zahl der Erreger so weit zu dezimieren, dass das Immunsystem mit ihnen fertig wird. Wie lange das dauert, ist nicht einfach zu sagen. Daher gibt es nur wenige Festlegungen über die Dauer einer Antibiotikatherapie, etwa für eitrige Meningitis (Hirnhautentzündung) oder Tuberkulose. Neuere Analysen haben ergeben, dass oft schon ein kürzerer Antibiotikaeinsatz als üblich genügt. Antibiotika, die länger als notwendig gegeben werden, führen zu zusätzlicher Resistenzbildung. Um dieser vorzubeugen, sollte eine Antibiotikabehandlung hoch dosiert und so kurzfristig wie möglich erfolgen.

Neben der Dauer des Einsatzes ist wichtig, wie zielgerichtet er erfolgt. Es gibt Antibiotika, die nur Bakterien einer Art angreifen. Andere wiederum richten sich gegen ein breites Spektrum verschiedener Arten. Oft kann der Arzt bei einer Infektion vor Erstellung einer mikrobiologischen Diagnose, die mehrere Tage in Anspruch nimmt, nicht sagen, welche Erreger im Spiel sind. Gerade bei schweren Infektionen kann er aber nicht riskieren, durch die Wahl des falschen Antibiotikums kostbare Zeit zu verlieren und damit das Leben des Patienten aufs Spiel zu setzen. Deshalb wählt er dann vielleicht eher ein Breitspektrumantibiotikum. Doch da dieses viele Bakterien angreift, befördert es auch die Resistenzbildung, und zwar sowohl bei dem eigentlichen »Angreifer« als auch bei anderen, unbeteiligten Bakterien, und steigert damit allgemein die Resistenz.

Gezielter und vorsichtiger kämpfen

Nun könnte man meinen, es schade nicht, wenn »harmlose«[327] Bakterien unempfindlich gegen Antibiotika werden. Leider pflegen jedoch die Bakterien unterschiedlicher Arten einen regen Austausch von Genen. Man spricht sogar von bakteriellem Sex. Das »männliche« Bakterium dockt mit einer Art Penis (dem sogenannten F-Pilus) an das »weibliche« Bakterium an, um unter anderem Resistenzgene weiterzugeben. Bei diesem »Sex« wird nicht wie bei uns je ein kompletter Satz aller mütterlichen und väterlichen Gene gemischt und an die Nachkommen weitergegeben, aber es wird auch Erbgut (DNA) ausgetauscht. Deshalb ist es zunächst einmal egal, in welcher Bakterienart sich zuerst die Resistenz gegen ein neues Antibiotikum bildet. Es hat sich gezeigt, dass sich die entsprechenden Gene schnell ausbreiten und zur Resistenzbildung auch bei anderen Arten führen.

Einen Ausweg aus dem Dilemma, dass man es sich manchmal nicht erlauben kann, auf Breitspektrumantibiotika zu verzichten, könnten in der Zukunft schnelle (und preiswerte) Tests bringen, die dem Arzt sagen, mit welchem Feind er es zu tun hat. Dann kann gezielt nur auf diesen Erreger gefeuert werden. Der Rest bleibt weitgehend verschont.

Ganz wichtig ist aber auch das richtige Verhalten der Patienten. Wer keine bakterielle Infektion hat und dennoch Antibiotika nimmt, der nimmt sie unnötigerweise und richtet in zweierlei Hinsicht Schaden an. Erstens tötet er zuhauf nützliche Bakterien der Darmflora. Zweitens sorgt er für die Ausbreitung von Antibiotikaresistenzgenen. Häufig spielt der Erwartungsdruck des Patienten eine Rolle. Er sieht den Arzt wie eine Autowerkstatt und verlangt Heilung. Ein Arzt, der dieser Erwartung nicht nachgibt, riskiert, den Patienten zu verlieren.

Da die Bakterien, die unseren Körper im Einvernehmen mit uns besiedeln, auch selbst Aufgaben der Infektionsabwehr übernehmen, kann die Einnahme von Antibiotika, wenn man Pech hat, sogar dazu führen, dass man sich eine andere Infektion einhandelt. So befinden sich zum Beispiel in der Scheide der Frau ab der Pubertät Lactobazillen, die dazu dienen, unliebsame bakterielle Ankömmlinge davon abzuhalten, sich niederzulassen. Ist diese schützende Besiedlung vorübergehend wegen der Einnahme eines Breitspektrumantibiotikums gestört, kommt es leichter zur Infektion mit Bakterien aus dem Darm oder Erregern, die sexuell übertragen werden, beispielsweise Pilzinfektionen.

Die Evolution austricksen

Der Mensch kann in die Evolution eingreifen, also kann er auch in die Evolution der Antibiotikaresistenz eingreifen. Wem dies als Erstem gelingt, der macht sich verdient um die Menschheit. Viele interessante Ansätze gibt es schon.

Ein Ansatz sieht vor, in den natürlichen Gentransfer zwischen den Bakterien verschiedener Arten einzugreifen. Die schnelle Generationenfolge bei Bakterien ist besonders deshalb so gefährlich, weil Bakterien über Mechanismen verfügen, Gene auszutauschen. Denn es sind nicht nur zufällige Kopierfehler, die ein Bakterium resistent gegen ein Antibiotikum machen, sondern die Aufnahme eines kompletten »Apparats« per Gentransfer von anderen Bakterien. Vielleicht lässt sich das verhindern. Wie das zu schaffen wäre, haben kürzlich Forscher am Beispiel des gefährlichen Krankenhauserregers *Staphylococcus aureus* beschrieben. Sie identifizierten ein bestimmtes DNA-Stück, das offenbar die gefährlichen Genpakete abfangen kann.[328] Wenn dieses Abfangen gelingt, können sich die Bakterien vermehren, so viel sie wollen. Sie kön-

nen keine Resistenzgene aufnehmen, bleiben also angreifbar und können durch Antibiotika eliminiert werden.
In eine evolutionäre Zwickmühle wollen andere Forscher die Erreger schicken. Sie haben ein Antibiotikum entwickelt, das nur wirksam ist, wenn es auf eine bestimmte, häufig vorkommende Substanz in den Zellmembranen der Bakterien stößt. Um gegen dieses Antibiotikum resistent zu sein, müsste das Bakterium auf diese Substanz möglichst verzichten. Dadurch würde es aber in anderer Hinsicht so geschwächt, dass es durch ein zweites konventionelles Antibiotikum leicht vernichtet würde.[329]

Um zu verhindern, dass Bakterien gegen Antibiotika resistent werden, könnte man sie zähmen. Bakterien fangen erst an, ihr Waffenarsenal zu aktivieren und Unheil zu stiften, wenn sie wissen, dass sie sich in ihrem Wirt befinden. Hindert man sie daran zu erkennen, wo sie sind, verhalten sie sich ruhig.

Eine dritte Möglichkeit, die Evolution der Erreger auszutricksen, basiert auf einer Strategie der Bakterien, auf die sie zurückgreifen, wenn sie unter Druck sind. Solange es ihnen gut geht, kopieren sie Erbgut bei jeder Teilung sehr genau. Setzt man ihnen jedoch mit Antibiotika zu, dann lassen sie die DNA von Enzymen vervielfältigen, die so konstruiert sind, dass sie viele Fehler dabei machen. So entstehen viele neue Genvarianten, und die Chance steigt, dass einige dabei sind, die Schutz vor dem Antibiotikum verleihen. Gelingt es, mithilfe eines Medikaments den Schalter, mit dem auf den Notfallmodus geschaltet wird, zu blockieren, dann wird die Resistenzbildung sehr viel unwahrscheinlicher.[330]

Eine weitere Option könnte eine Art Zähmung der Bakterien sein. Bakterien fangen ja erst an, ihr Waffenarsenal zu aktivieren und Unheil zu stiften, wenn sie wissen, dass sie sich in ihrem Wirt befinden. Hindert man sie daran zu erkennen, wo sie sind, verhalten sie sich ruhig. Bei Mäusen waren Wissenschaftler mit diesem Trick gegen drei sehr gefährliche Erreger erfolgreich. Sie fanden einen

Wirkstoff, der bei den Bakterien diesen »Wirterkennungs-mechanismus« blockierte. Auf dessen Basis könnten Medikamente entwickelt werden, die dem Kranken helfen, aber die Bakterien nicht direkt bekämpfen und somit auch nicht zu einer Bildung von Resistenzen führen.[331] Es gibt eine ganze Reihe anderer vielversprechender Ansätze, die nicht wie herkömmliche Antibiotika darauf abzielen, die Bakterien zu töten oder ihr Wachstum zu hemmen, sondern die Kommunikation zwischen ihnen zu stören. Solange sie einzeln unterwegs sind, kann sie unser Immunsystem vernichten. Aber wenn sie sich in großer Zahl zu einer Gemeinschaft, einem sogenannten Biofilm, zusammenschließen, ist ihnen kaum mehr beizukommen. Meint man. Denn kürzlich gelang es Forschern, genau das bei Choleraerregern zu verhindern, indem sie die Produktion dafür notwendiger Botenstoffe unterbanden. Das hierfür entwickelte Antibiotikum führte auch nach 26-facher Anwendung zu keiner Resistenzbildung.[332]

Natürliche Feinde im Schlachtfeld

Eine weitere Möglichkeit wäre der Pakt mit den Feinden unserer Feinde. Er könnte darin bestehen, natürliche Feinde von Bakterien, die selbst zur schnellen Evolution in der Lage sind, gegen diese einzusetzen. Diese natürlichen Feinde heißen Phagen. Es handelt sich um Viren, die Bakterien befallen. Die Idee ist nicht neu. Sie ist vergleichbar mit der biologischen Schädlingsbekämpfung in der Landwirtschaft, bei der Schadinsekten statt mit Insektiziden gezielt mit Krankheitserregern (oder auch Fraßfeinden) bekämpft werden, die auf den jeweiligen Schädling spezialisiert sind. Diese Spezialisierung könnte auch eine der großen Stärken von Phagen sein. Denn je spezifischer das Bakterium angegriffen wird, desto geringer der Kollateralschaden und desto unwahrscheinlicher eine Resistenzbildung. Bisher fristet die Phagentherapie ein Nischendasein, und es konnte noch kein Durchbruch erzielt werden. Eines der Hauptprobleme besteht darin, dass unser Immunsystem die Phagen recht effektiv beseitigt. Doch die Grundidee ist nach wie vor verlockend: Denn wie kein Tier, auch nicht der Mensch, den Kampf gegen Bakterien gewinnen wird, so sorgt die Evolution auch dafür, dass es den Bakterien nicht besser ergeht. Sie können sich verändern, wie sie wollen, die Phagen werden immer schnell mitziehen und – in ihrem eigenen »Interesse« – optimal für die Attacke auf ihr Zielbakterium angepasst sein.

Vielleicht wird ein neuer Ansatz zum Erfolg führen. Forscher von der Universität Wien haben sich nämlich gesagt: Warum nicht den natürlichen Feind (Phage) und das vom Menschen eingesetzte Antibiotikum kombinieren und gemeinsam ins Feld schicken? Im Tierversuch hat es gut geklappt. Es gelang den Wissenschaftlern, dem notorisch widerstandsfähigen Bakterium *Pseudomonas aeruginosa*, Erreger von Lungenentzündungen, Wundinfektionen und Sepsis (Blutvergiftung), auf diese Weise schon mit sehr geringen Mengen verschiedener Antibiotika den Garaus zu machen. Das funktionierte sogar, wenn die Keime schon Resistenzen aufwiesen. Und der Effekt war bis zu 50-mal stärker, als wenn nur ein Antibiotikum eingesetzt wurde.[333]

Die evolutionäre Medizin steht also vor einigen Herausforderungen. Es müssen zum einen Antibiotika entwickelt werden, die Bakterien auf ganz neue Weise bekämpfen, das heißt sich solcher Waffen bedienen, die nicht schon im Laufe der Evolution entstanden sind und daher auch nicht schon längst zur Entwicklung von Abwehrschilden geführt haben. Oder aber man setzt gerade gezielt auf die Mechanismen der Evolution und mobilisiert die natürlichen Feinde der Bösewichte, um diesen an den Kragen zu gehen. Oder beides zusammen. Je besser man jedenfalls das evolutionäre Wettrüsten im Bereich dieser chemischen Waffen versteht, desto größer die Chancen, solche ganz neuen Wirkmechanismen zu entwickeln.

Einführung der allgemeinen Stallpflicht?

Unser Immunsystem ist schon sehr alt. Allergien, insbesondere die sogenannten Sofort-Typ-Allergien wie Heuschnupfen, Asthma und Nahrungsmittelallergien sind dagegen eine neue Erscheinung. Sie sind eine Art Fehlalarm des Immunsystems. Der wird heute offenbar sehr viel häufiger ausgelöst als früher. Vielleicht reagiert unser Körper damit auf die Trennung von alten Freunden, mit denen er sich vor Urzeiten evolutionär arrangierte: Würmern, Bakterien und Schmutz.

»Bei meiner Frau fängt es manchmal schon im Januar mit Haselnusspollen und Birken an. Ich bin eher im Hochsommer dran, wahrscheinlich Graspollen. Unser Ältester ist gegen alles Mögliche allergisch: Hunde, Pferde, Hausstaub, irgendwelche Pilze, die in Getreide wachsen. Zum Glück ist es nur bei den Pferden richtig schlimm. Da muss nur ein Reiter in die Nähe kommen, schon fangen die Augen an zu tränen. Nur die Kleine scheint bisher verschont zu werden.« Aussagen wie diese hört man häufig. Es gibt kaum eine Familie, die da nicht aus eigener Erfahrung mitreden könnte. Allergien scheinen zum heutigen Leben zu gehören. In Deutschland sind inzwischen mehr als 35 Prozent der jüngeren Bevölkerung davon betroffen. Sie äußern sich in Symptomen, die der Körper offenbar veranstaltet, ohne einen vernünftigen Grund dafür zu haben. Stoffe, die allem Anschein nach völlig harmlos sind, verleiten unser Immunsystem dazu, dermaßen aktiv zu werden, dass wir selbst zu leiden haben. Es mag gut gemeint sein: Husten, Niesen, tränende Augen und laufende Nasen sind probate Mittel, um Bakterien, Viren oder Gifte aus dem Körper zu transportieren. Doch wo keine Gefahr droht, da ist all dies fehl am Platz. Viele Menschen halten Allergien einfach nur für lästig, übersehen allerdings dabei, dass Folgeerkrankungen drohen und dass ihre Leistungsfähigkeit eingeschränkt ist. So erzielen Kinder mit unbehandeltem Heuschnupfen in der Schule beispielsweise um etwa 30 Prozent schlechtere Ergebnisse während der Pollensaison.

Viele Menschen halten Allergien einfach nur für lästig. Doch können Folgeerkrankungen drohen, und die Leistungsfähigkeit ist eingeschränkt. Kinder mit unbehandeltem Heuschnupfen erzielen in der Schule beispielsweise um etwa 30 Prozent schlechtere Ergebnisse während der Pollensaison.

Allergien sind zudem in der Ausprägung sehr variabel, für einige, die sehr stark reagieren, sogar lebensbedrohlich. Bei immer mehr Menschen, vor allem Jugendlichen, geht der Heuschnupfen in Asthma über und wird so zu einer erheblichen Gesundheitsbeeinträchtigung.

Das Wort »Allergie« ist ein Überbegriff für viele verschiedene Formen von Unverträglichkeitsreaktionen des Immunsystems. Landläufig wird bei dem Begriff oft an die sogenannten Sofort-Typ-Allergien gedacht. Bei diesen treten Beschwerden innerhalb weniger Minuten nach Kontakt mit dem Allergen auf. Typische Beispiele sind Heuschnupfen, Asthma und Nahrungsmittelallergien. Insbesondere diese Form von Allergien hat in den letzten Jahren erheblich zugenommen, weshalb wir uns fragen müssen, woran das liegen könnte. Es gibt jedoch auch andere Formen von Allergien, etwa das allergische Kontaktekzem. Hier tritt nach Kontakt mit Umweltstoffen wie zum Beispiel Nickel in Metall mit einer Verzögerung von 24 bis 72 Stunden ein juckendes Ekzem im Bereich der Kontaktstelle auf. Diese Allergieform ist ebenfalls häufig, etwa sieben Prozent der Bevölkerung sind davon betroffen. Allerdings gibt es keinerlei Hinweise auf eine Zunahme in den letzten Jahrzehnten.

Verdächtige Stoffe

Warum wehren wir uns gegen Stoffe, die vollkommen ungiftig sind? Warum reicht oft der kleinste Kontakt, um eine massive Reaktion auszulösen? Noch sind viele Vorgänge im äußerst komplexen menschlichen Immunsystem nicht erforscht. Doch vieles spricht dafür, dass die heftigen Attacken gegen harmlose Stoffe auf Aspekte des modernen Lebens zurückzuführen sind.

Unser Immunsystem ist schon seit Jahrmillionen weitgehend ausgereift. Allergien hingegen sind bis vor etwa 200 Jahren kaum berichtet worden. Sie haben erst in den letzten 30 bis 40 Jahren rapide zugenommen – es ging eigentlich erst in den 1960er-Jahren los,[334] dass eine ganze Menge Menschen allergische Reaktionen zeigte. In den 1980ern und 90ern stieg die Zahl besonders schnell an. Sie scheint nun auf hohem Niveau allmählich zu stagnieren. Die Zahl der Asthmafälle beispielsweise ist seit 1980 jährlich um etwa ein Prozent angewachsen. Asthma ist mittlerweile die häufigste chronische Erkrankung bei Kindern und die wichtigste Ursache für krankheitsbedingtes Fehlen in der Schule sowie für Krankenhausaufenthalte.

Allergien sind also jung, unser Immunsystem sehr alt. Man kann in zwei Richtungen nach Verdächtigen suchen. Erstens nach neuen Stoffen, die der Körper nicht kennt und die daher, obgleich harmlos, zu heftigen Abwehrreaktionen des Immunsystems führen. Im Verdacht waren viele Jahre vor allem die Luftverschmutzung, Lebensmittelzusatzstoffe und Ähnliches. Natürlich ist die grundlegende Sorge, neue Stoffe könnten Probleme verursachen, nicht einfach von der Hand zu weisen. Es gibt genügend Beispiele: etwa exotisches Obst wie die Kiwi oder nicht heimische Pflanzen wie die Birkenfeige, die wir uns zur Dekoration in die Wohnung stellen.

Doch es ist selten, dass Allergiker nur gegen exotische, neue Stoffe reagieren. Dem Gros der Allergiker machen wohl vertraute Stoffe zu schaffen, allen voran Pollen, etwa von Gräsern, Birken und Haselnusssträuchern, dazu Hausstaub, Tierhaare, Eier und Milch.[335] Deshalb müssen wir bei der Suche nach Verdächtigen noch eine weitere Möglichkeit in Betracht ziehen: Unsere Umwelt hat sich verändert, und dabei könnte auch etwas verschwunden sein, was uns in der Vergangenheit vor Allergien bewahrte. Diese Sicht scheint sich allmählich durchzusetzen. Einiges spricht dafür, dass dieses Etwas einfacher Dreck ist – Dreck und Würmer, mit denen unsere Vorfahren ein wesentlich innigeres Verhältnis pflegten, als wir es heute tun.

Das Gedächtnis des Immunsystems

Unterschiedliche Lebewesen haben im Verlauf der Evolution unterschiedliche Abwehrmethoden gegen unerwünschte Eindringlinge entwickelt. Pflanzen können Infektionsherde eingrenzen und absondern, indem sie die befallenen Zellen rundherum abtöten und vom gesunden Gewebe abtrennen. Alle mehrzelligen Tiere, vom Schwamm bis zum Menschen, verfügen zudem über Fresszellen. Diese erkennen alle Zellen, die nicht zum eigenen Körper gehören, schlucken sie, zerlegen sie in Einzelteile, die sie wiederverwerten oder einfach entsorgen. Bei Wirbeltieren haben die Fresszellen noch eine zweite Funktion: Sie zerlegen den Störenfried und setzen dadurch dessen charakteristische Oberflächenmerkmale frei, welche Epitope genannt werden. Dann transportieren sie diese in einem Körbchen auf ihrer eigene Zelloberfläche, um sie anderen Zellen des Immunsystems zu zeigen. Die Kollegen erfahren auf diese Weise, welche Eindringlinge zurzeit im Körper unterwegs sind. Wenn Gefahr im Verzug ist, können wir so mithilfe dieses anpassungsfähigen (adaptiven) Immunsystems einen gezielten Gegenangriff starten. Der Clou an diesem System ist, dass es lernfähig ist und dass es sich die Merkmale der unterschiedlichen Feinde einprägt. Bei Erstkontakt produziert es langlebige Gedächtniszellen, die dann fortan im Blut wie Spürhunde patrouillieren. Deshalb können auch Impfungen und Infektionen eine lebenslange Immunität bescheren.

Das adaptive Immunsystem ist zudem in der Lage, mindestens eine Million unterschiedlicher Merkmale von Krankheitserregern zu erkennen und mit sogenannten Antikörpern spezifisch gegen diese vorzugehen. Egal, was von draußen in unseren Körper eindringt, es gibt immer Antikörper, die die ganz speziellen Merkmale der potenziellen Feinde erkennen und sich an sie heften. Diese Fähigkeit, jeden Eindringling zu identifizieren und sich sein Aussehen zu merken, ist leider auch eine Voraussetzung dafür, Allergien zu bekommen.

Die Fähigkeit unseres Immunsystems, jeden Eindringling zu identifizieren und sich sein Aussehen zu merken, ist leider auch eine Voraussetzung dafür, Allergien zu bekommen.

Antikörper auf Abwegen?

Der Teil unseres Immunsystems, der in der Lage ist, sich all die verschiedenen Merkmale von potenziellen Feinden zu merken, ist grob gesagt, in zwei Abteilungen unterteilt. In der ersten Abteilung haben B-Zellen das Sagen. Sie stellen Antikörper her. Ist ein Feind erkannt, ist es deren Hauptaufgabe, sich an ihn zu heften, um ihn damit für andere Zellen erkennbar zu machen und quasi zum Abschuss freizugeben.

Die Evolution hat jedoch eine Vielzahl verschiedener Antikörpertypen hervorgebracht. Und erstaunlicherweise werden bei den unechten Feinden, den sogenannten Allergenen, andere aktiv als bei den tatsächlich gefährlichen Angreifern. Die Antikörper, die auf Allergene reagieren, heißen Immunglobulin E (IgE). Auf die normalen Krankheitserreger stürzen sich dagegen die Immunglobuline M und G.[336] Unterm Strich sind IgE-Antikörper überaus selten. Sie tauchen nur dann in großer Zahl auf, wenn jemand augenblicklich von einer Allergie geplagt wird.

Nun wäre es absurd anzunehmen, die Evolution habe uns mit einem Mechanismus ausgestattet, der nur dazu dient, Allergien auszulösen. Wo sollte der Überlebensvorteil liegen? Es muss also einen anderen Grund für die Existenz der IgE-Antikörper geben – oder zumindest früher einmal gegeben haben. So kommen wir der Sache langsam auf die Spur. Mittlerweile ist nämlich bekannt, dass IgE-Antikörper insbesondere gegen tierische Parasiten, vor allem Würmer, aktiv werden. Von denen werden die Menschen in industrialisierten Ländern heute weitgehend verschont, weshalb die Forschung lange über die Funktion von IgE-Antikörpern rätselte. Nachdem dieser Zusammenhang erkannt worden ist, drängte sich folgender Gedanke auf: Dort, wo es kaum Allergien gibt, in den ärmeren Weltregionen, widmet sich das IgE-System der Aufgabe, die Parasitenschar im Zaum zu halten. In unseren weitgehend parasitenfreien Breitengraden hingegen scheint es sich eine andere Aufgabe gesucht zu haben. Die Vermutung liegt also nahe, dass es eine Art postmodernes Schattenboxen gegen eingebildete Feinde führt.[337]

Der Zusammenhang ist zu frappant, als dass diese These einfach so vom Tisch gefegt werden könnte. Aber andererseits ist die Vorstellung, das arbeitslos gewordene Immunsystem hätte (aus Langeweile vielleicht?) neue Beschäftigungsmöglichkeiten gesucht, wohl auch zu banal. Bleiben wir also noch etwas beim Immunsystem und seinen komplexen Fähigkeiten.

Killer, Antreiber und Besänftiger

Die zweite große Abteilung neben den B-Zellen bilden die T-Zellen. Diese sind ebenso wie die kleinen Antikörper in der Lage, die für die Eindringlinge typischen Epitope zu erkennen. Ihr Job ist es jedoch nicht, unmittelbar zum Gegenschlag auszuholen. Sie vernichten vielmehr gezielt die Zellen des eigenen Körpers, die von Krankheitserregern befallen sind. Die so kämpfenden T-Zellen werden auch zytotoxische T-Zellen genannt.

Zusätzlich gibt es noch zwei andere große Gruppen von T-Zellen. Die T-Helferzellen könnte man als Antreiber[338] bezeichnen, denn sie senden eine Vielzahl von chemischen Signalen an alle aktiven Immunzellen,[339] um diese herbeizurufen und anzufeuern. Die regulatorischen T-Zellen dagegen sind eine Art Kontrolleur. Sie achten darauf, dass die Immunvorgänge in der richtigen Richtung ablaufen. Darüber hinaus können sie den Immunzellen zurufen, sich wieder zu mäßigen, wenn eine ausreichende Antwort erfolgt ist, aber auch erkennen, ob möglicherweise sogar eine fehlerhafte Abwehrreaktion in Gang gesetzt worden ist. Dieser Dualismus ist typisch für die Vorgänge in biologischen Systemen. Es gibt praktisch immer aktivierende und hemmende Kräfte, die wiederum von anderen aktivierenden oder hemmenden Faktoren beeinflusst werden. Selten wird sofort ein großer Hebel umgelegt, viel öfter strömt eine Vielzahl an Signalen in unterschiedlichen Signalstärken. Aus diesem komplexen Geschehen resultiert am Ende eine Wirkung, zum Beispiel die allergische Reaktion.

Das Allergie-Team

Was haben die beiden Abteilungen unseres Immunsystems mit Allergien zu tun? Unmittelbar verantwortlich für die Allergie sind IgE-Antikörper, die wie alle Antikörper von B-Zellen gebildet werden. Aber auch die T-Zellen spielen eine wichtige Rolle. T-Helferzellen vom Typ 2 (Th2) regen nämlich beim Erstkontakt mit einem Allergen die für das betreffende Allergen zuständigen B-Zellen an, sich zu klonen und die Produktion von IgE-Antikörpern hochzufahren. Diese werden dann in großer Zahl an sogenannte Mastzellen gebunden. Hierbei spricht man von der Phase der Sensibilisierung. Taucht das entsprechende Allergen später wieder im Körper auf, kann es rasch entdeckt werden und zu einer Mastzellaktivierung führen. Aktivierte Mastzellen können Substanzen ausstoßen, insbesondere das berüchtigte Histamin – einen Botenstoff, der in wenigen Sekunden heftige allergische Reaktionen hervorrufen kann.

Zusammengefasst sind die Protagonisten der allergischen Reaktion also Th2-Zellen, IgE-Antikörper und Mastzellen. Interessanterweise tritt just dieses Team auch an, wenn es darum geht, Bandwürmer, Fadenwürmer und Konsorten oder wenigstens deren Larven aus dem Körper zu spülen.

Von Würmern und Menschen

Die Welt ist bunt, unser Immunsystem hat es schwer, und es ist nachvollziehbar, dass es Fehler macht. Augenfällig ist jedoch, dass Fehlfunktionen des Immunsystems wie Allergien und Autoimmunkrankheiten einem eindeutigen Wohlstandsgefälle unterliegen. In armen Ländern sind sie selten, in reichen Ländern treten sie häufig auf. Liegt es an den Genen? Offenbar nicht. Das zeigt sich deutlich, wenn man untersucht, wie es Einwanderern ergeht, die aus armen Ländern in Industriestaaten kommen. Sie entwickeln in der neuen Heimat deutlich öfter Allergien als in der alten.[340] Es müssen also Umweltfaktoren eine Rolle spielen, wobei eine ganze Reihe infrage kommen dürfte. Wenn wir einen unserer Vorfahren in einer Zeitreise 100000 Jahre überspringen ließen, dann dürfte er, im Berlin, Paris oder New York des 21. Jahrhunderts gelandet, ziemlich verwirrt sein. Alles ist neu, ungewohnt, unbekannt, mitunter angsteinflößend. Ähnlich dürfte es unserem vor langer Zeit entstandenen Immunsystem heute gehen. In den letzten Jahrzehnten wurden verschiedene Hypothesen getestet, was unser Immunsystem am ehesten zu Fehlern verleitet. Es sieht so aus, als spielten Würmer und Dreck eine wichtige Rolle. Denn erstens reagiert, wie wir schon angedeutet haben, das Immunsystem auf den Befall mit Parasiten mit den gleichen Mechanismen, die auch für allergische Symptome verantwortlich sind. Und zweitens sind überall dort, wo die Menschen stark von Parasiten befallen sind, Allergien und Autoimmunerkrankungen selten. Eine Untersuchung bei Indianern im Amazonasgebiet ergab zum Beispiel, dass 88 Prozent der Menschen von Parasiten befallen waren, aber kein Einziger eine Allergie hatte. Bei uns ist es umgekehrt.

Schaut man sich in anderen Teilen der Welt um, so zeigt sich, dass der Befall mit Würmern für uns Menschen keineswegs der Vergangenheit angehört. In ärmeren Ländern sind unzählige Menschen betroffen. Fast anderthalb Milliarden Menschen beherbergen Spulwürmer, 750 Millionen sind mit Peitschenwürmern infiziert, eine knappe Milliarde leidet unter Hakenwürmern, die jährlich 60000

> Wenn wir einen unserer Vorfahren in einer Zeitreise 100000 Jahre überspringen ließen und er landete im Berlin, Paris oder New York des 21. Jahrhunderts, wäre er sicher ziemlich verwirrt. Ähnlich dürfte es unserem vor langer Zeit entstandenen Immunsystem heute gehen.

Menschen töten. Und sogar jeder zweite Mensch weltweit wird mindestens einmal im Leben von Fadenwürmern befallen.

Alte Bekannte

Aus der Tatsache, dass wir (und natürlich auch andere Tiere) so häufig Würmer beherbergen, kann man nur eines schließen: Unser Immunsystem ist nur selten in der Lage, dafür zu sorgen, dass sie den Körper wieder verlassen. Sie sind offenbar so gut an uns Menschen und unsere Abwehrmechanismen angepasst, dass sie effektiv Widerstand leisten können. Unser Immunsystem hat viele Millionen Jahre Erfahrung mit Würmern – aber das gilt auch umgekehrt. Wurm und Mensch kennen einander gut, und beide haben Wege gefunden, miteinander auszukommen – wobei allerdings nach wie vor der Wurm der Parasit bleibt, der uns ausbeutet, und der Mensch das Opfer. Uns Menschen ist aus evolutionärer Perspektive gar nichts anderes übrig geblieben, denn die Würmer haben wirksame Methoden entwickelt, um unsere komplexen Verteidigungsbemühungen zu unterlaufen. Wer einmal Würmer hat, kriegt sie (ohne die Hilfe von Medikamenten) nicht so leicht wieder los.

Wir können also davon ausgehen, dass das menschliche Immunsystem durch das Zusammenleben mit Würmern entscheidend mitgeprägt wurde. Es wurde in einer Weise geformt, dass wir so reagieren, wie es hinsichtlich unseres evolutionären Erfolges am vorteilhaftesten ist. Man könnte sogar so weit gehen zu behaupten, die Würmer seien zu einer festen, wenn nicht sogar notwendigen Größe für unser Immunsystem geworden. Ist kein Wurm da, fehlt dem Immunsystem etwas.

Im komplexen Wechselspiel von hemmenden und aktivierenden Kräften für die eine oder andere Reaktion waren sie über Millionen von Jahren fast immer mit dabei. Zwar können sich heute glücklicherweise immer mehr Menschen einen Lebensstandard leisten, der ein hohes Maß an Hygiene garantiert und dafür sorgt, dass der Wurm am Spielfeldrand steht. Natürlich können wir auf ihn verzichten, natürlich fehlt er uns nicht wirklich, aber die Spielregeln haben sich offenbar ein wenig verändert. Vieles spricht dafür, dass allergisches Niesen, Jucken und Husten als Folge der fortschreitenden Zivilisation zugenommen haben.

Waffenruhe

Es gibt zahlreiche Studien, die den Zusammenhang zwischen Parasitenbefall und geringer Allergieneigung belegen. So wurde beispielsweise in einer deutschen Studie gezeigt, dass Kinder, die einmal eine Wurmerkrankung durchgemacht haben, seltener an Neurodermitis erkranken. Bei ihnen war die Häufigkeit von Neurodermitis halbiert und das Risiko für eine Allergie um 25 Prozent reduziert.[341] Aber was bewirken die Würmer im Immunsystem? Große Parasiten wie Würmer können vom Immunsystem nicht effektiv bekämpft werden, weil sie einfach zu groß sind. Es müsste sich in ein Dauergefecht begeben. Doch ein so andauernder Krieg führt letztlich zu enormen Schäden, ohne dass eine echte Chance besteht, als Sieger aus der Schlacht hervorzugehen. Deshalb scheint unser Immunsystem bei bleibendem Befall die Strategie zu ändern, wenn absehbar ist, dass nicht mehr zu holen ist als eine chronische Entzündung. Es bläst die kämpfenden Truppen, die Th2-Zellen, zurück, um unnötiges Blutvergießen zu vermeiden. Wenn sich die Würmer erst einmal festgesetzt haben, sorgen sie also in gewisser Weise dafür, dass das Immunsystem zur Einsicht gelangt, dass es sie nicht wieder loswird und es besser ist, die Angriffshandlungen zu reduzieren. Dabei sind es offenbar die regulatorischen T-Zellen, die durch die Parasiten angeregt werden, ihren mäßigenden Einfluss auszuüben. Diese Mäßigung scheint schließlich aber nicht nur dem Wurm zugutezukommen, sondern auch allergische Reaktionen zu lindern oder ganz zu unterbinden.[342, 343] So unvorteilhaft es ist, so einen Wurm in sich zu haben, so praktisch ist es folglich in Bezug auf Allergien, denn das Immunsystem befindet sich auf diese Weise im Zustand der Waffenruhe. Es scheint, als würde es vermelden: »Es sind Feinde eingedrungen. Bitte Ruhe bewahren, wir behalten sie im Auge!« Dem Immunsystem von Allergikern fehlt diese Fähigkeit, Ruhe zu bewahren. Es bläst bei allen möglichen anderen falschen Feinden sofort zum Angriff, da es durch die Evolution eigentlich ganz auf »Wurm« gepolt ist.

Die Hygiene-Hypothese

Die wachsende Hygiene hat noch weitere Veränderungen mit sich gebracht. Nicht nur Würmer sind verschwunden, sondern auch Schmutz im weitesten Sinne. Und wenn man sich diesen Dreck, ganz beliebigen Dreck, genauer ansieht, dann sieht man: Er lebt. Und schon sind wir wieder beim Immunsystem und bei der Klärung der nächsten Frage: Wenn Wurminfektionen bei uns kaum mehr vorkommen, warum gibt es dann trotzdem hierzulande große Unterschiede bei der Anfälligkeit für Allergien?

Offenbar sind Kinder, die auf einem Bauernhof aufwachsen, deutlich weniger von Allergien betroffen als andere. Dabei reicht es nicht, nur auf dem Dorf aufzuwachsen und saubere Luft zu atmen.[344] Man muss schon direkt auf dem Bauernhof leben. Und was unterscheidet das Leben auf dem Bauernhof vom Leben in der dörflichen oder städtischen Reihenhaussiedlung? Matsch, Mist und viele Tiere. Diese Beobachtung führte letztlich dazu, dass

»Dreck trainiert das Immunsystem.«
Kinder, die auf einem Bauernhof aufwachsen, sind deutlich weniger
von Allergien betroffen als andere.

nicht nur die Abwesenheit von Darmparasiten, sondern
die insgesamt heute in reichen Ländern sehr viel hygie-
nischeren Verhältnisse für die wachsende Zahl von Allergikern verantwortlich gemacht wird. Diese Hygiene-Hypothese bildet die Grundlage vieler Forschungsprojekte der
letzten Jahre.

Noch ist unklar, was genau das Gute im Dreck ist, das
vor Allergien schützt. Es könnten bestimmte Infektionserreger[345] sein oder bestimmte Zerfallsprodukte von Bakterien (sogenannte Endotoxine) oder auch bestimmte Bakterien, die in der Erde und nicht aufbereitetem Wasser
verbreitet sind.[346] Zu den Kandidaten, die hierbei besonders in Betracht gezogen werden, zählen Listerien. Diese
weitverbreiteten stäbchenförmigen Bakterien sind nicht
auf bestimmte Wirtstiere beschränkt und können auch
Menschen befallen. Die von ihnen verursachte Infektion, die Listeriose, verläuft meist relativ harmlos, kann
aber auch zu Komplikationen wie einer Blutvergiftung
führen oder bei Schwangeren sogar Fehlbildungen zur
Folge haben. Andererseits konnte jedoch in Experimenten
mit Mäusen gezeigt werden, dass abgetötete Listerien bei
Überempfindlichkeitsreaktionen der Atemwege helfen.
Sie könnten also durchaus ein Schutzfaktor gegen Allergien sein.

Um der Sache nachzugehen, haben Forscher gezielt nach Listerien gefahndet und dafür auf bayerischen Bauernhöfen Staubproben genommen. Und zwar sowohl aus Kuh- und Schweineställen als auch von den Matratzen der Kinder. Das Ergebnis war überraschend deutlich: Bakterien der gesundheitsschädlichen Art *Listeria monocytogenes* fanden sich in 28 Prozent der Tierstallproben und sogar in 60 Prozent der Proben aus Matratzenstaub.[347] Die Kinder haben also sehr engen Kontakt zu einem Keim, den wir prinzipiell als Krankheitserreger sehen, der aber bis weit in die zweite Hälfte des 20. Jahrhunderts in geringen Mengen im Trinkwasser, in frischen Lebensmitteln und in der Erde anzutreffen war und in abgeschwächter Form immer noch ist. Diese Bakterien scheinen eindeutig vor Allergien zu schützen. Bestätigung fand diese Interpretation durch eine Studie, in deren Rahmen US-Forscher 1998 einen experimentellen Impfstoff mit abgetöteten Listerienkeimen herstellten. Bei Mäusen, die zuvor hochempfindlich auf Allergene reagiert hatten, konnte ein kompletter Schutz bewirkt werden. Der gleiche Erfolg zeigte sich bei Asthma.[348]

Alte-Freunde-Hypothese

Dennoch darf man keine falschen Schlüsse ziehen. Die Hygiene ist wahrscheinlich die »Erfindung«, die in den vergangenen beiden Jahrhunderten am meisten zur Verbesserung der gesundheitlichen Situation von Milliarden von Menschen beigetragen hat. Auch dürfen wir nicht vergessen: Infektionen mit gefährlichen Erregern, vor allem Kinderkrankheiten, bieten keinen Schutz vor Allergien oder Autoimmunkrankheiten. Sie sind ebenso wenig ein Mittel zur Krankheitsvorbeugung.[349] Im Gegenteil: Einige Studien haben ergeben, dass beispielsweise das Risiko, an Asthma zu erkranken, umso höher ist, je mehr Infektionen kleine Kinder durchgemacht haben.[350] Die eigenen Kinder nicht, wie empfohlen, gegen Kinderkrankheiten impfen zu lassen, ist daher nicht nur fahrlässig und unverantwortlich gegenüber anderen, sondern im Hinblick auf eine etwaige Allergieprävention auch nutzlos.

Das Problem scheint nämlich nicht allgemein der mangelnde Kontakt zu Krankheitserregern zu sein, sondern vielmehr der mangelnde Kontakt zu all jenen harmlosen Bakterien, an die wir seit jeher gewöhnt sind. Aus evolutionärer Sicht ergibt dies Sinn. Einige Forscher haben deshalb vorgeschlagen, nicht mehr von der »Hygiene-Hypothese« zu sprechen, sondern zum Beispiel von einer »Alte-Freunde-Hypothese.«[351] Das klingt sympathisch und plausibel, weil mit einer solchen Bezeichnung der Eindruck vermieden wird, ein hohes Maß an Sauberkeit und strenge hygienische Standards machten uns krank.

> Das Risiko, an Asthma zu erkranken, ist umso höher, je mehr Infektionen kleine Kinder durchgemacht haben. Kinder nicht gegen Kinderkrankheiten impfen zu lassen, ist daher nicht nur unverantwortlich, sondern im Hinblick auf eine Allergieprävention auch nutzlos.

Zu den »alten Freunden« gehören demnach erstens alle Bakterien, die in der natürlichen Umwelt vorkommen, zweitens unsere natürliche Darmflora[352] und drittens die besagten Wurmparasiten, die wir, wenn sie uns befallen haben und das Immunsystem nicht gegen sie ankommt, wohl oder übel als Freunde anerkennen müssen, um sinnlosen Dauergefechten aus dem Weg zu gehen. Diese alten Freunde leben seit Zehntausenden von Jahren mit uns zusammen, sind aber in letzter Zeit relativ plötzlich aus unserem Leben verschwunden. Es ist daher nicht verwunderlich, wenn unser Immunsystem deshalb manchmal die Welt nicht mehr versteht und verrückt spielt.[353]

Die Kuh im Kinderzimmer?

So mag es durchaus sein, dass das Leben im mikrobiellen Mikrokosmos eines Bauernhofs mit Tierhaltung unter allen heutigen Lebensformen jene ist, die am ehesten der unserer Jäger-und-Sammler-Vorfahren entspricht. Es kann sein, dass dieser Lebensraum für die Prägung unseres Immunsystems und dessen Funktionstüchtigkeit der beste ist. Aber wir können natürlich keine »allgemeine Stallpflicht« zur Gesundheitsprävention einführen oder uns eine Kuh in jedes Kinder- oder Wohnzimmer stellen.[354] Vielmehr ist die medizinische Forschung gefordert. Verbreitet ist zurzeit die sogenannte Hyposensibilisierung – auch Spezifische Immuntherapie (SIT) genannt. Bei allergischem Heuschnupfen und Asthma ist sie in der Lage, nicht nur Symptome zu lindern, sondern die Erkrankung langfristig zu beeinflussen, indem dem adaptiven Immunsystem eine Toleranz gegenüber bestimmten Allergenen (meist Pollen, Hausstaubmilben oder Insektengift) vermittelt wird. Der Körper kann sich an das entsprechende Allergen gewöhnen, und die überschießenden Abwehrreaktionen bleiben aus. Hierfür wird in regelmäßigen Abständen und in ansteigender Dosis das Allergen unter die Haut gespritzt.

Falls es aber tatsächlich gelingt, einzelne Elemente »alter Freunde«, zum Beispiel bestimmte Bakterienbestandteile wie Endotoxine[355] oder bestimmte von Würmern abgegebene Substanzen,[356] zu finden, die eine Schutzwirkung zeigen, dann könnte man möglicherweise ganz neue Impfungen entwickeln. Geforscht wird auch bereits an der Möglichkeit, probiotische Lebensmittel mit als sicher identifizierten »alten Freunden« anzureichern. Noch sind hier keine Durchbrüche zu verzeichnen. Aber insgesamt scheinen die Chancen gut zu stehen, dass wir neue Methoden finden, um Toleranzen gegenüber Allergenen herzustellen und damit Allergien zu heilen beziehungsweise zu verhindern, dass sie uns überhaupt erst befallen. Denn so viel steht fest: Auf lange Sicht scheint dieses Vorgehen mehr zu bringen, als wenn wir nur die allergieauslösenden Stoffe meiden.[357] Denn wer hat schon Lust auf Hausarrest im Frühling, jeden Tag Staub zu wischen, sein Lieblingspferd zu verkaufen oder bei jeder vorbeikommenden Katze das Weite zu suchen? Da holen wir uns doch schon lieber die Kuh ins Haus – in Medikamentform, versteht sich.

Die Evolution der Medizin

Jeder Mensch ist schon als Kind daran interessiert zu verstehen, woher er kommt und warum er so ist, wie er ist. Der Wunsch, seinen eigenen Körper zu verstehen und gesund zu erhalten, nimmt mit zunehmendem Alter aus verständlichen Gründen eher noch zu. Die Menschen haben immer versucht, Krankheiten zu vermeiden und Kranke zu heilen.

In diesem Buch beschreiben wir die Evolution des menschlichen Körpers und versuchen zu erklären, dass wir und warum wir in unserem Genom das ganze Erbe der Entstehung der Menschen in uns tragen. Allerdings sind nicht alle der in rund 3,5 Milliarden Jahren Evolution entstandenen biologischen Eigenschaften für uns heute noch nützlich. Denn nicht alle vertragen sich gut mit unserer modernen Lebensweise. Darum sind wir für bestimmte Leiden anfällig. Wenn wir unseren Körper im Lichte seiner Entstehungsgeschichte besser verstehen und einschätzen können, ist es für uns leichter, dafür zu sorgen, dass wir gesund bleiben. Dieser Ansatz einer evolutionären Medizin wird die Einstellung jedes Einzelnen von uns zu Gesundheit und Krankheit und unsere Selbstverantwortung für die Gesundheitsprävention zunehmend prägen. Er wird auch für den Fortgang der medizinischen Forschung und für die ärztliche Praxis an Bedeutung gewinnen.

So wie das Leben an sich haben auch die Bedingungen und das Verhalten der Menschen in Bezug auf die Gesundheit, das Verständnis der Lebensvorgänge sowie die Medizin eine Entwicklung durchgemacht, die Merkmale einer Evolution trägt. Unsere Vor-Vorfahren haben einen Lebensstil gepflegt, an den sich der menschliche Körper über Jahrmillionen angepasst hat. Damals starben die Menschen zwar sehr viel früher, da sie vielen Gefahren und Mängeln ausgesetzt waren, sie lebten aber schon allein deshalb zumindest im Grundsatz gesünder, weil sie nicht anders konnten, als ihrer Natur entsprechend zu leben. Ihr Leben war weit davon entfernt, ein immer angenehmes zu sein. Es besteht also kein Grund, die Steinzeit romantisch zu verklären. Dennoch war es ein Leben, von dem wir einiges lernen können, wenn wir es heute, von der zivilisatorischen Warte aus betrachtet, rekonstruieren.

Seit der *Homo sapiens* entstanden ist, haben wir uns körperlich nur noch wenig, kulturell jedoch enorm weiterentwickelt. Gerade weil die Frühzeit der Menschheit von einem unerbittlichen Kampf ums Überleben gekennzeichnet war, entwickelten sich Strukturen und Gesellschaften, die zusätzlich zu den biologischen auch kulturelle Vorteile bezüglich des Überlebens und der Reproduktion boten. Hier war und ist der Mensch allen anderen Lebewesen auf dieser Erde an Kreativität überlegen und besonders erfolgreich. Fürsorge, Liebe, Altruismus und eine Sozialstruktur, die auf Kooperation basiert, waren Grundlagen dieser erfolgreichen Entwicklung der Menschheit. Sie hat dazu geführt, dass in den letzten 100 000 Jahren die Weltbevölkerung von vermutlich wenigen Tausend auf knapp sieben Milliarden Menschen anwachsen konnte.

Aus der Fürsorge und Liebe für den Nächsten – und wohl auch, um kräftige und gesunde Ernährer und Mitstreiter zu haben – entstand die Kultur des Heilens und der Gesunderhaltung, entstand die Medizin. Über die letzten Jahrhunderte hat sich das Gedankengebäude vielfach differenziert. »Wer heilt, hat recht« war und ist eine wichtige Maxime der alten und der neuen Medizin.

Die ältesten Zeugnisse medizinischer Behandlung stammen aus den frühen Kulturen im Vorderen Orient und Ägypten um 5000 v. Chr. Die Ursachen von Krankheiten wurden damals vor allem bei bösen Dämonen und strafenden Göttern gesehen. Entsprechend lag bei der Therapie großes Gewicht auf der Wiederherstellung der kultischen Reinheit. Das blieb zunächst auch bei den Griechen so, die dem Gott Asklepios Heilungskräfte zuschrieben. Diese kultisch-religiöse Medizin spielt heute natürlich eine untergeordnete Rolle, ist aber, in modernisierter Form, in einigen esoterischen Nischen der Gesundheitswirtschaft durchaus noch präsent. Ende des 5. Jahrhunderts v. Chr. entstand dann die vorsokratische Naturphilosophie und mit Hippokrates von Kos die erste auf der Beobachtung des Körpers begründete rationale Medizin sowie erstmalig der Versuch, die Selbstheilungskräfte kranker Menschen zu unterstützen. Auch diese Idee ist heute wieder hochaktuell und kann sich dank moderner molekulargenetischer Erkenntnisse über die Funktionsweise des Immunsystems nun wirklich entfalten. Unter den Römern wurde die griechische Tradition fortentwickelt, die Lehre von den vier Körpersäften, die der berühmte Arzt Galenos von Pergamon entwickelte, blieb bis ins 19. Jahrhundert die dominierende Basis der Medizin. Der Arzt, Astrologe und Alchimist Paracelsus formulierte Anfang des 16. Jahrhunderts die Idee, dass im Körper biologisch-chemische und physikalische Vorgänge ablaufen und Krankheiten äußere Ursachen haben könnten. Andreas Vesalius beschrieb die Anatomie des Körpers in vielen Einzelheiten. Eine unabhängige universitäre Medizin begann sich langsam im 17. und 18. Jahrhundert, im Zeitalter der Aufklärung, zu entwickeln. Sie ist verbunden mit Namen wie René Descartes, der dafür sorgte, dass wir körperliche Vorgänge unabhängig von einer unsterblichen Seele sehen, oder William Harvey, der den Blutkreislauf entdeckte. Rascher Fortschritt ist seit dem 19. Jahrhundert zu verzeichnen. In dessen erster Hälfte

läutete die Einführung von vier hochwirksamen schmerz-
stillenden und betäubenden Mitteln, Morphin, Lachgas,
Schwefeläther und Chloroform, eine neue Ära der Medizin, besonders der Chirurgie, ein. Mit den Erfolgen der
Bakteriologie durch Louis Pasteur, Robert Koch, Paul Ehr-
lich und Emil von Behring, der Pockenimpfung durch
Edward Jenner sowie der Erkenntnis, wie wichtig öffentliche Hygiene ist, begann der Siegeszug gegen Infektionskrankheiten. Rudolf Virchow, der Berliner »Papst der
Medizin«, legte die Grundlagen für die heutige Zellbio-
logie und molekulare Medizin, indem er 1858 zur Erklärung von Krankheiten den Blick auf Veränderungen der
Zellen lenkte. Er begründete zudem die vergleichende
Pathologie und forderte, dass die Medizin auf drei Säu-
len ruhen müsse: der klinischen Beobachtung, dem Tier-
experiment und der anatomisch-mikroskopischen Untersuchung, zu der sich später die Biochemie gesellte. Das
20. Jahrhundert brachte schließlich Antibiotika, umfang-
reiche Medizintechnik, neue Möglichkeiten der bioche-
mischen Laboranalysen und die systematische Erprobung
der pharmakologischen Wirkung von unzähligen natürlichen und synthetischen Substanzen mit sich, auf denen
die medizinische Therapie bis heute größtenteils beruht.
Und als es James Watson und Francis Crick in den 1950er-
Jahren gelang, die Struktur der DNA zu entschlüsseln,
begann der Übergang zur molekularen Medizin, die auf
der Ebene der Zellen und Moleküle gezielt korrigierend
ins Krankheitsgeschehen eingreift.

Unser molekulares und genetisches Verständnis der
Entwicklung und der Biologie des Menschen erlaubt es
uns jetzt, Gesundheit und Krankheit als Ergebnis der
Evolution besser zu verstehen und eine neue Etappe der
Heilkunde, die der evolutionären Medizin, zu beginnen.
In der Medizin des 21. Jahrhunderts wird es darauf an-
kommen, nicht das eine durch das andere abzulösen, son-
dern eine Synthese unseres Wissens zu versuchen und die

großen medizinischen Traditionen mit den neuen wissenschaftlichen Erfindungen zu verbinden.

Die große Entdeckung Darwins, der vor 150 Jahren erkannte, dass der Mensch, wie alle Lebewesen, Ergebnis einer langen Evolution ist, ist der Schwerpunkt der Betrachtungen in diesem Buch. Die Evolutionstheorie besagt, dass wir in unseren Genen das gesamte Erbe der Evolution von 3,5 Milliarden Jahren in uns tragen. Unser Genom ist das Gedächtnis und einzigartiger, ganz persönlicher Informationsträger für alle biologischen Abläufe in unserem Körper. Aus der Gedächtnisfunktion unseres Erbguts ergibt sich das Erfordernis, uns auf die Lebensbedingungen unserer Vorfahren rückzubesinnen, wenn wir Krankheiten vorbeugen wollen. Aus der Einzigartigkeit unseres Erbguts ergibt sich die Tatsache, dass wir selbst dafür verantwortlich sind, uns gesund zu erhalten. Individuelle Verantwortung und personalisierte Medizin sind daher die Kernelemente einer zukünftigen evolutionären Medizin. In dieser Richtung weiterzudenken, dazu will dieses Buch anregen.

Danksagungen

Die evolutionäre Medizin ist ein noch junger Forschungszweig. Wir mussten bei der Realisierung des Projekts Mut zur Lücke beweisen. Die behandelten Wissensgebiete haben unsere eigenen Expertisen weit überstiegen. Das vorliegende Buch ist deshalb gewiss nicht fehlerfrei, wofür wir Autoren die alleinige Verantwortung tragen.

Wir bedanken uns bei Dr. Wolfgang Ferchl, der als Verleger auch unser zweites gemeinsames Buch angestoßen hat, sowie unserer Lektorin, Britta Egetemeier, für die exzellente Betreuung.

Großer Dank geht an die vielen Kollegen und Freunde, die uns wertvolle Hinweise zur Verbesserung des Manuskripts gegeben haben, insbesondere Prof. Dr. med. Christoph Bührer, Prof. Dr. med. Rainer Dietz, PD Dr. med. Fernando C. Dimeo, Prof. Dr.-Ing. Georg N. Duda, Prof. Dr. med. Joachim W. Dudenhausen, Prof. Dr. Ernst Peter Fischer, Prof. Dr. Helmut Hahn, Bernd Uwe Herrmann, Prof. Dr. Young-Ae Lee, PD Dr. med. Undine Lippert, Prof. Dr. med. Friedrich C. Luft, Prof. Dr. Axel Meyer, Prof. Dr. Randolph M. Nesse, Prof. Dr. med. Michael Notter, Prof. Dr. med. Carsten Perka, Prof. Dr. med. Andreas Plagemann, Prof. Dr. med. Andreas Pfeiffer, Dr. med. Elke Rodekamp, PD Dr. Andreas Schmidt-Rhaesa, Prof. Dr. med. Herbert Schuster, Prof. Dr. Karl Sperling, Prof. Dr. med. Karl Stangl, Prof. Dr. med. Wolfram Sterry, Prof. Dr. med. Norbert Suttorp, Prof. Dr. med. Eckhard Thiel, Prof. Dr. Christos C. Zouboulis, Prof. Dr. med. Torsten Zuberbier.

Über Kritik und Anregungen unserer Leserinnen und Leser für kommende Auflagen unseres Buches freuen wir uns sehr.

Lesetipps

Es gibt viele gute Bücher zum Thema Evolution. Auch zum Darwin-Jahr sind bemerkenswerte hinzugekommen. Die folgenden Titel möchten wir zur vertiefenden Lektüre empfehlen:

Sean B. Caroll: *Evo Devo. Das neue Bild der Evolution* (2008)
Der Molekularbiologe und Genetiker zählt zu den bedeutendsten Nachwuchsforschern in den USA. »Evo Devo« steht für »Evolutionäre Entwicklungsbiologie« und vereint die darwinsche Evolutionsbiologie und die klassische Entwicklungsbiologie, welche zelluläre Stoffwechselprozesse und Genfunktionen analysiert.

Richard Dawkins: *Geschichten vom Ursprung des Lebens: Eine Zeitreise auf Darwins Spuren* (2008)
Dawkins ist der wohl weltweit bekannteste Evolutionsbiologe und streitbarer Kämpfer für ein wissenschaftliches Weltbild. Auf über 900 Seiten schildert er detail- und faktenreich die Entstehung und Entwicklung des Lebens.

Ernst Peter Fischer: *as große Buch der Evolution* (2009)
Mehr als 400 Fotos und Grafiken machen dieses opulent ausgestattete Buch im Großformat zu einer lehrreichen und kurzweiligen Lektüre – ein Schmuckstück für jedes Bücherregal.

Ernst Peter Fischer: *Der kleine Darwin: Alles, was man über Evolution wissen muss* (2009)
In diesem unterhaltsamen Werk erfährt man, wie Darwin lebte und forschte, was den Menschen im Reich der Tiere auszeichnet und wie Darwins Erkenntnisse im Licht moderner Forschung erscheinen.

Detlev Ganten/Thomas Deichmann/Thilo Spahl: *Naturwissenschaft. Alles, was man wissen muss* (2005)
Revolutionäre Theorien, phantastische Entdeckungen und schillernde Persönlichkeiten haben die Naturwissenschaften in den letzten Jahrhunderten zu immer neuen Ufern getrieben. In ihrem ersten gemeinsam verfassten Buch präsentiert das Autorentrio den Wissensstand zu Beginn des Jahrtausends. Die Evolution des Lebens wird eingebettet in die Summe der naturwissenschaftlichen Bildung.

Thomas Junker: *Die Evolution des Menschen* (2009)
Warum existiert der Mensch und warum ist er so, wie er ist? Diesen und anderen evolutionsbiologischen Fragen rund um den Men-

293

schen geht dieses überblickshafte, kurze und kurzweilige Buch nach.

Ulrich Kutschera: *Tatsache Evolution. Was Darwin nicht wissen konnte* (2009)

Der Autor widmet sich den Anfängen und den weiteren Entwicklungen der darwinschen Evolutionstheorie. Er liefert dabei ein Plädoyer gegen den Kreationismus und die Vorstellung eines »intelligenten Designs« des Menschen durch einen göttlichen Schöpfer.

Ernst Mayr: *Das ist Evolution* (2006)

Der berühmte Harvard-Gelehrte spannt in diesem Standardwerk den Bogen von der Erläuterung der Evolutionstheorie über den Ursprung der Artenvielfalt bis hin zur Evolution des Menschen.

Axel Meyer: *Algenraspler, Schneckenknacker, Schuppenfresser: Über den evolutionären Erfolg der Buntbarsche* (2008) **und** *Evolution ist überall* (2008)

Der deutsche Evolutionsbiologe zählt international zu den renommiertesten und am meisten zitierten Wissenschaftlern seines Faches – was gewiss auch daran liegt, dass er komplexe Zusammenhänge leicht verständlich erklären kann. In seinem Hörbuch über die Welt der Barsche kann man sich hiervon überzeugen. Das populärwissenschaftliche Buch *Evolution ist überall* enthält die gesammelten Kolumnen »Quantensprung« aus dem *Handelsblatt*.

Neil Shubin: *Der Fisch in uns. Eine Reise durch die 3,5 Milliarden Jahre alte Geschichte unseres Körpers* (2009)

Der Paläontologe erzählt kurzweilig und überaus spannend und anschaulich anhand von Ausgrabungen und vergleichender DNA-Forschung, warum unser Körper zu dem wurde, was er heute ist.

Randolph M. Nesse/George C. Williams: *Warum wir krank werden: Die Antworten der Evolutionsmedizin* (1997)

Zur evolutionären Medizin ist bisher nur ein Buch in deutscher Übersetzung erschienen – dieser Klassiker der beiden Begründer dieses Forschungsgebiets. Das Buch ist leider nur noch antiquarisch erhältlich, aber für jeden, der sich für das Thema interessiert, ein absolutes Muss.

Anmerkungen

Wir haben uns bemüht, einen großen Teil der Aussagen in diesem Buch durch Verweis auf wissenschaftliche Arbeiten zu belegen und so allen, die tiefer einsteigen wollen, Hinweise zur eigenen Recherche zu geben. Für fast alle aufgelisteten Arbeiten findet sich unter anderem in der umfassenden Internetdatenbank des *National Center for Biotechnology Information* unter www.ncbi.nlm.nih.gov ein Abstract. Teilweise ist auch der Volltext frei zugänglich. Ebenfalls leicht zu finden sind die meisten Artikel, wenn man die Quellenangaben direkt in die Suchmaschine im Internet eingibt.

Gesundheit als Erbe der Evolution

1 Im englischen Original in: C. Darwin: *The expression of the emotions in man and animals.* London 1872, 290.

2 J. M. Susskind/D. H. Lee/A. Cusi et al.: »Expressing fear enhances sensory acquisition«, Nat Neurosci. 2008 Jul;11(7):843−50.

3 Nicht jede verbreitete Genvariante und damit auch nicht jede daraus resultierende körperliche Eigenschaft muss einen Vorteil bedeutet haben. Viele Genvarianten bieten weder Vor- noch Nachteile, verbreiten sich aber dennoch – durch Zufall. Dieses Phänomen bezeichnet man als »*genetic drift*« (Gendrift). Besonders stark sind solche Zufallseffekte in kleinen Populationen. Stößt man auf ein verbreitetes Merkmal, kann man mutmaßen, dass es mit irgendeinem Vorteil verbunden ist. Zwingend ist das nicht. Nehmen wir die Brustwarzen beim Mann. Bringen sie irgendwelche Vorteile? Wahrscheinlich nicht. Zudem können Merkmale sich auch verbreiten, weil sie Nebenwirkungen sind, das heißt durch vorteilhafte Gene mitverursacht werden.

4 P. Ewald: *Plague time. The new germ theory of disease.* New York 2000, 56.

5 C. Darwin: *The origin of species by means of natural selection.* London 1859.

6 H. H. Stedman/W. Kozyak/A. Nelson et al.: »Myosin gene mutation correlates with anatomical changes in the human lineage«, Nature, 2004, 428:415−418.

7 Die sogenannte sexuelle Selektion ist ein eigenständiger Mechanismus, der durchaus der natürlichen Auslese zuwiderlaufen kann. Ein bekanntes Beispiel sind die üppigen Schwanzfedern des männ-

lichen Pfaus, das den Erfolg bei den weiblichen Pfauen sichert, gleichzeitig das Überleben aber gefährdet, da es bei der Flucht vor dem Fuchs alles andere als hilfreich ist.

8 Die »Red-Queen-Hypothese« wurde 1973 von Leigh Van Valen vorgeschlagen. Sie wird ausführlich erläutert in dem Buch von M.Ridley: *The Red Queen. Sex and the evolution of human nature.* London 1995.

9 L.Carroll: *Alice hinter den Spiegeln.* Frankfurt/Main 1963.

10 W.D.Hamilton/R.Axelrod/R.Tanese: »Sexual reproduction as an adaptation to resist parasites (a review)«, Proc Natl Acad Sci USA 1990;87:3566–3573.

11 Es kann allerdings auch sein, dass der Wurmfortsatz einfach erhalten geblieben ist, weil er nicht weiter störte, da Blinddarmentzündungen in der Vergangenheit sehr selten waren. Siehe dazu: R.Perlman: »The appendix, appendicitis, and appendectomy«, The Evolution & Medicine Review, 11.06.2008.

12 R.Randal Bollinger/A.S.Barbas/E.L.Bush et al.: »Biofilms in the large bowel suggest an apparent function of the human vermiform appendix«, J Theor Biol. 2007 Dec 21;249(4):826–31.

13 M.J.Kluger/W.Kozak/C.A.Conn et al.: »The adaptive value of fever«, Infect Dis Clin North Am 1996;10:1–20.

14 E.F.Torrey/J.J.Bartko/Z.R.Lun/R.H.Yolken: »Antibodies to Toxoplasma gondii in patients with schizophrenia: a meta-analysis«, Schizophr Bull. 2007 May;33(3):729–36.

15 D.W.Niebuhr/A.M.Millikan/D.N.Cowan et al.: »Selected Infectious Agents and Risk of Schizophrenia Among U.S. Military Personnel«, Am J Psychiatry 2008; 165:99–106.

16 L.Jones-Brando/E.F.Torrey/R.Yolken: »Drugs used in the treatment of schizophrenia and bipolar disorder inhibit the replication of Toxoplasma gondii«, Schizophr Res. 2003 Aug 1;62(3):237–44.

17 Vielleicht gibt es auch harmlosere Auswirkungen auf das menschliche Verhalten. Forscher an der Universität Prag haben ermittelt, dass infizierte Frauen durchschnittlich mehr Geld für Kleidung ausgeben, mehr Freunde haben und insgesamt als attraktiver eingestuft werden als Nichtinfizierte. Siehe dazu: J.Flegr: »Effects of Toxoplasma on human behavior«, Schizophrenia Bulletin 2007 33(3):757–760. Es kann natürlich auch sein, dass sowohl sehr extrovertierte Frauen als auch Schizophrene sich so verhalten, dass sie sich überdurchschnittlich häufig mit *T. gondii* infizieren.

18 E.A.Gaskell/J.E.Smith/J.W.Pinney et al.: »A Unique Dual Activity Amino Acid Hydroxylase in Toxoplasma gondii. PLoS ONE 1 March 2009, Volume 4, Issue 3, e4801.

19 E.van de Vosse/S.Ali/A.W.de Visser et al.: »Susceptibility to typhoid fever is associated with a polymorphism in the cystic fibrosis transmembrane conductance regulator (CFTR)«, Hum Genet. 2005 Oct;

118(1):138-40. Es wurde zudem auch die Hypothese geäußert, die Mutation könne Schutz gegen Tuberkulose bieten.

20 J.Krause/C.Lalueza-Fox, L.Orlando et al.:»The derived FOXP2 variant of modern humans was shared with Neandertals«, Current Biology 17, doi:10.1016/j.cub.2007.10.008 (2007).

Von Fischen und Menschen

21 F.M.Wuttekis: *Evolution. Die Entwicklung des Lebens.* München 2000, 9.

22 Einen guten Überblick zum Thema Artenvielfalt und darum rankende Diskussionen gibt J.H.Reichholf: *Die Zukunft der Arten. Neue ökologische Überraschungen.* München 2009.

23 N.Shubin: *Der Fisch in uns. Eine Reise durch die 3,5 Milliarden Jahre alte Geschichte unseres Körpers.* Frankfurt/Main 2008.

24 Zur Entstehung der Erde und weiterer Themen, die in diesem Kapitel behandelt werden, siehe unser letztes gemeinsam verfasstes Buch: *Leben, Natur, Wissenschaft. Alles, was man wissen muss.* Frankfurt 2003 (als Tb: *Naturwissenschaft. Alles, was man wissen muss.* München 2005).

25 Siehe hierzu F.M.Wuttekis, *Evolution. Die Entwicklung des Lebens,* a.a.O.; siehe auch J.H.Reichholf:»Die kontingente Evolution. Entstehung und Entwicklung der Organismen«, in: E.P.Fischer/ K.Wiegandt (Hg.): *Evolution. Geschichte und Zukunft des Lebens.* Frankfurt/Main 2003, 45–75.

26 J.H.Reichholf:»Die kontingente Evolution. Entstehung und Entwicklung der Organismen«, a.a.O., 58.

27 Siehe dazu: N.Shubin: *Der Fisch in uns,* a.a.O.; K.Harrison: *Du bist (eigentlich) ein Fisch. Die erstaunliche Abstammungsgeschichte des Menschen,* Heidelberg 2008.

28 Eine kurzweilige Darstellung dieser Zusammenhänge gibt N.Shubin in: *Der Fisch in uns,* a.a.O., Kapitel 5 und 6. Insgesamt ist die Evolution menschlicher Organe bislang noch kaum systematisch zusammengefasst worden, wenngleich hinreichend wissenschaftliche Erkenntnisse, nach Tierarten getrennt, vorliegen. Ein anspruchsvolles Fachbuch zu diesem Thema hat A.Schmidt-Rhaesa, Kurator des Zoologischen Museums der Universität Hamburg, vorgelegt: *The evolution of organ systems,* Oxford 2007.

29 Siehe hierzu: N.Shubin: *Der Fisch in uns,* a.a.O., Kapitel 10.

30 Siehe hierzu: K.Zänker: *Das Immunsystem des Menschen. Bindeglied zwischen Körper und Seele,* München 1996.

31 In der klassischen Systematik werden die Dinosaurier als ausgestorbene Reptiliengruppe betrachtet, nach neueren Klassifikationsansätzen schließen sie jedoch die Vögel, die aus einer Gruppe kleiner Dinosaurier hervorgingen, mit ein.

32 Die einzige Ausnahme sind Kloakentiere, früher auch als Gabel-

tiere bezeichnet. Sie bilden eine Ordnung der Säugetiere und sind die einzigen Vertreter der Ursäuger (Protheria), die keinen lebenden Nachwuchs gebären, sondern Eier legen. Hierzu zählen der Ameisenigel und das Schnabeltier. Man findet sie heute in Australien und Neuguinea.

33 Einen Überblick über unterschiedliche Erklärungsansätze der Warmblütigkeit gibt N. Lane: »What's the point of being warmblooded?«, New Scientist, No. 2694, 4.2.09, 42–45.

34 Gen Suwa et al.: »Evolution: New species of great ape found«, Nature, 23.8.07.

35 Eine Einführung zum Thema aufrechter Gang und der folgenden Abschnitte liefert F. Schrenk: *Die Frühzeit des Menschen. Der Weg zum Homo sapiens.* München 2008, 30. Eine ausführliche Darstellung weiterer Erklärungsansätze gibt es bei C. Niemitz: *Das Geheimnis des aufrechten Gangs. Unsere Evolution verlief anders.* München 2004. Eine aktualisierte Zusammenfassung der »Ufer-Hypothese« findet sich in: C. Niemitz: »Labil und langsam. Unsere fast unmögliche Evolutionsgeschichte zum aufrechten Gang«, Naturwissenschaftliche Rundschau, Heft 2, 2007, 71–78.

36 C. Niemitz: »Labil und langsam. Unsere fast unmögliche Evolutionsgeschichte zum aufrechten Gang«, a. a. O., 75.

Planet Mensch

37 Zitiert nach J. Snyder Sachs: *Good germs, bad germs. Health and survival in a bacterial world.* New York 2007, 33.

38 M. Le Page: »Evolution myths. Evolution produces perfectly adapted creatures«. New Scientist online, 10.4.2008.

39 C. Starkenmann/B. La Calvé/Y. Niclass et al.: »Olfactory perception of cysteine-S-conjugates from fruits and vegetables«, J Agric Food Chem. 2008 Oct 22;56(20):9575–80.

40 Auch Viren haben sich über die Jahrmillionen in uns fest niedergelassen. Etwa fünf Prozent unserer Erbsubstanz stammen von Retroviren, die irgendwann ins menschliche Genom eingedrungen sind.

41 D. C. Savage: »Microbial ecology of the gastrointestinal tract«, Annu Rev Microbiol, 1977, 31: 107–133

42 H. Willenbrock/P. F. Hallin/T. M. Wassenaar/D. W. Ussery: »Characterization of probiotic *Escherichia coli* isolates with a novel pangenome microarray«, Genome Biol. 2007;8:R267.

43 Da die Zahl der den Menschen besiedelnden Arten wohl im vierstelligen Bereich angesiedelt ist, ist auch die Zahl der Gene im Vergleich zu der Anzahl, die wir besitzen, enorm.

44 J. Lederberg: »Von Mikroben und Menschen. Infektionskrankheiten wie SARS lehren: Wir müssen mit den Erregern in uns kooperieren«, Die Welt, 29.4.2003.

45 M. J. Blaser: »Who are we? Indigenous microbes and the ecology of human diseases«, EMBO Rep. 2006 October; 7(10): 956–960.

46 Eine ausführlichere Beschreibung der Erstbesiedlung findet sich im oben genannten Buch von J. Snyder Sachs.

47 P. J. Turnbaugh/M. Hamady/T. Yatsunenko et al.: »A core gut microbiome in obese and lean twins«, Nature. 2009 Jan 22;457 (7228): 480–4.

48 C. Palmer/E. M. Bik/D. B. Digiulio et al.: »Development of the human infant intestinal microbiota«, PLoS Biol. 2007 Jun 26;5(7): e177.

49 P. J. Turnbaugh/R. E. Ley/M. A. Mahowald et al.: »An obesity-associated gut microbiome with increased capacity for energy harvest«, Nature. 2006 Dec 21;444(7122):1027–31.

50 H. J. Flint et al.: »Polysaccharide utilization by gut bacteria: Potential for new insights from genomic analysis«, Nature Rev Microb. 2008;6:121–131.

51 M. S. Gilmore/J. J. Ferretti: »The thin line between gut commensal and pathogen«, Science 2003, 299:1999–2002

52 P. D. Cani/R. Bibiloni/C. Knauf et al.: »Changes in gut microbiota control metabolic endotoxemia-induced inflammation in high-fat diet-induced obesity and diabetes in mice«, Diabetes. 2008 Jun; 57(6):1470–81.

53 P. D. Cani/A. M. Neyrink/F. Fava et al.: »Selective increases of bifidobacteria in gut microflora improve high-fat-diet-induced diabetes in mice through a mechanism associated with endotoxaemia«, Diabetologia. 2007 Nov;50(11):2374–83.

54 S. K. Mazmanian/J. L. Round/D. L. Kasper: »A microbial symbiosis factor prevents intestinal inflammatory disease«, Nature. 2008 May 29;453(7195):620–5.

55 B. S. Samuel/A. Shaito/T. Motoike et al.: »Effects of the gut microbiota on host adiposity are modulated by the short-chain fatty-acid binding G protein-coupled receptor, Gpr41«, Proc Natl Acad Sci USA. 2008 Oct 28;105(43):16767–72.

56 J. K. DiBaise/H. Zhang/M. D. Crowell et al.: »Gut microbiota and its possible relationship with obesity«, Mayo Clin Proc. 2008 Apr;83(4): 460–9.

57 B. Linz/F. Balloux/Y. Moodley et al.: »An African origin for the intimate association between humans and Helicobacter pylori«, Nature 445, 915-918, 22 February 2007.

58 In Deutschland sind heute nur noch sechs bis sieben Prozent der bis 20 Jahre alten Menschen mit Helicobacter pylori infiziert; vgl.: »Stirbt der Keim Helicobacter pylori bald aus?«, Ärzte Zeitung, 30.03.2007.

59 J. Reibman/M. Marmor/J. Filner et al.: »Asthma is inversely asso-

ciated with Helicobacter pylori status in an urban population«, PLoS ONE. 2008;3(12):e4060. Epub 2008 Dec 29.

60 Y.Chen et al.:»Inverse Associations of Helicobacter pylori With Asthma and Allergy«, Arch Intern Med. 2007;167:821–827.

61 O.Herbarth/M.Bauer/G.J.Fritz et al.:»Helicobacter pylori colonisation and eczema«, Journal of Epidemiology and Community Health 2007;61:638–640.

62 F.Islami/F.Kamangar:»Helicobacter pylori and esophageal cancer risk: A meta-analysis«, Cancer Prevention Research 2008;1:329–338.

63 M.J.Blaser:»In a world of black and white, Helicobacter pylori is gray«, Ann Intern Med. 1999 Apr 20;130(8):695–7.

64 L.Wen/R.E.Ley/P.Y.Volchkov et al.: ›Innate immunity and intestinal microbiota in the development of Type 1 diabetes«, Nature. 2008 Oct 23;455(7216):1109–13.

65 S.K.Mazmanian/J.L.Round/D.L.Kasper:»A microbial symbiosis factor prevents intestinal inflammatory disease«, Nature. 2008 May 29;453(7195):620–5.

66 S.K.Mazmanian/C.H.Liu/A.O.Tzianabos/D.L.Kasper:»An immunomodulatory molecule of symbiotic bacteria directs maturation of the host immune system«, Cell 2005. 122:107–118.

67 Sogenannten PAMPs (pathogen-associated molecular patterns), die von den TLRs (»toll-like«-Rezeptoren) erkannt werden.

68 C.Lang: ORGANOBALANCE – From spin-off to successful probiotics producer. BioTOPics 36, January 2009.

69 Q.Wang/X.Zhou/D.Huang:»Role for Porphyromonas gingivalis in the progression of atherosclerosis«, Med Hypotheses. 2009 Jan; 72(1):71–3.

70 S.Piconi/D.Trabattoni/C.Luraghi et al.:»Treatment of periodontal disease results in improvements of endothelial dysfunction and reduction of the carotid intima-media thickness«, FASEB J. 12.12.2008.

71 V.Anesti/I.R.McDonald/M.Ramaswamy et al.:»Isolation and molecular detection of methylotrophic bacteria occurring in the human mouth«, Environ Microbiol. 2005 Aug;7(8):1227–38.

72 M.Li/B.Wang/M.Zhang et al.: Symbiotic gut microbes modulate human metabolic phenotypes. Proc Natl Acad Sci USA. 2008 Feb 12;105(6):2117–22.

Das Kreuz mit dem Kreuz

73 Zitiert nach:»Fliegende Knochen«, DIE ZEIT Nr.42 vom 11.10.2007, 50.

74 Die ungefähr rattengroßen frühen Vorfahren der heutigen Primaten begannen vor rund 60 Millionen Jahren, von Boden- zu Baumbewohnern zu werden. Sie erschlossen sich so ein reiches

Nahrungsangebot mit Insekten und Früchten. Die notwendigen Anpassungen waren anstelle von Klauen Greifhände mit Fingernägeln, wie wir sie bis heute haben. Vom Energiebedarf her entstand ihnen kein Nachteil. Aufgrund ihres geringen Gewichts war für sie das Klettern nicht anstrengender als die Fortbewegung auf dem Boden.

75 Generell ist bei Menschenaffen, im Vergleich zu den Schwanzaffen, schon eine Tendenz zur aufrechten Haltung festzustellen. Die typische Fortbewegung ist nicht das Laufen auf allen vieren auf Ästen, sondern das Hangeln unter den Ästen. Der Mensch hat sich nicht aus einem Tier mit vierbeinigem Gang entwickelt. Vorbereitend auf die aufrechte Bewegung am Boden hatte er bereits eine Phase des Kletterns in häufig aufrechter Haltung hinter sich. Diese Voraussetzung hatte der andere Affe, der zum Leben in der Savanne überging, der Pavian, nicht. Vielleicht ist das der Grund, weshalb er den »Sprung« zur Zweibeinigkeit nicht geschafft hat.

76 ddp-Meldung, 3.7.2008.

77 Die Wirbelsäule des Menschen besitzt 23 Bandscheiben. Zwischen dem Schädel und dem ersten Halswirbel (Atlas) sowie zwischen dem ersten und zweiten Halswirbel (Axis) gibt es keine Bandscheiben. Die Bandscheiben machen etwa 25 Prozent der Gesamtlänge der Wirbelsäule aus.

78 Der Übergang von der horizontalen zur vertikalen Bewegung erfolgte, als sich bei den Reptilien die Beine von der Seite unter den Körper verlagerten. Das ist auch beim Säugetier und war auch beim Dinosaurier der Fall. Bei der Fortbewegung spart die Haltung erheblich Energie im Gegensatz zu der des Liegestützes. Am stärksten ausgeprägt ist diese Fähigkeit der Biegung nach oben und unten beim Gepard, der beim Sprint die Wirbelsäule abwechselnd sehr stark nach oben und nach unten durchbiegt, sodass er es schafft, die Hinterbeine noch vor den Vorderbeinen aufzusetzen.

79 L. Ala-Kokko: »Genetic risk factors for lumbar disc disease«, Ann Med. 2002;34(1):42–7.

80 Das haben Forscher durch Messungen im Kernspintomografen festgestellt, siehe dazu: »Annual meeting of the Radiological Society of North America«, Chicago, 26.11.–1.12.2006, News release.

81 S. R. Ward / C. W. Kim / C. M. Eng / L. J. Gottschalk 4th et al.: »Architectural analysis and intraoperative measurements demonstrate the unique design of the multifidus muscle for lumbar spine stability«, J Bone Joint Surg Am. 2009 Jan;91(1):176–85.

82 G. Sieber: »Neue ›Kidcheck-Studie‹: ›Der Ranzen darf ruhig etwas schwerer sein‹«, Presse- und Informationszentrum Universität des Saarlandes, Pressemitteilung, 19.8.08.

83 Es gibt zwei Arten von Gelenkproblemen: aufgrund von chronischer Entzündung (unter anderm rheumatoide Arthritis und

301

Kollagenosen) und aufgrund von Verschleiß (Osteoarthritis oder Arthrose).

84 P.M.Newton/V.C.Mow/T.R.Gardner et al.: »The effect of life long exercise on canine articular cartilage«, American Journal of Sports Medicine, June 1997; 25: 282–287.

85 S.Wolf/J.Simon/D.Patikas et al.: »Foot motion in children shoes: a comparison of barefoot walking with shod walking in conventional and flexible shoes«, Gait Posture. 2008 Jan;27(1):51–9.

86 International Osteoporosis Foundation, www.iofbonehealth.org/ facts-and-statistics.html.

87 S.Ferrari: »Human genetics of osteoporosis«, Best Pract Res Clin Endocrinol Metab. 2008 Oct;22(5):723–35.

88 J.H.Keyak/A.K.Koyama/A.Leblanc et al.: »Reduction in proximal femoral strength due to long-duration spaceflight«, Bone. 3.12.2008.

89 C.Villalba: »10 lessons medicine can learn from bears«, Scientific American, 06.01.2009.

90 V.K.Yadav/J.H.Ryu/N.Suda et al.: »Lrp5 controls bone formation by inhibiting serotonin synthesis in the duodenum«, Cell. 2008 Nov 28;135(5):825–37.

91 L.Libuda/U.Alexy/T.Remer et al.: »Association between long-term consumption of soft drinks and variables of bone modeling and remodeling in a sample of healthy German children and adolescents«, Am J Clin Nutr. 2008 Dec;88(6):1670–7.

92 K.Michaëlsson/H.Olofsson/K.Jensevik et al.: »Leisure physical activity and the risk of fracture in men«, PLoS Medicine 2007 June;4(6):e199. doi: 10.1371/journal.pmed.0040199.

93 E.Schönau: »Der Muskel als Knochenpilot«, www.charite.de/zmk/ kongress_fuer_web/DerMuskelalsKnochenpilot.pdf.

Das Leben zwischen Fahrstuhl und Sitzgruppe

94 Natürlich gibt es auch genetische Unterschiede im Bewegungsdrang. Siehe hierzu: J.T.Lightfoot/M.J.Turner/D.Pomp et al.: »Quantitative trait loci for physical activity traits in mice«, Physiol Genomics. 2008 Feb 19;32(3):401–8.

95 J.A.Rhodes/S.E.Churchill: »Throwing in the Middle and Upper Paleolithic: inferences from an analysis of humeral retroversion«, J Hum Evol. 2009 Jan;56(1):1–10). Die Wurzeln des Steinewerfens reichen noch sehr viel weiter zurück, wie Untersuchungen an Affen zeigen (vgl. J.B.Leca/C.A.Nahallage/N.Gunst/M.A.Huffman: »Stone-throwing by Japanese macaques: form and functional aspects of a group-specific behavioral tradition«, J Hum Evol. 2008 Dec;55(6):989–98). Die für das gezielte Werfen erforderliche Denkleistung könnte jedoch andere evolutionäre Wurzeln haben als die körperliche. Rhesusaffen können nämlich die Gefährlichkeit

von Würfen einschätzen,»verstehen« also die Bewegungsabläufe, können selbst aber nicht werfen (siehe dazu: J.N.Wood/D.D.Glynn M.D.Hauser:»The uniquely human capacity to throw evolved from a non-throwing primate: an evolutionary dissociation between action and perception«, Biol Lett. 2007 Aug 22; 3(4): 360–4.

96 C.W.Cotman/N.C.Berchtold:»Exercise: a behavioral intervention to enhance brain health and plasticity«, Trends Neurosci. 2002 Jun;25(6):295–301.

97 S.Stroth/K.Hille/M.Spitzer/R.Reinhardt:»Aerobic endurance exercise benefits memory and affect in young adults«, Neuropsychol Rehabil. 2009 Apr;19(2):223–43.

98 Y.Kohlhammer/A.Zutavern/P.Rzehak:»Influence of physical inactivity on the prevalence of hay fever«, Allergy. 2006 Nov; 61(11):1310–5.

99 C.Cooper/S.Westlake/N.Harvey:»Review: developmental origins of osteoporotic fracture«, Osteoporos Int. 2006;17(3):337–47.

100 F.W.Booth/S.J.Lees:»Fundamental questions about genes, inactivity, and chronic diseases«, Physiol Genomics. 2007 Jan 17; 28(2): 146–57.

101 F.W.Booth/M.V.Chakravarthy/E.E.Spangenburg:»Exercise and gene expression: physiological regulation of the human genome through physical activity«, J Physiol. 2002 Sep 1;543(Pt 2): 399–411.

102 M.O.Boluyt/J.L.Brevick/D.S.Rogers et al.:»Changes in the rat heart proteome induced by exercise training: Increased abundance of heat shock protein hsp20«, Proteomics. 2006 May; 6(10): 3154–69.

103 J.L.Andersen/P.Schjerling/L.L.Andersen/F.Dela:»Resistance training and insulin action in humans: effects of de-training«, J Physiol. 2003 September 15; 551(Pt 3): 1049–1058.

104 J.A.Babraj/N.B.J.Vollaard/C.Keast et al.:»Extremely short duration high intensity training substantially improves insulin action in young sedentary males«, BMC Endocrine Disorders 2009, 9:3

105 M.E.Valencia/P.H.Bennett/E.Ravussin et al.:»The Pima Indians in Sonora, Mexico«, Nutrition Reviews 57, S55-57, 1999. LO Schulz/ PH Bennett/E Ravussin et al.:»Effects of traditional and western environments on prevalence of type 2 diabetes in Pima Indians in Mexico and the U.S.«, Diabetes Care. 2006 Aug;29(8): 1866–71.

106 N.Yang/D.G.MacArthur/J.P.Gulbin et al.:»ACTN3 Genotype Is Associated with Human Elite Athletic Performance«, Am J Hum Genet. 2003 September; 73(3): 627–631.

107 Zitiert nach: V.Mrasek:»Abnehmen durch Nichtstun«, Deutschlandfunk, 21.10.08.

108 D. E. Befroy/K. F. Petersen/S. Dufour et al.: »Increased substrate oxidation and mitochondrial uncoupling in skeletal muscle of endurance-trained individuals«, Proc Natl Acad Sci USA. 2008 Oct 28;105(43):16701-6.

109 S. N. Blair/J. B. Kampert/H. W. Kohl 3rd et al.: »Influences of cardiorespiratory fitness and other precursors on cardiovascular disease and all-cause mortality in men and women«, JAMA. 1996;276: 205-210.

110 C. D. Lee/A. S. Jackson/S. N. Blair: »US weight guidelines: is it also important to consider cardiorespiratory fitness?«, Int J Obes Relat Metab Disord. 1998 Aug;22 Suppl 2:S2-7.

111 J. A. Laukkanen/T. A. Lakka/R. Rauramaa et al.: »Cardiovascular fitness as a predictor of mortality in men«, Arch Intern Med. 2001 Mar 26;161(6):825-31.

112 S. S. Sawada/T. Muto/H. Tanaka et al.: »Cardiorespiratory fitness and cancer mortality in Japanese men: a prospective study«, Med Sci Sports Exerc. 2003 Sep;35(9):1546-50.

113 M. E. Schmidt/K. Steindorf/E. Mutschelknauss et al.: »Physical Activity and Postmenopausal Breast Cancer: Effect Modification by Breast Cancer Subtypes and Effective Periods in Life«, Cancer Epidemiology Biomarkers and Prevention 2008.

114 C. D. Lee/S. N. Blair: »Cardiorespiratory fitness and stroke mortality in men«, Med Sci Sports Exerc. 2002 Apr;34(4):592-5.

115 T. Rankinen/T. S. Church/T. Rice et al.: »Cardiorespiratory Fitness, BMI, and Risk of Hypertension: The HYPGENE Study«, Med Sci Sports Exerc. 2007;39(10):1687-1692.

116 J. Lynch/S. P. Helmrich/T. A. Lakka et al.: »Moderately intense physical activities and high levels of cardiorespiratory fitness reduce the risk of non-insulin-dependent diabetes mellitus in middle-aged men«, Arch Intern Med. 1996 Jun 24;156(12):1307-14.

117 Diabetes Prevention Program Research Group: »Reduction in the Incidence of type 2 diabetes with lifestyle intervention of metformin«, N Engl J Med. 2002 February 7; 346(6): 393-403.

118 T. S. Church/Y. J. Cheng/C. P. Earnest et al.: »Exercise capacity and body composition as predictors of mortality among men with diabetes«, Diabetes Care. 2004 Jan;27(1):83-8.

119 E. F. Chakravarty/H. B. Hubert/V. B. Lingala/J. F. Fries: »Reduced disability and mortality among aging runners: a 21-year longitudinal study«, Arch Intern Med. 2008 Aug 11;168(15):1638-46.

120 L. Cordain/R. W. Gotshall/S. B. Eaton et al.: »Physical activity, energy expenditure and fitness: an evolutionary perspective«, International Journal of Sports Medicine 19, 328-335, 1998.

121 F. W. Booth/M. V. Chakravarthy/S. E. Gordon/E. E. Spangenburg: »Waging war on physical inactivity: using modern molecular

ammunition against an ancient enemy«, J Appl Physiol. 2002 Jul;93(1):3–30.

Die ersten Monate

122 P.D.Gluckman/M.A.Hanson/H.G.Spencer/P.Bateson: »Environmental influences during development and their later consequences for health and disease: implications for the interpretation of empirical studies«, Proc Biol Sci. 2005 Apr 7;272(1564): 671–7.

123 Pflanzen müssen auch ökonomisch »denken«. Wie für alle Lebewesen gilt für sie, dass die Reproduktion das Maß aller Dinge ist. Je mehr Energie aber eine Pflanze in die Produktion von Gift steckt, desto weniger hat sie für Früchte und Samen. Deshalb produzieren viele Pflanzen ihr Gift nach Bedarf. Wenn irgendetwas an ihnen knabbert, wird die Produktion hochgefahren. Wenn nicht, bleibt sie gering.

124 K.E.Panter/D.R.Gardner/R.J.Molyneux: »Teratogenic and fetotoxic effects of two piperidine alkaloid-containing lupines (L.formosus and L.arbustus) in cows«, J Nat Toxins. 1998 Jun; 7(2): 131–40.

125 M.Profet, *Protecting your baby-to-be. Preventing birth defects in the first trimester*. Massachusetts 1995, 50.

126 S.M.Flaxman/P.W.Sherman: »Morning sickness: a mechanism for protecting mother and embryo«; Q Rev Biol. 2000 Jun;75(2): 113–48.

127 Zu den häufigsten Neuralrohrfehlbildungen gehören die Anenzephalie (bei der sich wesentliche Teile des Gehirns, der Hirnhäute und der darüberliegenden Schädelknochen samt Haut nicht entwickeln) und die *Spina bifida aperta* (eine entsprechende, unterschiedlich stark ausgeprägte Fehlbildung im Bereich der Wirbelsäule).

128 M.Friedman et al.:»Developmental toxicology of potato alkaloids in the frog embryo teratogenesis assay – Xenopus (FETAX)«, Food and Chemical Toxicology 1991/29/S.537-547; siehe auch X.G. Wang:»Teratogenic effect of potato glycoalkaloids«, Zhonghua Fu Chan Ke Za Zhi 1993/28/S.73–75,121–122.

129 J.H.Renwick/A.M.Possamai/M.R.Munday: »Potatoes and spina bifida«, Proc R Soc Med. 1974 May; 67(5): 360–364.

130 W.F.O.Marasas et al.:»Fumonisins disrupt sphingolipid metabolism, folate transport, and neural tube development in embryo culture and in vivo: a potential risk factor for human neural tube defects among populations consuming fumonisin-contaminated maize«, Journal of Nutrition 2004/134/S.711–716.

131 Stiftung Warentest (2006), http://www.test.de/themen/essentrinken/test/-/1410217/1410217/1417205/

132 G.P.Munkvold et al.: »Comparison of fumonisin concentrations in kernels of transgenic bt maize hybrids and nontransgenic hybrids«, Plant Dis. 1999, 83:130–138.

133 K.L.Jones: »Fetal alcohol syndrome«, in: K.L.Jones (Hg.): *Smith's recognizable patterns of human malformation*. Philadelphia 2006, 646–7.

134 Die Schädigung des Embryos beruht eventuell zumindest teilweise darauf, dass sich durch den Alkohol die Menge an Zink im Blut der Mutter reduziert und der Embryo unterversorgt wird. Im Tierversuch konnte der Effekt von Alkohol durch die gleichzeitige Gabe von Zink verhindert werden. Siehe dazu: B.L.Summers/ A.M.Rofe/P.Coyle: »Dietary zinc supplementation throughout pregnancy protects against fetal dysmorphology and improves postnatal survival after prenatal ethanol exposure in mice«, Alcohol Clin Exp Res. 2009 Apr;33(4):591–600. Epub 2009 Jan 12.

135 V.L.Persad/M.C.van den Hof/J.M.Dubé/P.Zimmer: »Incidence of open neural tube defects in Nova Scotia after folic acid fortification«, CMAJ, August 6, 2002; 167 (3).

136 S.S.Young/B.Eskenazi/F.M.Marchetti et al.: »The association of folate, zinc and antioxidant intake with sperm aneuploidy in healthy non-smoking men«, Hum Reprod. 2008 May;23(5): 1014–22.

137 R.Nesse/G.Williams: *Warum wir krank werden. Die Antworten der Evolutionsmedizin*. München 1996, 228.

138 T.Eggermann/K.Eggermann/N.Schönherr: »Growth retardation versus overgrowth: Silver-Russell syndrome is genetically opposite to Beckwith-Wiedemann syndrome«, Trends Genet. 2008 Apr;24(4):195–204.

139 S.Maynard/F.H.Epstein/S.A.Karumanchi: »Preeclampsia and angiogenic imbalance«, Annu Rev Med. 2008;59:61–78.

140 D.Haig: »Genetic conflicts in human pregnancy«, Q Rev Biol. 1993 Dec;68(4):495–532.

141 S.Zamudio: »High-altitude hypoxia and preeclampsia«, Front Biosci. 2007 May 1;12:2967–77.

142 S.Bhattacharya/D.M.Campbell/W.A.Liston/S.Bhattacharya: »Effect of Body Mass Index on pregnancy outcomes in nulliparous women delivering singleton babies«, BMC Public Health. 2007 Jul 24;7:168.

143 L.M.Bodnar/J.M.Catov/H.N.Simhan et al.: »Maternal vitamin D deficiency increases the risk of preeclampsia«, J Clin Endocrinol Metab. 2007 Sep;92(9):3517–22.

144 »Mothers' high normal blood sugar levels place infants at risk for birth problems«, Pressemitteilung der National Institutes of Health, 07.05.2008.

145 A.Plagemann: »A matter of insulin: developmental programming

of body weight regulation«, J Matern Fetal Neonatal Med. 2008 Mar;21(3):143 – 8.

146 A. Plagemann/T. Harder/A. Rake et al.: »Perinatal increase of hypothalamic insulin, acquired malformation of hypothalamic galaninergic neurons, and syndrome X-like alterations in adulthood of neonatally overfed rats. Brain Res 1999, 836:146 – 55.

147 D. C. Dolinoy/J. R. Weidman/R. A. Waterland/R. L. Jirtle: »Maternal genistein alters coat color and protects Avy mouse offspring from obesity by modifying the fetal epigenome«, Environ Health Perspect. 2006 Apr;114(4):567 – 72.

148 V. P. Kovacheva/J. M. Davison/T. J. Mellott et al.: »Raising gestational choline intake alters gene expression in DMBA-evoked mammary tumors and prolongs survival«, FASEB J. 1. 12. 2008.

Allesfresser

149 S. B. Eaton/M. Konner/M. Shostak: »Stone agers in the fast lane: chronic degenerative diseases in evolutionary perspective«, Am J Med. 1988 Apr;84(4):739 – 49.

150 S. J. Fairweather-Tait: »Human nutrition and food research: opportunities and challenges in the post-genomic era«, Phil. Trans. R. Soc. Lond. B (2003) 358, 1709 – 1727.

151 R. Wrangham/N. Conklin-Brittain: »Cooking as a biological trait«, Comp Biochem Physiol A Mol Integr Physiol. 2003 Sep;136(1): 35 – 46.

152 N. Goren-Inbar/N. Alperson/M. E. Kislev et al.: »Evidence of hominin control of fire at Gesher Benot Ya'aqov, Israel«, Science 30 April 2004: Vol. 304. no. 5671, pp. 725 – 727.

153 V. Wobber/B. Hare/R. Wrangham: »Great apes prefer cooked food«, J Hum Evol. 2008 Aug;55(2):340 – 8. Epub 2008 May 16.

154 L. Cordain/J. B. Miller/S. B. Eaton et al.: »Plant-animal subsistence ratios and macronutrient energy estimations in worldwide hunter-gatherer diets«, American Journal of Clinical Nutrition, Vol. 71, No. 3, 682 – 692, March 2000.

155 L. Cordain: »Implications of Plio-Pleistocene hominin diets for modern humans«, in: P. Ungar (Hg.): *Early hominin diets: The known, the unknown, and the unknowable*. Oxford 2006, 363 – 83.

156 M. N. Cohen: »The significance of long-term changes in human diet and food economy«, in: M. Harris/E. B. Ross (Hg.): *Food and evolution. Toward a theory of human food habits*. Philadelphia 1987, 261 – 283.

157 Insulinresistenz könnte zudem u. a. Kurzsichtigkeit, Akne, Gicht, Brust-, Darm und Prostatakrebs sowie die Glatzenbildung beim Mann begünstigen. Siehe: L. Cordain/M. R. Eades/M. D. Eades: »Hyperinsulinemic diseases of civilization: more than just syndrome X. Comp«, Biochem. Physiol. A 136, 95 – 112, 2003.

158 U.Pollmer: *Eßt endlich normal. Das Anti-Diät-Buch*, München 2005, 71.

159 M.J.Stampfer/W.C.Willet: »Macht gesunde Ernährung krank?«, Spektrum der Wissenschaft 3/2003.

160 Eine gesättigte Fettsäure ist eine Fettsäure, die keine Doppelbindungen zwischen Kohlenstoffatomen aufweist. Ungesättigte Fettsäuren besitzen mindestens eine solche Doppelbindung. Mehrfach ungesättigte Fettsäuren besitzen zwei oder mehrere Doppelbindungen zwischen den Kohlenstoffatomen der Kette.

161 Es gibt mittlerweile jedoch auch einige Hinweise, die daran zweifeln lassen, dass gesättigte Fettsäuren generell negativ zu bewerten sind. Siehe: U.Gonder: *Fett! Unterhaltsames und Informatives über fette Lügen und mehrfach ungesättigte Versprechungen.* Stuttgart 2005; siehe auch J.Krieglstein/B.Hufnagel/M.Dworak et al.: »Influence of various fatty acids on the activity of protein phosphatase type 2C and apoptosis of endothelial cells and macrophages«, Eur J Pharm Sci. 2008 Sep 4; siehe auch: D.Mozaffarian/E.B.Rimm/ D.M.Herrington: »Dietary fats, carbohydrate, and progression of coronary atherosclerosis in postmenopausal women«, Am J Clin Nutr. 2004;80:1175–1184.

162 Der Nutzen von Omega-3-Fettsäuren ist die vorherrschende Sicht. Es gibt jedoch auch Auswertungen vorhandener Studien, in denen kein positiver Effekt festgestellt wird. Siehe hierzu: L.Hooper/R.L.Thompson/R.A.Harrison et al.: »Risks and benefits of omega 3 fats for mortality, cardiovascular disease, and cancer: systematic review«, BMJ. 2006 Apr 1;332(7544):752–60.

163 Neben dem Menschen verfügen nur noch Affen, Meerschweinchen und Flughunde über ein solches Kompensationssystem – ausschließlich die Tiere also, die die Fähigkeit zur Vitamin-C-Produktion irgendwann in ihrer Entwicklung verloren haben. Siehe hierzu: A.Montel-Hagen/S.Kinet/N.Manel et al.: »Erythrocyte Glut1 triggers dehydroascorbic acid uptake in mammals unable to synthesize vitamin C«, Cell. 2008 Mar 21;132(6):1039–48.

164 BBC News, http://news.bbc.co.uk/go/pr/fr/-/2/hi/health/7349980. stm.

165 D.G.Popovich/D.J.A.Jenkins/C.W.C.Kendall et al.: »The western lowland gorilla diet has implications for the health of humans and other hominoids«, J Nutr 127:2000-5, 1997.

166 J.Salas-Salvadó/M.Bulló/A.Pérez-Heras/E.Ros: »Dietary fibre, nuts and cardiovascular diseases«, Br J Nutr. 2006 Nov;96 Suppl 2: S46–51.

167 M.O.Weickert/A.F.Pfeiffer: »Metabolic effects of dietary fiber consumption and prevention of diabetes«, J Nutr. 2008 Mar;138(3): 439–42.

168 I.Flight/P.Clifton: »Cereal grains and legumes in the prevention

of coronary heart disease and stroke: a review of the literature«, Eur J Clin Nutr. 2006 Oct;60(10):1145–59.

169 D.Negoianu/S.Goldfarb:»Just add water«, J Am Soc Nephrol. 2008 Jun;19(6):1041–3.

Gute Gene, schlechte Gene

170 Eine gute Darstellung der wissenschaftlichen und politischen Diskurse um den Begriff »Rasse« gibt K.Malik: *Strange fruit. Why both sides are wrong in the race debate.* Oxford 2008.

171 H.Liu/F.Prugnolle/A.Manica/F.Balloux:»A geographically explicit genetic model of worldwide human-settlement history«, Am. J. Hum. Genet. (2006) 79:230–237.

172 G.Stix:»The Migration History of Humans: DNA Study Traces Human Origins Across the Continents«, Scientific American Magazine, 7 July 2008.

173 S.Ramachandran/O.Deshpande/C.C.Roseman et al.:»Support from the relationship of genetic and geographic distance in human populations for a serial founder effect originating in Africa«, Proc. Natl. Acad. Sci. USA (2005) 102:15942–15947.

174 K.E.Lohmueller/A.R.Indap/S.Schmidt et al.:»Proportionally more deleterious genetic variation in European than in African populations«, Nature 451, 994–997 (21 February 2008).

175 J.Hawks/E.T.Wang/G.M.Cochran et al.:»Recent acceleration of human adaptive evolution«, Proc Natl Acad Sci USA. 2007 Dec 26;104(52):20753–8.

176 C.Faurie/M.Raymond:»Handedness, homicide and negative frequency-dependent selection«, Proc Biol Sci. 2005 January 7; 272(1558): 25–28.

177 H.King and M.Rewers (im Auftrag der WHO Ad Hoc Diabetes Reporting Group):»Diabetes is now a Third World problem«, Bull of WHO, 1991, 69, 643-648.

178 R.Baschetti:»Diabetes epidemic in newly westernized populations: is it due to thrifty genes or to genetically unknown foods?«, J R Soc Med. 1998 Dec;91(12):622–5.

179 Wenn wir im Folgenden von Zucker sprechen, meinen wir Haushaltszucker (Saccharose). Dieser besteht zu gleichen Teilen aus Fruchtzucker (Fruktose) und Traubenzucker (Glukose).

180 R.Baschetti:»Sucrose metabolism«, NZ Med J 1997; 110:43.

181 S.A.Tishkoff/F.A.Reed/A.Ranciaro et al.:»Convergent adaptation of human lactase persistence in Africa and Europe«, Nat. Genet. (2007) 39:31–40.

182 Benannt nach den für diese Kultur typischen Bechern mit trichterförmigem Hals.

183 R.Dudley:»Evolutionary origins of human alcoholism in primate frugivory«, Q Rev Biol. 2000 Mar;75(1):3–15.

184 M.A. Collins/E.J. Neafsey/K.J. Mukamal et al.: »Alcohol in Moderation, Cardioprotection, and Neuroprotection: Epidemiological Considerations and Mechanistic Studies«, Alcohol Clin Exp Res. 2009 Feb;33(2):206–19.

185 Y.P. Lin/T.J. Cheng: »Why can't Chinese Han drink alcohol? Hepatitis B virus infection and the evolution of acetaldehyde dehydrogenase deficiency«, Med Hypotheses. 2002 Aug;59(2):204–7.

186 W. Schivelbusch: *Das Paradies, der Geschmack und die Vernunft. Eine Geschichte der Genussmittel.* Frankfurt 1999.

187 D.P. Kwiatkowski: »How malaria has affected the human genome and what human genetics can teach us about malaria«, Am. J. Hum. Genet. (2005) 77:171–192.

188 A.P. Galvani/M. Slatkin: »Evaluating plague and smallpox as historical selective pressures for the CCR5-Delta 32 HIV-resistance allele«, Proc. Natl. Acad. Sci. USA (2003) 100:15276–15279. Andere Forscher sind der Auffassung, dass die Genvariante schon deutlich älter ist und sich nicht in Verbindung mit einer Seuche verbreitet hat. Siehe hierzu P.C. Sabeti/E. Walsh/S.F. Schaffner et al.: »The case for selection at CCR5-Delta32«, (2005) PLoS Biol 3:-e378.

189 E.E. Perez/J. Wang/J.C. Miller et al.: »Establishment of HIV-1 resistance in CD4+ T cells by genome editing using zinc-finger nucleases«, Nat Biotechnol. 2008 Jul;26(7):808–16.

190 »Trial Begins for HIV Gene Therapy«, Wired Online, 3.2.2009.

191 D.Y. Oh/K. Baumann/O. Hamouda et al.: »A frequent functional toll-like receptor 7 polymorphism is associated with accelerated HIV-1 disease progression«, AIDS. 2009 Jan 28;23(3):297–307.

192 Hierbei handelt es sich um eine große Familie von Entgiftungsenzymen. Die sogenannten Cytochrom-P450-Enzyme kommen so gut wie in allen Formen des Lebens vor, bei Tieren in fast allen Organen, besonders dort, wo am ehesten Giftstoffe ankommen.

193 H. Bartsch/E. Hietanen: »The role of individual susceptibility in cancer burden related to environmental exposure«, Environ Health Perspect. 1996 May; 104(Suppl 3): 569–577.

194 D.W. Nebert/M.Z. Dieter: »The evolution of drug metabolism«, Pharmacology. 2000 Sep;61(3):124–35.

195 Dass Intelligenz Überlebensvorteile bietet, scheint auf den ersten Blick selbstverständlich, ist es aber nicht. Sonst würde auch bei anderen Tieren die Intelligenz ständig anwachsen. Da unser großes Gehirn erhebliche Kosten mit sich bringt, weil es sehr viel Energie verbraucht, ist es durchaus erklärungsbedürftig, warum es entstanden ist. Eine neuere, recht gewagte Hypothese besagt, dass die Evolution hin zu einem größeren Gehirn und wachsender Intelligenz eine Nebenwirkung der sexuellen Auslese war. Intelligentere Vormenschen hätten demnach keine unmittel-

baren Vorteile aus ihrer Intelligenz gezogen, sie seien aber als Partner beliebter gewesen, da die Intelligenz ein Signal für gute Abwehrkräfte war. Wer früher als Kind schweren Infektionen ausgesetzt war, hatte ein erhebliches Risiko, auch kognitive Beeinträchtigungen zu erleiden. Wer im fortpflanzungsfähigen Alter einen cleveren Eindruck machte, schien von solchen Krankheiten weniger hart getroffen. Siehe hierzu: L. Rózsa: »The rise of nonadaptive intelligence in humans under pathogen pressure«, Med Hypotheses. 2008;70(3):685–90.

196 Eine Gruppe, für die dieser Zusammenhang untersucht wurde, sind die mittel- und osteuropäischen Juden, die Aschkenasim. Sie waren im Mittelalter sehr wahrscheinlich in einer Situation, in der überdurchschnittliche Intelligenz sich in hohem Maße auszahlte, weshalb sich Genvarianten durchsetzten, die insbesondere die sprachliche und mathematische Intelligenz erhöhten. Verantwortlich für diese »Intelligenzauslese« soll unter anderem die Diskriminierung gewesen sein. Da sie viele Berufe nicht ausüben durften, waren sie häufig in Positionen tätig, die in höherem Maße mit geistiger Arbeit verbunden waren (vgl. G. Cochran/J. Hardy/H. Harpending: »Natural history of Ashkenazi intelligence«, J Biosoc Sci. 2006 Sep;38(5):659–93; siehe auch: M. Konner: »Responses to ›Out of Jerusalem‹«, 1.7.2008, http:// evmedreview.com/?p=70#more-70). Die Kehrseite war aber auch hier, ähnlich wie bei der Malaria, dass Erbkrankheiten entstanden, die auftreten, wenn man die entsprechende Genvariante nicht nur von einem, sondern von beiden Elternteilen erbt. Gewiss muss man mit solchen Hypothesen und ihrer Interpretation extrem vorsichtig sein. Dennoch ist es aus wissenschaftlicher Sicht interessant, genetische Merkmale verschiedener Bevölkerungsgruppen zu identifizieren und nach ihren Ursachen zu suchen.

Herz in Not

197 LDL bedeutet »*Low Density Lipoprotein Cholesterin*«.

198 S. J. Ott/N. E. Mokhtari/M. Musfeld et al.: »Detection of diverse bacterial signatures in atherosclerotic lesions of patients with coronary heart disease«, Circulation. 2006 Feb 21;113(7):929–37.

199 P. W. Ewald/G. M. Cochran: »Chlamydia pneumoniae and cardiovascular disease: an evolutionary perspective on infectious causation and antibiotic treatment«, J Infect Dis. 2000 Jun;181 Suppl 3: S394–401.

200 N. Takaoka/L. A. Campbell/A. Lee et al.: »Chlamydia pneumoniae infection increases adherence of mouse macrophages to mouse endothelial cells in vitro and to aortas ex vivo«, Infect Immun. 2008 Feb;76(2):510–4.

201 H.C.Gérard/E.Fomicheva/J.A.Whittum-Hudson/A.P.Hudson: »Apolipoprotein E4 enhances attachment of Chlamydophila (Chlamydia) pneumoniae elementary bodies to host cells«, Microb Pathog. 2008 Apr;44(4):279-85. Auch für den Zusammenhang zwischen Rauchen und Herz-Kreislauf-Erkrankungen bietet die Hypothese, dass Infektionen eine wichtige Rolle für die Entstehung der Atherosklerose spielen, eine Erklärung. Rauchen und Passivrauchen erhöhen nämlich ebenfalls die Anfälligkeit für Infektionen mit *Chlamydia pneumoniae.* Die Tatsache, dass *Chlamydia pneumoniae*, wie die meisten Bakterien, besonders gut gedeihen, wenn sie viel Eisen zur Verfügung haben, könnte außerdem den Zusammenhang zwischen dem Verzehr von viel rotem Fleisch und Herz-Kreislauf-Erkrankungen erklären. Siehe dazu: P.Ewald: *Plague time. The new germ theory of disease.* 2002, 121.

202 Ganz selten reißt sich ein Blutgerinnsel einer großen Vene los, wird vom Blutstrom fortgerissen und kann über eine bei manchen Menschen seit Geburt bestehende Verbindung zwischen der rechten und der linken Herzhälfte in die Arterien gelangen und sich in einer kleineren Arterie des Gehirns festsetzen. Man spricht dann von einer »paradoxen« Embolie.

203 Blutdruck ist der Druck in den Schlagadern (Arterien) des Körperkreislaufs. Bei jedem Herzschlag schwankt er zwischen einem Maximalwert (systolischer Wert), wenn sich das Herz zusammenzieht und Blut in die Gefäße pumpt, und einem Minimalwert (diastolischer Wert). Der entspricht dem Ruhedruck der Gefäße während der Erschlaffungsphase des Herzens. Probleme bereitet eher ein zu niedriger Blutdruck. Der geht einher mit Beschwerden wie Schwindel, Müdigkeit, Lustlosigkeit oder Konzentrationsschwäche. Vor allem jüngere schlanke Frauen sind betroffen. Sie können sich indes damit trösten, dass der niedrige Blutdruck statistisch gesehen zu einem langen Leben führt. Um die unangenehmen Symptome in den Griff zu bekommen, hilft Sport.

204 Bei Säugetieren von der Maus bis zum Elefanten kann man den Blutdruck als Funktion des Körpergewichts grafisch darstellen und erhält dann eine gerade ansteigende Linie. Der Mensch passt genau auf diese Linie, wenn man für ihn einen Blutdruck von 120 zu 80 ansetzt. Dieser Blutdruck gilt als ideal. Es ist der für ein Säugetier unserer Größe natürliche Wert.

205 T.K.Lowenstein/M.N.Timofeeff/S.T.Brennan et al.: »Oscillations in Phanerozoic seawater chemistry: evidence from fluid inclusions«, Science. 2001 Nov 2;294(5544):1086 – 8.

206 N.T.Boaz: *Evolving health. The origins of illness and how the modern world is making us sick.* New York 2002.

207 Diese Vorstufen der Nieren bestanden zunächst aus vielen kleine

Einheiten. Sie entzogen dem Blut unserer Fischvorfahren Wasser und pumpten es in die Bauchhöhle. Von dort wurde es durch kleine Löcher aus dem Körper herausgepresst. Im nächsten Schritt entwickelten sich eine Verbindung zwischen den Nierensegmenten und eine Röhre, die den Urin an einer Körperöffnung nach draußen transportierte. Diese Urniere ähnelte schon ansatzweise der, die wir heute von unserem Körper kennen. Sie wird heute von höheren Fischen und Amphibien genutzt, während wir Säugetiere sowie die Reptilien und Vögel eine noch etwas höher entwickelte Niere haben, die noch stärker an das Leben an Land angepasst ist.

208 Max Rubner-Institut, Bundesforschungsinstitut für Ernährung und Lebensmittel: Nationale Verzehrsstudie, Ergebnisbericht, Teil 2. Berlin 2008.

209 Jeden Tag werden bei einem erwachsenen Menschen 150 bis 180 Liter Primärharn gebildet. So viel Wasser können wir beim besten Willen nicht lassen und auch nicht trinken. Daher wird dieser Primärharn noch einmal drastisch konzentriert, indem 99 Prozent des Wassers wieder zurück ins Blut gegeben werden, sodass nur etwa ein bis zwei Liter Urin ausgeschieden werden. Ebenso regulieren die Nieren die Konzentration an Salz. Das Kochsalz liegt im Blut gelöst in Form von Natriumionen und Chloridionen vor. Im Normalfall wandern täglich über 500 Gramm Natrium und über 600 Gramm Chlorid aus dem Blut in den Primärharn, der größte Teil davon wird jedoch wieder zurückgegeben. Nur zehn Gramm Kochsalz werden im Urin ausgeschieden.

210 Ob jemand zu Bluthochdruck neigt, hängt in erheblichem Maße von seinen Genen ab. Die Nieren erfassen den Salz- und Wassergehalt im Körper und steuern daraufhin über eine Hormonkaskade den Blutdruck. Bluthochdruckpatienten, die nach Nierenversagen eine Niere von einem Spender erhalten haben, der selbst keinen erhöhten Blutdruck hatte, bekamen mit der neuen Niere auch einen normalen Blutdruck. Umgekehrt hatten Patienten, die Nieren von Spendern erhalten hatten, bei denen zumindest in der Familie Bluthochdruck vorkommt, nach der Transplantation eher Probleme mit dem Blutdruck. Die gleichen Ergebnisse zeigten sich auch im Tierversuch.

211 K. Kurokawa/T. Okuda:»Genetic and non-genetic basis of essential hypertension: maladaptation of human civilization to high salt intake«, Hypertens Res. 1998 Jun;21(2):67–71.

212 Ihr Salzgehalt dürfte, ähnlich wie bei heute noch existierenden Jäger-und-Sammler-Stämmen in Afrika, bei rund 175 Milligramm Natrium pro Tag gelegen haben, was nur etwa einem halben Gramm Kochsalz entspricht. Wenn wir hier von Salz sprechen, ist Kochsalz (Natriumchlorid) gemeint. Auf Lebensmitteln ist meist

313

nicht der Salzgehalt, sondern der Natriumgehalt angegeben. Man muss dann mit 2,5 multiplizieren, um die Menge an Kochsalz zu berechnen, die enthalten ist. Die 175 Milligramm Natrium pro Tag waren für den Bedarf von Jägern und Sammlern knapp bemessen, und es gab kaum Möglichkeiten, über die Nahrung die Verluste durch das Schwitzen auszugleichen. Siehe dazu: L.Gleibermann: »Blood pressure and dietary salt in human populations«, Ecol Food Nutr 1973; 1: 143–56.

213 J.H.Young/Y.P.Chang/J.D.Kim et al.: »Differential susceptibility to hypertension is due to selection during the out-of-Africa expansion«, PLoS Genetics, December 2005, Vol1, Issue 6, e82.

214 Der unterschiedliche Umgang des Körpers mit Salz ist nicht die einzige Anpassung, die damit zu tun hat, auf welchem Breitengrad man lebt. Auch Gene für die mitochondriale Aktivität (Wärmeproduktion) zeigen ein entsprechendes Muster, ebenso das Verhältnis von Körpervolumen zu Oberfläche. Je nördlicher jemand lebt, desto größer ist sein Volumen in Relation zur Körperoberfläche – sprich: desto dicker beziehungsweise kompakter die Statur. Eine kompakte Statur ermöglicht es, möglichst wenig Wärme zu verlieren.

215 T.Nakajima/S.Wooding/T.Sakagami et al.: »Natural selection and population history in the human angiotensinogen gene (AGT): 736 complete AGT sequences in chromosomes from around the world«, Am J Hum Genet, 2004, 74:898–916

216 G.A.MacGregor/H.E.de Wardener: *Salt, diet and health: Neptune's poisoned chalice: The origins of high blood pressure.* Cambridge 1998.

217 L.Hooper/C.Bartlett/G.D.Smith/S.Ebrahim: »Advice to reduce dietary salt for prevention of cardiovascular disease«, Cochrane Database of Systematic Reviews 2008 Issue 3.

218 L.Landsberg: »Insulin sensitivity in the pathogenesis of hypertension and hypertensive complications«, Clin Exp Hypertens. 1996 Apr-May;18(3-4):337–46.

219 G.Taubes: *Good calories, bad calories. Challenging the conventional wisdom on diet, weight control, and disease.* New York 2007, 151. Das Insulin wirkt zudem auch über das zentrale Nervensystem.

220 Vgl. T.A.Kotchen: »Attenuation of hypertension by insulin-sensitizing agents«, Hypertension 1996, 28:219–223; siehe auch: ders: »Insulin resistance and hypertension«, http://www.kidneyatlas. org/book3/adk3-05.QXD.pdf.

221 J.E.Hall/R.L.Summers/M.W.Brands et al.: »Resistance to metabolic actions of insulin and its role in hypertension«, Am J Hypertens. 1994 Aug;7(8):772–88.

222 S.S.Elliott/N.L.Keim/J.S.Stern et al.: »Fructose, weight gain, and the insulin resistance syndrome«, Am J Clin Nutr 2002; 76:911–22.

223 T.Nakagawa/H.Hu/S.Zharikov et al.:»A causal role for uric acid in fructose-induced metabolic syndrome«, Am J Physiol Renal Physiol 2006;290:F625–31.

224 Beim Cholesterin unterscheiden wir, je nachdem, in welcher Verpackung es im Körper unterwegs ist, zwischen dem »schlechten« LDL (*Low density lipoprotein cholesterin*) und dem »guten« HDL (*High density lipoprotein cholesterin*). Und das schlechte wird neuerdings noch danach beurteilt, ob es eher aus kleinen, kompakten Einheiten oder großen, flockigen Einheiten besteht. Insgesamt werden mittlerweile mindestens 15 verschiedene fett- beziehungsweise cholesterinhaltige Partikel im Blut unterschieden, und es ist noch keineswegs klar, wie sie voneinander abhängen und wie sie sich auf die Entstehung der Arteriosklerose auswirken. Grob gesagt ist es das LDL, das sich in den Arterienwänden einlagert, während das HDL die Aufgabe hat, Cholesterin aus dem Gewebe wieder einzusammeln und in die Leber zurückzubringen. HDL scheint evolutionär deutlich älter zu sein als LDL. Wir finden es schon bei Fischen. Das LDL betrat dagegen sehr viel später die Bühne des Lebens. Bei den meisten Tieren findet man kaum oder kein LDL. Siehe hierzu:»Cholesterol. The good, the bad and the ancient. Researchers probe evolution to curb cardiac killer«, Pressemitteilung der Heart and Stroke Foundation of Canada, 23.10.2008.

225 I.Björkhem/S.Meaney:»Brain cholesterol: Long secret life behind a barrier«, Arteriosclerosis, Thrombosis, and Vascular Biology. 2004;24:806–815.

226 P.Linsel-Nitschke:»Lifelong reduction of LDL-cholesterol related to a common variant in the LDL-receptor gene decreases the risk of coronary artery disease. A Mendelian randomisation tudy«, PLos one, Online-Publikation 20.8.2008.

227 Siehe dazu: P.Rajman/P.J.Chowienczyk Eacho/J.M.Ritter:»LDL particle size: an important drug target?«, Br J Clin Pharmacol. 1999 August; 48(2): 125–133.

228 P.K.Whelton/J.He/J.A.Cutler et al.:»Effects of oral potassium on blood pressure. Meta-analysis of randomized controlled clinical trials«, JAMA 1997 (28.Mai); 277: 1624–32.

229 Ein zweiter Mechanismus ist auf Nitrate im Gemüse zurückzuführen. Diese werden durch Bakterien, die auf der Zunge leben, in Nitrit umgewandelt. Gelangt dieses Nitrit beim Schlucken mit dem Speichel in den Magen, spaltet es sich auf, wobei Stickoxid entsteht, das entspannend auf die Arterien wirkt und so den Blutdruck senkt. Wissenschaftler gaben ihren Versuchspersonen einen halben Liter nitrathaltigen Rote-Beete-Saft zu trinken. Sie erreichten damit eine blutdrucksenkende Wirkung, die mit der von Arzneimitteln vergleichbar war. Voraussetzung ist allerdings

eine intakte Mundflora. Wer dieser mit antibakteriellem Mundwasser zusetzt, hat keinen gesundheitsförderlichen Effekt (vgl. A.J.Webb/N.Patel/S.Loukogeorgakis et al.:»Acute blood pressure lowering, vasoprotective, and antiplatelet properties of dietary nitrate via bioconversion to nitrite«, Hypertension. 2008 Mar; 51(3):784–90; siehe auch: D.H.Perlman/S.M.Bauer/H.Ashrafian et al.:»Mechanistic insights into nitrite-induced cardioprotection using an integrated metabonomic/proteomic approach«, Circ Res. 2009 Feb 19, Epub ahead of print).

Der Feind im eigenen Körper

230 M.Digweed/K.Sperling:»DNA Reparaturdefekte und Krebs. Lernen von Lymphomen«, Medgen 2007, 19:191–196.

231 Eine ausführliche und ausgezeichnete Einführung in die evolutionäre Betrachtung von Krebs bietet das Buch *Krebs – der blinde Passagier der Evolution* (Berlin 2003) des britischen Krebsforschers Mel Greaves, aus dem wir viele Informationen für dieses Kapitel genommen haben. Hier: 25.

232 M.Greaves: *Krebs – der blinde Passagier der Evolution*, a.a.O., 46.

233 Für im Reagenzglas gezüchtete Stammzellen ist die Fähigkeit, Tumoren zu erzeugen, sogar ein experimenteller Test für ihre Qualität.

234 G.Kempermann: *Neue Zellen braucht der Mensch*. München 2008, 264.

235 L.S.Gold/B.N.Ames/T.H.Slone:»Misconceptions about the causes of cancer«, in: D.Paustenbach (Hg.): *Human and environmental risk assessment: theory and practice*. New York 2002, 1415–1460.

236 B.N.Ames/M.Profet/L.S.Gold:»Nature's Chemicals and Synthetic Chemicals: Comparative Toxicology«, Proc. Natl. Acad. Sci. USA, July 17, 1990.

237 Es wird vielfach argumentiert, es könne kein Grenzwert für die karzinogene Wirkung einer Substanz angegeben werden. Das bedeutet aber nur, dass theoretisch auch eine beliebig kleine Menge zu einer Mutation führen könnte. Dennoch steigt das Risiko selbstverständlich mit der Dosis.

238 B.N.Ames/L.S.Gold:»Risk, cancer and manmade chemicals«, spiked online, 27.1.05, http://www.spiked-online.com/index. php?/site/article/1514.

239 E.Lopez-Garcia/R.M.van Dam/T.Y.Li et al.:»The Relationship of Coffee Consumption with Mortality«, Annals of Internal Medicine 17 June 2008, Volume 148, Issue 12, Pages 904–914.

240 M.Greaves: *Krebs – der blinde Passagier der Evolution*, a.a.O., 201.

241 A.Jemal/R.Siegel/E.Ward et al.:»Cancer Statistics, 2008«, CA Cancer J Clin 2008; 58:71–96.

242 Statistisches Bundesamt:»Geburten in Deutschland«, Wiesbaden 2007.

243 Auch bei den anderen großen Menschenaffen herrscht ein vergleichbarer Rhythmus. Heute können sich Frauen allerdings auf diesen Mechanismus nicht mehr verlassen. Aufgrund der verbesserten Ernährungssituation können sie auch während der Stillzeit erneut schwanger werden.

244 Es gibt zwar durchaus deutliche Unterschiede, die mit ethnischem Hintergrund und Lebensstil zusammenhängen, das Vorkommen von Prostatakrebs in fortgeschrittenem Alter ist aber weltweit hoch.

245 M. Greaves: *Krebs – der blinde Passagier der Evolution*, a.a.O., 171.

246 M. F. Leitzmann/E. A. Platz/M. J. Stampfer et al.:»Ejaculation frequency and subsequent risk of prostate cancer« JAMA. 2004 Apr 7;291(13):1578–86.

247 C. Hoelzl/H. Glatt/W. Meinl et al.:»Consumption of Brussels sprouts protects peripheral human lymphocytes against 2-amino-1-methyl-6-phenylimidazo[4,5-b]pyridine (PhIP) and oxidative DNA-damage: results of a controlled human intervention trial«, Mol Nutr Food Res. 2008 Mar;52(3):330–41.

248 S. Arimoto-Kobayashi/J. Takata/N. Nakandakari et al.:»Inhibitory effects of heterocyclic amine-induced DNA adduct formation in mouse liver and lungs by beer«, J Agric Food Chem. 2005 Feb 9;53(3):812–5.

249 M. A. Alaejos/V. González/A. M. Afonso:»Exposure to heterocyclic aromatic amines from the consumption of cooked red meat and its effect on human cancer risk: A review«, Food Additives & Contaminants 25.1 (2008). 18.6.2008.

250 M. J. Gunter/D. R. Hoover/H. Yu et al.:»Insulin, insulin-like growth factor-I, and risk of breast cancer in postmenopausal women«, J Natl Cancer Inst. 2009 Jan 7;101(1):48–60.

251 V. Venkateswaran/A. Q. Haddad/N. E. Fleshner et al.:»Association of diet-induced hyperinsulinemia with accelerated growth of prostate cancer (LNCaP) xenografts«, J Natl Cancer Inst. 2007 Dec 5;99(23):1793–800.

252 A. G. Renehan/M. Zwahlen/C. Minder et al.:»Insulin-like growth factor (IGF)-I, IGF binding protein-3, and cancer risk: systematic review and meta-regression analysis«, Lancet. 2004 Apr 24;363 (9418):1346–53.

253 L. Fontana/S. Klein/J. O. Holloszy:»Long-term low-protein, low-calorie diet and endurance exercise modulate metabolic factors associated with cancer risk«, Am J Clin Nutr. 2006 Dec;84(6):1456–62.

254 G. Stix:»Bösartige Entzündungen«, Spektrum der Wissenschaft, April 2008, 50-57.

255 The Wistar Institute: »Does natural selection drive the evolution of cancer?«, Science Daily, Retrieved 8.10.08.

Vier Milliarden Jahre Sonnenschein

256 A. R. Rogers/D. Iltis/S. Wooding: »Genetic variation at the MC1R locus and the time since loss of human body hair«, Current Anthropology 45(1): 105–108, 2004.

257 M. A. Shaheen/N. S. Abdel Fattah/M. I. El-Borhamy: »Analysis of Serum Folate Levels after Narrow Band UVB Exposure«, Egyptian Dermatology Online Journal 2 (1):15, June, 2006.

258 M. J. Cosentino/R. E. Pakyz/J. Fried: »Pyrimethamine: an approach to the development of a male contraceptive«, Proc Natl Acad Sci USA. 1990 Feb;87(4):1431–5.

259 J. A. Mackintosh: »The antimicrobial properties of melanocytes, melanosomes and melanin and the evolution of black skin«, J Theor Biol. 2001 Jul 21;211(2):101–13.

260 Vitamin D aus der Nahrung spielt eine untergeordnete Rolle. Die einzig wirklich substanzielle Quelle ist Lebertran, der heute aber nur von wenigen Menschen regelmäßig konsumiert wird. Um so viel Vitamin D zu sich zu nehmen, wie bei einem Ganzkörpersonnenbad von 15 bis 20 Minuten am Mittag im Sommer gebildet wird, müsste man über 70 Esslöffel Lebertran, 28 Kilogramm Lachs, Makrele oder Sardinen oder 500 Eier essen. Siehe dazu: J. H. White/L. R. Tavera-Mendoza: »Das unterschätzte Sonnenvitamin«, Spektrum der Wissenschaft, Juli 2008, 40–47.

261 M. F. Holick: »Phylogenetic and evolutionary aspects of vitamin D from phytoplankton to humans«, in: P. K. T. Pang/M. P. Schreibman (Hg.): *Vertebrate endocrinology: fundamentals and biomedical implications*. Vol 3. Orlando 1989, 7–43.

262 Y. C. Li/A. E. Pirro/M. Amling et al.: »Targeted ablation of the vitamin D receptor: an animal model of vitamin D-dependent rickets type 2 with alopecia«, Proc Natl Acad Sci USA 1997; 94: 9,831–9,835.

263 J. H. White/L. R. Tavera-Mendoza: »Das unterschätzte Sonnenvitamin«, Spektrum der Wissenschaft, Juli 2008, 40–47. Die Autoren weisen darauf hin, dass diese antibakterielle Wirkung wahrscheinlich der Grund ist, weshalb die sogenannten Sonnenkuren, die bis zur Mitte des letzten Jahrhunderts Tuberkulose-Patienten verordnet wurden, helfen.

264 J. R. Moro/M. Iwata/U. H. von Andriano: »Vitamin effects on the immune system: vitamins A and D take centre stage«, Nat Rev Immunol. 2008 Sep;8(9):685–98.

265 J. Reichrath: »Vitamin D and the skin: an ancient friend, revisited«, Exp Dermatol. 2007 Jul;16(7):618–25.

266 H. Sigmundsdottir/J. Pan/G. F. Debes: »DCs metabolize sunlight-

induced vitamin D3 to ›program‹ T cell attraction to the epidermal chemokine CCL27«, Nat Immunol. 2007 Mar;8(3):285–293. Epub 2007 Jan 28.

267 M.N.Mead:»Sunny side of cancer prevention«, Environ Health Perspect. 2007 Aug;115(8):A402–3.

268 W.B.Grant:»An estimate of premature cancer mortality in the U.S. due to inadequate doses of solar ultraviolet-B radiation«, Cancer 2002: 94: 1867–1875.

269 M.Soejima/H.Tachida/T.Ishida:»Evidence for recent positive selection at the human AIM1 locus in a European population«, Molecular Biology and Evolution, 23, 179–188, 2005.

270 H.L.Norton/M.F.Hammer:»Sequence variation in the pigmentation candidate gene SLC24A5 and evidence for independent evolution of light skin in European and East Asian populations«, Program of the 77th annual meeting of the American Association of Physical Anthropologists, 2007, 179.

271 K.Aoki:»Sexual selection as a cause of human skin colour variation: Darwin's hypothesis revisited«, Annals of Human Biology, 29, 589–608, 2002.

272 P.Frost:»Origins of Black Africans«; im Blog des Autors unter http://evoandproud.blogspot.com/2008/02/origins-of-black-africans.html, Fassung vom 9.6.2008.

273 N.G.Jablonski/G.Chaplin:»The evolution of human skin coloration«, Journal of Human Evolution 39: 57–106, 2000.

274 Es wird unterschieden zwischen Eumelanin und Phänomelanin. Das Phänomelanin, das bei Menschen des Hauttyps 1 dominiert, sorgt dafür, dass wir rot werden, und absorbiert wesentlich weniger UV-Licht als Eumelanin.

275 Gesellschaft der epidemiologischen Krebsregister in Deutschland e.V. (Hg): Krebs in Deutschland. Häufigkeiten und Trends, 5.Ausgabe, Saarbrücken 2006.

276 Quelle: GLOBOCAN und Robert Koch-Institut für das Jahr 2002.

277 B.Nürnberg/D.Schadendorf/B.Gärtner et al.:»Progression of malignant melanoma is associated with reduced 25-hydroxyvitamin D serum levels«, Exp Dermatol. 2008 Jul;17(7):627.

278 S.Mocellin/D.Nitti:»Vitamin D receptor polymorphisms and the risk of cutaneous melanoma: a systematic review and meta-analysis«, Cancer. 2008 Nov 1;113(9):2398–407.

279 L.Yao-Ping/L.You-Rong/X.Jian-Guo et al.:»Tumorigenic effect of some commonly used moisturizing creams when applied topically to UVB-pretreated high-risk mice«, Journal of Investigative Dermatology advance online publication 14 August 2008; doi: 10.1038/jid.2008.241.

280 R.M.Nesse/G.C.Williams: *Warum wir krank werden: Die Antworten der Evolutionsmedizin.* München 1997, 94.

281 Siehe dazu S. Moalem: *Survival of the Sickest. The Surprising Connections Between Disease and Longevity.* New York 2008, 87.

282 W. Stahl/H. Sies: »Bioactivity and protective effects of natural carotenoids«, Biochim Biophys Acta. 2005 May 30;1740(2): 101 – 7.

Mit Haut und Haaren

238 »Körperhaarentfernung bei immer mehr jungen Erwachsenen im Trend«, Pressemitteilung der Universität Leipzig, 18.11.2008.

284 Ohne Haare schwimmt es sich schneller. Deshalb ist auch bei Wettkampfschwimmern mittlerweile die Ganzkörperrasur üblich – wenn sie sich nicht sogar in Schwimmanzüge hüllen, deren Oberfläche Fischhaut nachempfunden ist. Außerdem sind Haare wie auch Federn im Wasser nicht so gut zur Wärmeisolierung geeignet. Denn sie halten vor allem durch eine Luftschicht, die sie einschließen, warm. Stattdessen haben Wale und andere im Wasser lebende Säugetiere sich eine Fettschicht namens »Blubber« zugelegt, die bis zu 50 Zentimeter dick sein kann.

285 Eine weitere Aufgabe ist die Tarnung, außerdem dienen bestimmte Muster (bei Großkatzen etwa) eventuell auch der leichteren Erkennung durch Artgenossen.

286 In dieser Hinsicht zur Perfektion gebracht hat es der Eisbär. Sein dichtes Fell isoliert nicht nur hervorragend, die weißen Haare sind auch so beschaffen, dass sie in der Art von Glasfasern das wärmende Licht auf den Körper leiten. Die Wärmeisolierung ist so gut, dass Eisbären mit Infrarotkameras (die auf Wärme regieren) nicht gesehen werden, obwohl ihre Körpertemperatur selbstverständlich weit über der der frostigen Umgebung liegt.

287 Es gibt übrigens auch gleichwarme Pflanzen. Hierzu zählt der Stinkkohl, der auch bei Frost konstant eine innere Temperatur von 20 Grad Celsius halten kann.

288 M. Pagel/W. Boomer: »A naked ape would have fewer parasites«, Proc Boil Sci. 2003 August 7; 270(Supply 1): S117 – S119.

289 Dies besagt die sogenannte »Aquatic-Ape-Hypothese«. Demnach soll der Vormensch sich unter anderem durch die nackte Haut und die isolierende Fettschicht darunter an das Leben im Wasser angepasst haben, wo er rund zwei Millionen Jahre zugebracht haben soll, bevor er vor sechs Millionen Jahren an Land zurückkehrte. Siehe hierzu: M. J. B. Verhaegen: »The Aquatic Ape Theory: Evidence and a possible scenario«, Medical Hypotheses, Volume 16, Issue 1, January 1985, Pages 17 – 32.

290 Es gibt weitere Mechanismen, um den Körper zu kühlen. So weiten sich beispielsweise die feinen Blutgefäße unter der Haut, um Wärme abzustrahlen. Pro Quadratzentimeter Haut besitzen wir Kapillaren von rund einem Meter Länge. Deshalb bekommen

wir beim Rennen einen roten Kopf. Der umgekehrte Effekt, das Zusammenziehen der Blutgefäße, um weniger Wärme abzugeben, führt dazu, dass wir »blau vor Kälte« werden.

291 An den Handflächen schwitzen wir dagegen, wenn wir Angst haben. Das mag etwa beim Kampf oder Hantieren mit Waffen vorteilhaft gewesen sein, um einen besseren Griff zu haben.

292 Es gibt auch die bemerkenswerte Hypothese, dass das, was heute als Schweißgeruch doch noch einigermaßen wohlgelitten ist, ursprünglich tatsächlich auch grässlicher Schweißgestank gewesen sein könnte und uns Menschen nach der Art des Stinktiers zur Verteidigung gegen Raubtiere gedient haben könnte. Menschen mit dem Erbleiden Trimethylaminurie (Fischgeruch-Syndrom) haben einen solchen sehr unangenehmen Körpergeruch. Und es wäre denkbar, dass die entsprechende Genvariante zur Zeit des *Homo erectus* weitere Verbreitung gefunden haben könnte.

293 T.D.Wyatt:»Fifty years of pheromones«, Nature. 2009 Jan 15;457 (7227):262–3.

294 K.Stern/M.K.McClintock:»Regulation of ovulation by human pheromones«, Nature, 1998, 392:177–179.

295 G.Preti/C.J.Wysocki/K.T.Barnhart et al.:»Male axillary extracts contain pheromones that affect pulsatile secretion of luteinizing hormone and mood in women recipients«, Biol Reprod. 2003 Jun;68(6):2107–13.

296 M.Meredith:»Human vomeronasal organ function: a critical review of best and worst cases«, Chem Senses. 2001 May;26(4): 433–45.

297 Die abgefallenen Hautzellen von Menschen bilden den Hausstaub und sind die Ernährungsgrundlage von Milben, deren Ausscheidungen für die sogenannte Hausstauballergie verantwortlich sind.

298 Außerdem bilden die Hautzellen eine Menge natürlicher Antibiotika, die Krankheitserreger kontinuierlich bekämpfen.

299 Kopfgneis wird oft mit Milchschorf verwechselt, der ähnliche Symptome aufweist, aber eine andere Ursache hat. Der Milchschorf ist ein atopisches Ekzem – eine Art allergische Hauterkrankung. Er erscheint meist erst nach dem dritten Lebensmonat, ist aufgrund des Juckens deutlich unangenehmer und dauert bis zu zwei Jahren, in manchen Fällen auch länger.

300 Man muss nicht überdurchschnittlich viele Androgene produzieren, um von Schuppen oder Akne betroffen zu sein. Bei den meisten liegt die überschießende Talgproduktion daran, dass die talgproduzierenden Zellen besonders empfindlich auf die Hormone reagieren.

301 T.L.Dawson Jr:»Malassezia globosa and restricta: breakthrough

understanding of the etiology and treatment of dandruff and seborrheic dermatitis through whole-genome analysis«, J Investig Dermatol Symp Proc. 2007 Dec;12(2):15–9.

302 Die Hefepilze bauen den Talg ab, lösen dabei freie Fettsäuren aus Triglyzeriden ab, ernähren sich von speziellen gesättigten Fettsäuren und lassen ungesättigte zurück. Der so modifizierte Talg scheint dann auf die Kopfhaut einzuwirken und zu den Symptomen zu führen. Die Analyse des Genoms hat ergeben, dass *Malassezia globosa* selbst nicht in der Lage ist, Fettsäuren herzustellen. Stattdessen verfügt er über zwölf verschiedene Enzyme, die Öle in ihre Bestandteile zerlegen können. Diese Enzyme könnten Angriffspunkte für neue Medikamente sein.

303 C.Borelli/G.Plewig/K.Degitz:»Pathophysiologie der Akne«, Der Hautarzt 2005 Nov; 56(11):1013–1017.

304 K.R.Smith/D.M.Thiboutot:»Thematic review series: skin lipids. Sebaceous gland lipids: friend or foe?«, J Lipid Res. 2008 Feb; 49(2):271–81.

305 C.C.Zouboulis/J.M.Baron/M.Böhm et al.:»Frontiers in sebaceous gland biology and pathology«, Exp Dermatol. 2008 Jun; 17(6): 542–51.

306 Grundsätzlich sind die Hormone in der Milch kein Problem, denn Milch wird erst verarbeitet und dann von uns nach allen Regeln der Kunst verdaut, sodass kaum Hormone in unser Blut gelangen können. Für ein bestimmtes Hormon, das Betacellulin (BTC), gibt es jedoch im menschlichen Darm eine Andockstelle, und so kann es eine Wirkung entfalten. Der Mechanismus wird beschrieben in: L.Cordain:»Dietary implications for the development of acne: a shifting paradigm«, US Dermatology Review 2006:1–5.

307 R.Smith/N.Mann/H.Mäkeläinen et al.:»A pilot study to determine the short-term effects of a low glycemic load diet on hormonal markers of acne: a nonrandomized, parallel, controlled feeding trial«, Mol Nutr Food Res. 2008 Jun;52(6):718–26.

308 Auch bei Männern wird volles Haar als schön angesehen, denn es steht für Gesundheit und »gute« Gene. Doch aus Sicht einer Frau hängen die Chancen, den eigenen Nachwuchs erfolgreich großziehen zu können, auch sehr deutlich vom Status des Vaters ab. Deshalb ist es für sie rational, zwischen »guten« Genen und guter Stellung in der Gesellschaft abzuwägen. Auch heute haben bekanntlich alte glatzköpfige Männer, wenn sie reich sind, gute Chancen, junge hübsche Frauen zu finden.

309 A.M.Hillmer/S.Hanneken/S.Ritzmann et al.:»Genetic variation in the human androgen receptor gene is the major determinant of common early-onset androgenetic alopecia«, Am J Hum Genet. 2005 Jul;77(1):140–8.

310 A.M.Hillmer/F.F.Brockschmidt/S.Hanneken et al.:»Susceptibi-

lity variants for male-pattern baldness on chromosome 20p11«,
Nat Genet. 2008 Nov;40(11):1279–81.

Zähmung und Resistenz

311 Es gibt auch Wissenschaftler, die glauben, dass Mensch und
Hund schon sehr viel länger miteinander leben. Demnach hätte
nicht der Mensch den Wolf aktiv domestiziert, sondern Wölfe
hätten sich zu Menschen gesellt, und beide hätten sich über viele
Zehntausend Jahre aneinander gewöhnt, wobei schon durch die
natürliche Selektion solche Wölfe im Vorteil gewesen wären, die
gegenüber den Menschen weniger aggressiv und weniger scheu
waren.

312 P.W.Ewald:»Evolution of virulence«, Infect Dis Clin North Am.
2004 Mar;18(1):1–15.

313 N.D.Wolfe/C.P.Dunavan/J.Diamond:»Origins of major human
infectious diseases«, Nature. 2007 May 17;447(7142):279–83.

314 Das frühere Fehlen von akuten Erkrankungen wie Grippe, Masern
und Cholera heißt aber nicht, dass Jäger und Sammler von Infektionen verschont waren. Sie litten stattdessen unter Krankheiten,
die eher chronisch verliefen. Größere, mehrzellige Parasiten
dominierten das Geschehen: Bandwürmer, Spulwürmer, Rund-
würmer und dergleichen.

315 J.Snyder Sachs: *Good germs, bad germs. Health and survival in a bacterial world.* New York 2007, 17.

316 J.Lederberg:»Von Mikroben und Menschen. Infektionskrankheiten wie SARS lehren: Wir müssen mit den Erregern in uns
kooperieren«, Die Welt, 29.4.2003.

317 P.W.Ewald/J.B.Sussman/M.T.Distler et al.:»Evolutionary control
of infectious disease: prospects for vectorborne and waterborne
pathogens«, Mem Inst Oswaldo Cruz. 1998 Sep–Oct;93(5): 567–
76.

318 S.Alibert-Franco/B.Pradines/A.Mahamoud et al.:»Efflux mechanism, an attractive target to combat multidrug resistant Plasmo-
dium falciparum and Pseudomonas aeruginosa«, Curr Med Chem.
2009;16(3):301–17.

319 M.A.Seeger/A.Schiefner/T.Eicher et al.:»Structural asymmetry
of AcrB trimer suggests a peristaltic pump mechanism«, Science.
2006 Sep 1;313(5791):1295–8.

320 K.N.Harper/P.S.Ocampo/B.M.Steiner et al.:»On the origin of the
treponematoses: a phylogenetic approach«, PLoS Negl Trop Dis
2(1), 2008: e148. ˙

321 Weit gravierendere Auswirkungen als auf die Europäer hatte der
durch Kolumbus eingeleitete Kontakt zwischen Europa und Amerika auf die amerikanischen Ureinwohner: Bakterien und Viren
waren die wichtigsten Waffen der Europäer (ohne dass diese

etwas von ihren Verbündeten wussten) und besorgten bei der Eroberung des amerikanischen Kontinents den Großteil der mörderischen Arbeit. Die Eroberer und Besiedler brachten im 16. bis 19. Jahrhundert Pocken, Masern, Grippe, Typhus, Diphterie, Malaria, Mumps, Keuchhusten, Pest, Tuberkulose und Gelbfieber nach Amerika, während die Indianer – abgesehen von der Syphilis, deren Ursprung nicht sicher ist – keinen einzigen todbringenden Erreger auf ihrer Seite hatten. Amerigo Vespucci berichtet von seiner Brasilien-Reise im Jahr 1501: »Wie ich sagte, werden die Menschen dort sehr alt, sie kennen keine Krankheiten, keine Seuchen und keine Fieberdünste, und sterben sie nicht eines natürlichen Todes, dann von der Hand eines anderen oder aus eigener Schuld, kurz, Ärzte hätten dort einen schweren Stand.«

322 R.J.Knell: »Syphilis in Renaissance Europe: rapid evolution of an introduced sexually transmitted disease?«, Proc Biol Sci. 2004 May 7; 271(Suppl 4): S174–176.

323 DDT wurde zwar schon 1874 erstmals synthetisiert, doch erst im Jahr 1939 entdeckte der Schweizer Paul Hermann Müller, dass es ein potentes Insektenschutzmittel ist. Müller erhielt dafür 1948 den Nobelpreis.

324 Gifte, die gegen Bakterien wirken, sind bekanntlich keine Erfindung des Menschen. Das erste breit eingesetzte Antibiotikum, das Penicillin, wird von einem Schimmelpilz produziert und war von Alexander Fleming nur zufällig entdeckt worden. Eine Darstellung des Lebens und Wirkens von Fleming sowie Erläuterungen zu Antibiotika und anderen Themen dieses Kapitels finden sich in T.Deichmann/T.Spahl: *Das Wichtigste über Mensch und Gesundheit*. München 2005.

325 V.M.D'Costa/K.M.McGrann/D.W.Hughes/G.D.Wright: »Sampling the antibiotic resistome«, Science 2006, 311:374–377

326 Siehe hierzu T.Spahl: »75 Jahre Penicillin – ein Grund zum Feiern!«, Novo67/68, 11/2003-02/2004, www.novo-argumente. com.

327 Wirklich harmlose Bakterien sind in unserem Körper selten. Die meisten werden als »fakultativ pathogen« bezeichnet. Das heißt, sie tun uns in der Regel nichts, können aber unter bestimmten Umständen gefährlich werden. Der Einsatz eines Antibiotikums wird häufig dann notwendig, wenn solche »normalen« Bewohner in Teile des Körpers gelangen, wo sie nicht hingehören. So ist beispielsweise *Escherichia coli* ein normaler Darmbewohner. Gelangt er jedoch in die Blutbahn oder die Harnblase, so wird das Bakterium zum Krankheitserreger und muss mit hoch dosierten Antibiotika bekämpft werden. Dadurch werden natürlich auch die *Escherichia-coli*-Bakterien im Darm attackiert. Der Patient wird, wenn alles gut geht, wieder gesund. Aber die *Escherichia-coli-*

Stämme im Darm sind resistenter geworden. Muss in der näheren Zukunft noch einmal mit Antibiotika behandelt werden, ist ihnen schwerer beizukommen.

328 L.A.Marraffini/E.J.Sontheimer:»CRISPR interference limits horizontal gene transfer in staphylococci by targeting DNA«, Science. 2008 Dec 19;322(5909):1843–5.

329 L.Yang/V.D.Gordon/D.R.Trinkle et al.:»Mechanism of a prototypical synthetic membrane-active antimicrobial: Efficient hole-punching via interaction with negative intrinsic curvature lipids«, Proc Natl Acad Sci USA. 2008 Dec 30;105(52):20595–600.

330 P.A.Smith/F.E.Romesberg:»Combating bacteria and drug resistance by inhibiting mechanisms of persistence and adaptation«, Nat Chem Biol. 2007 Sep;3(9):549–56.

331 D.A.Rasko/C.G.Moreira/R.de Li et al.:»Targeting QseC signaling and virulence for antibiotic development«, Science. 2008 Aug 22; 321(5892):1078–80.

332 J.A.Gutierrez/T.Crowder/A.Rinaldo-Matthis et al.:»Transition state analogs of 5'-methylthioadenosine nucleosidase disrupt quorum sensing«, Nat Chem Biol. 2009 Mar 8.

333 S.Hagens/A.Habel/U.Blasi:»Augmentation of the antimicrobial efficacy of antibiotics by filamentous phage«, Microbial Drug Resistance. September 1, 2006, 12(3): 164–168. doi:10.1089/mdr.2006.12.164.

Einführung der allgemeinen Stallpflicht?

334 B.Taylor/J.Wadsworth/M.Wadsworth:»Changes in the reported prevalence of childhood eczema since the 1939–45 war«, Lancet 2:8414, 1255–1257. 1-12-1984.

335 Einigen Allergenen sind wir heute sicher stärker ausgesetzt als früher. Dazu zählt insbesondere der Hausstaub. Dies dürfte dazu geführt haben, dass die allergischen Symptome bei Betroffenen häufiger und stärker auftreten, ist jedoch wahrscheinlich nicht für die starke Zunahme der Allergiker verantwortlich.

336 Bei der zielgerichteten Immunantwort spielen die Antikörper die Schlüsselrolle, weil sie sagen, welche Zellen oder Giftstoffe vernichtet werden sollen. Da es bei den Antikörpern eine gewisse Rollenverteilung gibt, werden verschiedene Gruppen unterschieden. Das Immunglobulin A (IgA) ist spezialisiert auf Abwehr von Antigenen an den Oberflächen der menschlichen Schleimhäute, zum Beispiel in Nase, Rachen und Darm. Häufig werden Krankheitserreger und Allergene schon durch die IgA abgefangen und neutralisiert. Gelangt ein fremder Erreger in den Körper, wird zunächst IgM aktiv. Nach einer Weile übernimmt dann IgG, das bei einer Erstinfektion erst nach ungefähr drei Wochen gebildet wird. Tritt dieselbe Infektion aber noch einmal auf, so werden IgG-

Antikörper sehr schnell und in sehr großer Menge produziert, um den erneuten Ausbruch einer Erkrankung zu verhindern. Insgesamt machen IgG rund drei Viertel aller Antikörper aus, die man im Körper antrifft. Daraus lässt sich folgern, dass das Hauptgeschäft die Verteidigung gegen bekannte Erreger ist. Ganz besonders selten sind dagegen Antikörper vom Typ IgE.

337 Brian Sutton, Leiter des Forschungsteams am King's College in London, drückt diese Vermutung so aus: »Mag sein, dass damals ein fieser Krankheitserreger oder Parasit unterwegs war und die Menschen deshalb eine wirklich dramatische Immunreaktion brauchten und unter Druck waren, einen wirklich sehr eng bindenden Antikörper wie IgE zu entwickeln. Das Problem ist, dass wir nun einen Antikörper haben, der dazu neigt, etwas übereifrig zu sein und uns so Probleme mit offenbar harmlosen Stoffen wie Pollen oder Erdnüssen bereitet, die zu lebensbedrohlichen allergischen Reaktionen führen können.« Vgl. »Evolution may have lumbered humans with allergy problems«, Medical Science News, 15.6.2008.

338 Die T-Helferzellen sorgen für ein starkes Immunsystem. Wie wichtig sie sind, sieht man an der Krankheit Aids. Diese Immunschwäche entsteht, weil das HI-Virus T-Helferzellen befällt und zerstört.

339 B-Zellen, zytotoxische T-Zellen, Fresszellen und inflammatorische Zellen.

340 M. Rottem/M. Szyper-Kravitz/Y. Shoenfeld: »Atopy and asthma in migrants«, Int Arch Allergy Immunol 136:2, 198–204. 2005.

341 T. Schäfer et al.: »Worm infestation and the negative association with eczema (atopic/nonatopic) and allergic sensitization«, Allergy 60:1014–1020, 2005.

342 A. L. Moncayo/P. J. Cooper: »Geohelminth infections: impact on allergic diseases«, Int J Biochem Cell Biol. 2006;38(7):1031–5.

343 M. S. Wilson/R. M. Maizels: »Regulation of allergy and autoimmunity in helminth infection«, Clin Rev Allergy Immunol. 2004 Feb;26(1):35–50.

344 Lange Zeit stand schlechte Luft im Verdacht, für den Anstieg an Allergien und Atemwegserkrankungen verantwortlich zu sein. Also hätte der Ost-West-Vergleich in Deutschland ein klares Bild ergeben müssen, denn die ehemalige DDR war europaweit führend in Sachen Luftverschmutzung, während die BRD umgekehrt bei der Luftreinhaltung vorn lag. Das war allerdings keineswegs der Fall. Deutlich häufiger hatten Kinder im Osten zwar Bronchitis, was zweifellos auf die Luftverschmutzung zurückzuführen war. Doch beim Asthma lagen die westdeutschen Kinder vorn. Und von Heuschnupfen waren sie sogar dreimal so oft betroffen. Ein erstaunlicher Faktor könnte einen Beitrag zum geringen

Vorkommen von Allergien in der DDR geleistet haben: Es konnte experimentell nachgewiesen werden, dass Schwefeldioxid, der gravierendste Umweltschadstoff in der ehemaligen DDR, in der Lage ist, die Freisetzung der Allergene aus Gräserpollen zu behindern und zu verringern.

345 Es gibt Studien, die einen Zusammenhang zwischen Infektionen mit Hepatitis-A-Virus, Salmonellen, *Helicobacter pylori*, *Toxoplasma gondii* und anderen und einer geringeren Allergieanfälligkeit festgestellt haben.

346 Sogenannte nicht tuberkulöse Mykobakterien, die in der Regel harmlos sind, könnten hier von besonderer Bedeutung sein.

347 M. Korthals et al.: »Occurrence of Listeria spp. in mattress dust of farm children in Bavaria«, Environmental Research (2008): 107, 299–304.

348 D. Campbell/R. H. DeKruyff/D. T. Umetsu: »Allergen immunotherapy: novel approaches in the management of allergic diseases and asthma«, Clin Immunol. 2000 Dec;97(3):193–202.

349 In einem früheren Forschungsansatz wurde zunächst ein Zusammenhang zwischen Infektionen in der Kindheit und dem Allergierisiko gesehen. Demnach galt eher als geschützt, wer sich als kleines Kind mit Viruserkrankungen wie Erkältungen, Grippe, Masern und so weiter angesteckt hatte. Diese ursprüngliche Hygiene-Hypothese war ein gefundenes Fressen für Impfgegner. Sie stützte sich vor allem auf die Tatsache, dass Allergien in kinderreichen Familien seltener vorkommen als in kleineren. Geschwister, so der Grundgedanke, schleppen regelmäßig Krankheiten an, was häufigere Infektionen zur Folge hat und irgendwie das Immunsystem trainiert. Doch diese Überlegung ließ sich letztlich nicht bestätigen. Seit den 1990er-Jahren mehrten sich Beobachtungen, die nicht dazu passten. So scheint beispielsweise ein Hund in der Familie einen schützenden Effekt zu haben. Und der kommt als Überträger von Masern und Windpocken nicht infrage. Schließlich wurde versucht zu erfassen, ob Kinder, die häufig von Infektionskrankheiten befallen waren, später wirklich vermehrt unter Allergien litten. Tatsächlich war das nicht der Fall.

350 S. L. Osur: »Viral respiratory infections in association with asthma and sinusitis: a review«, Ann Allergy Asthma Immunol. 2002 Dec;89(6):553–60.

351 G. W. A. Rook: »Mycobacteria and other environmental organisms as immunomodulators for immunoregulatory disorders«, Springer Semin Immunopathol; 2004;25:237–55.

352 Einen Hinweis auf die Bedeutung der Darmflora liefert die Tatsache, dass Kinder, die mit Kaiserschnitt zur Welt kommen, ein höheres Allergierisiko haben. Vgl. M. C. Tollånes/D. Moster/A. K. Daltveit/L. M. Irgens: »Cesarean section and risk of severe child-

hood asthma: a population-based cohort study«, J Pediatr. 2008 Jul;153(1):112–6.

353 G. A. Rook: »The hygiene hypothesis and the increasing prevalence of chronic inflammatory disorders«, Trans R Soc Trop Med Hyg. 2007 Nov;101(11):1072–4.

354 Das Aufwachsen im Kuhstall ist auch deshalb keine Lösung, weil der Schutz nach heutigem Wissensstand nur vorübergehend ist. Dies zeigt sich an Untersuchungen an Menschen, die aus Entwicklungsländern in Industrieländer gezogen sind, und ebenso an den deutschen Ost-West-Vergleichsstudien. Bereits nach wenigen Jahren in einem anderen Umfeld treten Allergien genauso häufig auf wie in der Vergleichsbevölkerung, die schon immer an diesem Ort gelebt hat.

355 W. Eder/E. von Mutius: »Hygiene hypothesis and endotoxin: what is the evidence?«, Curr Opin Allergy Clin Immunol. 2004 Apr; 4(2):113–7.

356 C. Schnoeller/S. Rausch/S. Pillai et al.: »A helminth immunomodulator reduces allergic and inflammatory responses by induction of IL-10-producing macrophages«, Journal Immunology, 2008 Mar15;180(6):4265–72.

357 E. Hamelmann/K. Beyer/C. Gruber et al.: »Primary prevention of allergy: avoiding risk or providing protection?«, Clin Exp Allergy. 2008 Feb;38(2):233–45.

Stichwortverzeichnis

PIPER

Colin Tudge
Missing Link

Ida und die Anfänge der Menschheit. In Zusammenarbeit
mit Josh Young. Aus dem Englischen von Sebastian Vogel.
304 Seiten mit 16 Seiten Bildteil. Gebunden

Im Hochsicherheitsdepot eines der führenden Museen der
Welt befindet sich ein aufsehenerregender Fund, womöglich die bedeutendste wissenschaftliche Entdeckung der letzten Jahre. Bis vor kurzem wussten weniger als ein Dutzend
Experten von seiner Existenz, nun wirft er völlig neues Licht
auf die Ursprünge der Menschheit. Es handelt sich um ein
exzellent erhaltenes Fossil eines Primaten, sensationelle
44 Millionen Jahre älter als »Lucy«, der bislang berühm-
testen Urahnin des Menschen. Der Fundort: Deutschland.
Genauer: Die Grube Messel bei Darmstadt, heute Unesco-
Weltnaturerbe. »Ida« – wie die Forscher, die das Fossil seit
2006 wissenschaftlich bearbeiten, das mögliche »Missing
Link« in der Entwicklungsgeschichte von Affen und Menschen liebevoll nennen – blieb lange Zeit der Weltöffent-
lichkeit verborgen. Jetzt wird sich an Darwinius masillae eine
spannungsreiche Diskussion über unsere ältesten Vorfahren entzünden.

01/1832/01/L

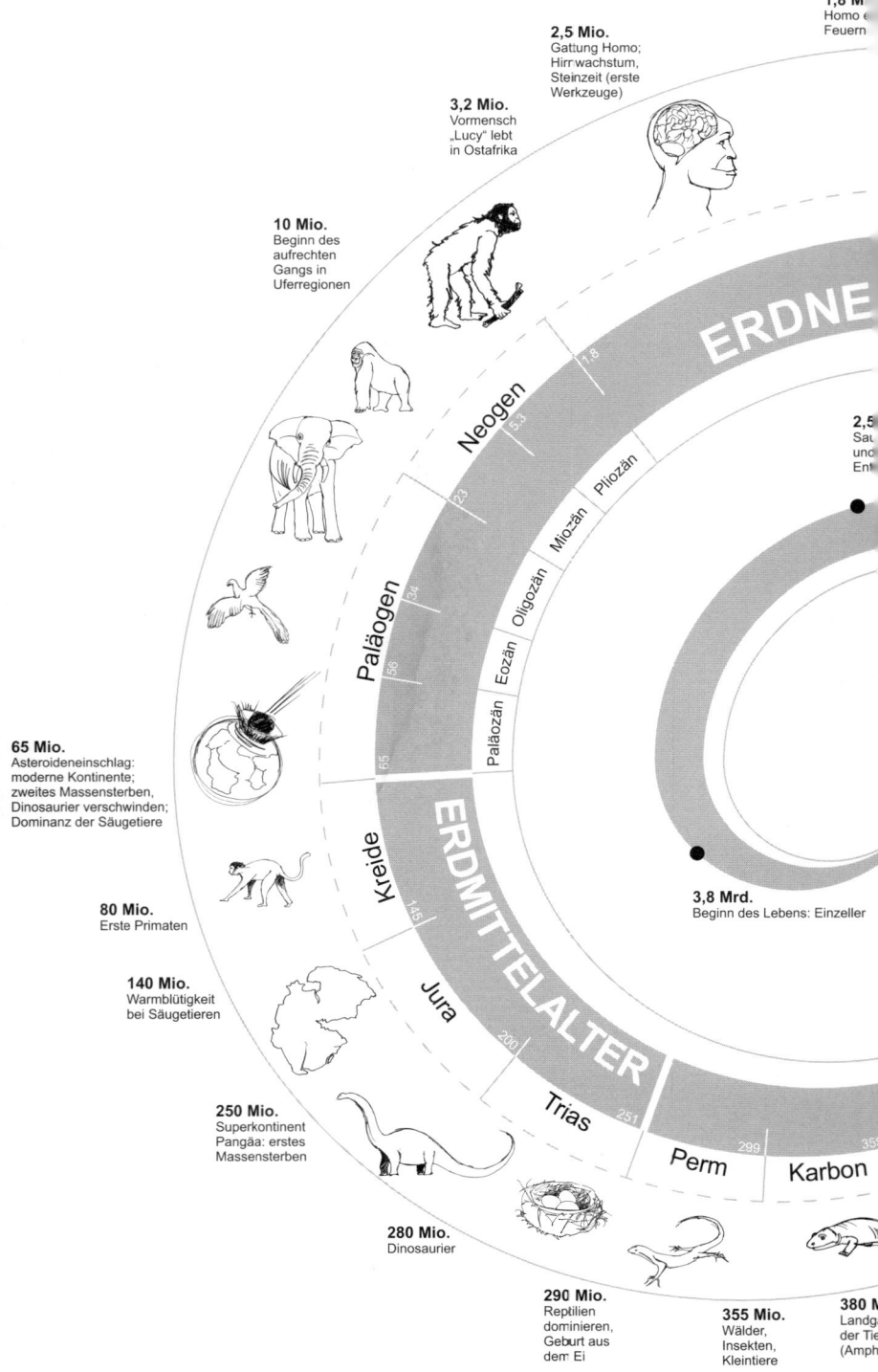

1,8 M
Homo e
Feuern

2,5 Mio.
Gattung Homo;
Hirnwachstum,
Steinzeit (erste
Werkzeuge)

3,2 Mio.
Vormensch
„Lucy" lebt
in Ostafrika

10 Mio.
Beginn des
aufrechten
Gangs in
Uferregionen

ERDNE

2,5
Sau
und
Ent

Neogen

Paläogen

Pliozän

Miozän

Oligozän

Eozän

Paläozän

65 Mio.
Asteroideneinschlag:
moderne Kontinente;
zweites Massensterben,
Dinosaurier verschwinden;
Dominanz der Säugetiere

ERDMITTELALTER

Kreide

80 Mio.
Erste Primaten

140 Mio.
Warmblütigkeit
bei Säugetieren

Jura

3,8 Mrd.
Beginn des Lebens: Einzeller

250 Mio.
Superkontinent
Pangäa: erstes
Massensterben

Trias

280 Mio.
Dinosaurier

Perm

Karbon

290 Mio.
Reptilien
dominieren,
Geburt aus
dem Ei

355 Mio.
Wälder,
Insekten,
Kleintiere

380 Mi
Landgar
der Tiere
(Amphib